JN040484

Practices of the Python Pro

impress top gear

プロフェッショナルPython

ソフトウェアデザインの原則と実践

Dane Hillard＝著
武舎 広幸＝訳

インプレス

■例題コードのサイトとサポートページ

本書の例題などのコードは訳者のGitHubのレポジトリで公開されています。

https://github.com/mushahiroyuki/python-pro

詳しくは訳者の提供している下記URLのサポートページをご覧ください。

https://www.marlin-arms.com/support/python-pro/

■正誤表のWebページ

正誤表を掲載した場合、以下のURLのページに表示されます。

https://book.impress.co.jp/books/1120101043

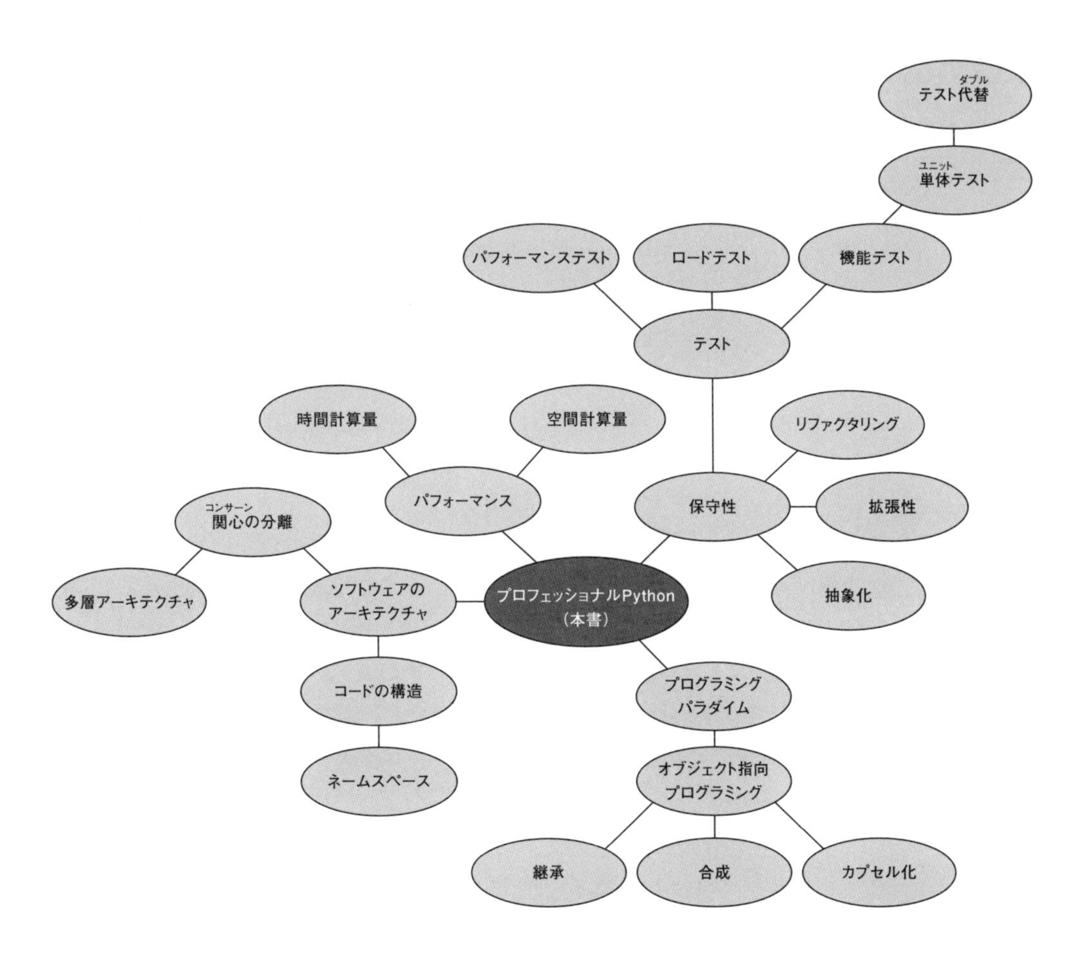

この本のマインドマップ

はじめに

Pythonは（そして筆者自身も）1989年の12月に生まれました。これに続く30年強の間に、筆者はたくさんのことをしてきましたが、Pythonにとっても実り多き年月でした。特にデータサイエンス、機械学習などの分野が顕著ですが、非常に多くの人がPythonを使ってさまざまなことを成し遂げています。Pythonは「何をするのにも2番目に適している言語だ」と言われてきましたが、実際のところ筆者にとっては、数多くのプロジェクトにおいて最高の言語であり続けてきました。

筆者はミシガン大学のコンピュータサイエンス学科でプログラミングに関する教育を受けました。コンピューターサイエンスに関して「伝統的」といえる教育を受けたわけです。当時のカリキュラムではC++とMATLABが中心で、この2つの言語を最初の会社でも使い続けました。次の職場では生物情報学関連のビッグデータの処理にシェルスクリプトやSQLもある程度使いました。そして、自分用のWordPressのサイトを作るためにPHPも使ったことがあります。

こうした言語を使っても、プロジェクトは無事完了できました（なかには、結構うまくいったものもあります）。しかし、どの言語もしっくりと来たわけではありませんでしたが、特に気にかけませんでした。なぜかと言うと、プログラミング言語というのはそういうものだと思っていたからです。仕事をするためのもので、面白さの対象としては考えられないものだと思っていたのです。そんなときに、一人の友人がRubyのライブラリを作るというプロジェクトのハッカーソンに誘ってくれました。

今まで白黒だった世界に、突然色がついたのです。無味乾燥な果物がおいしく感じられるようになりました。インタプリタ言語と人に優しいRubyの構文が、使うツールに目を向けさせてくれました。その後、Rubyを長い間使ったわけではありませんが、自分のサイトではPythonとWebフレームワークのDjangoを使ってみることにしました。この経験でもRubyのときと同じような楽しさを味わえました。そして学習曲線もとてもなだらかなものだったのです。それからというもの、他の言語にはほとんど手を出していません。

今やPythonは多くのプロジェクトでNo. 1の選択肢になっており、ソフトウェア業界に新しくやってきた人々は筆者が経験したような「トライ&エラー」を経験する必要はありません。ソフトウェア関連のキャリアへの新しく興味深い道も広く開かれています。こうした違いを抜きにして、Pythonのプログラミングに楽しみを見つける経験を共有できることを、そしてこの本がその喜びに貢献できることを期待しています。

筆者がある意味、偶然出会ってしまった、素晴らしいPythonの世界を一緒に旅しましょう。皆さんがWebサイトを作ったり、データパイプラインや植物用の自動散水システムを作ったりするのを見てみたいものです。皆さんが想像するどのようなものの実現にも、Pythonが助けの手を差し伸べてくれることでしょう。皆さんのプロジェクトの写真やコードサンプルをpython-pro-projects@danehillard.comまでお送りください。

本書について

この本では、どのような言語を使っている開発者にとっても役に立つ、ソフトウェア開発で使われる重要な概念を紹介します。プログラミング言語Pythonの基礎を身につけた人にとって、最適の本と言えるでしょう。

対象読者

プログラミングの入門段階を終えようとしている人のための本です。どちらかと言うと、ソフトウェア業界の人というよりも、それ以外の分野で自分たちの仕事を効率化したり、その質を上げたりするためにソフトウェアを利用している（したいと考えている）人々にとって、最適の本です。そうしたバックグラウンドの持ち主ならば、保守性の高いソフトウェアの構築が可能になり、そのソフトウェアを最大限に活用できるようになるでしょう。

自然科学においては、再現性と系譜が研究プロセスの重要な側面となります。多くの研究がソフトウェアに依存するようになってきている現代において、人々が理解でき、更新でき、そして改良できるプログラムが強く求められようになっています。しかし、大学などの教育機関において、こうしたソフトウェアとその他の研究分野の「交差点」にいる人々のためのカリキュラムは開発途上の段階にあります。ソフトウェア関連の原則をきちんと学んでおらず、ソフトウェア開発の経験が限られる人々が、この本でソフトウェア開発における重要な概念や原則を身につければ、共有可能かつ再利用可能なソフトウェアを開発できるようになるでしょう。

オブジェクト指向プログラミングやドメイン駆動デザインの経験豊富な人にとっては、この本は少し初歩的すぎると感じられるでしょう。一方、Pythonやソフトウェア全般、そしてソフトウェアの設計の経験がまだ浅い人は、ぜひこの本をお読みください。そのような人のために書かれた本なのです。

本書の構成

この本は4つの部（パート）と12の章から構成されています。第1部および第2部には、短い例と練習問題が含まれています。第3部は第1部と第2部をベースにしており、たくさんの練習問題が含まれています。第4部はこの本を読み終わったあとの学びに関するヒントを提供しています。

第1部では、Pythonが広まってきた理由とソフトウェアの設計の重要性について説明しています。

- 第1章では、Pythonの簡単な歴史と、Pythonの使いやすさを説明しています。ソフトウェア設計の説明に続き、なぜそれが重要なのか、そしてどのように日々の仕事に関係するのかを示します

第2部では、ソフトウェアの設計と開発の基礎になる重要ないくつかの概念を説明します。

- 第2章では、この本に登場する多くの概念の基本となる「関心（コンサーン）の分離」について説明します
- 第3章では抽象化とカプセル化について説明します。情報を隠蔽し、複雑なロジックを単純なインターフェイスで提供することで、いかにコードがわかりやすくなるかを示します
- 第4章ではパフォーマンスについて説明します。高速に実行されるプログラムを作るためのデータ構造やアプローチ、そのためのツールを紹介します
- 第5章ではソフトウェアのテストについて解説します。さまざまなアプローチを使いながら、単体（ユニット）テストからE2E（end-to-end）テストまで各種の方法を紹介します

第3部では、第2部までに学んだ原則を使って実際にアプリケーションを作成していきます。

- 第6章はこの本で構築するアプリケーションを紹介し、プログラム作成の基礎をなす練習問題を提供します
- 第7章では、拡張性と柔軟性について説明します。アプリケーションに拡張性を与える練習問題が含まれています
- 第8章ではクラスの継承について議論します。どのような場合に継承を使うべきか、どのような場合には使うべきでないのかを説明し、構築中のアプリケーションに継承を導入します
- 第9章では、コードをコンパクトに保つためのツールやアプローチについて説明します
- 第10章では疎結合について説明します。構築中のアプリケーションで結合度を下げる方法を検討します

第4部では、この本を読み終わったあとで何を学ぶべきか、筆者のおすすめを紹介します。

- 第11章では、第3部までに紹介しきれなかったデザインパターンと分散システムの2つの概念について説明するほか、Pythonを使う上で知っておきたい補足的な事柄を紹介します
- 第12章ではこの本全体のまとめと、今後の学びの指針を示します

最後に付録があり、Pythonのインストール方法を説明しています。

この本は最初から最後まで通して読んでいただくように書きましたが、第1部と第2部の章については、既知の事柄はスキップしていただいてもかまいません。第3部は、練習問題として開発するアプリを少しずつ改良していく工程を含むため、すべての章を順番に読んでください。

コードについて

この本（訳書）の例題は訳者のGitHubのレポジトリで公開されています——https://github.com/mushahiroyuki/python-pro。詳しくは訳者の提供しているこの本のサポートページ（https://www.marlin-arms.com/support/python-pro/）をご覧ください。

この本のすべてのコードはPython 3で書かれています。3.7以降のバージョンをご利用ください。

謝辞

この本は私が一人で書いたものではありません。執筆の過程のすべての段階とすべての側面で、私を助けてくださった皆さんのおかげです。

書籍の出版に関わったことのあるほとんどの人は、想像するよりもはるかに大変な仕事であることを語ってくれることでしょう。執筆の過程で、この言葉を何度も聞かされていましたが、本当に大変な仕事でした。どうしたものかといつも悩んだのは、日常生活とのバランスです。いつもの毎日の上に、新たな時間を見つけ出さなければなりません。

私のパートナーであるステファニーのサポート、励まし、私の愚痴に対する忍耐力は、この本を現実のものとするために必須でした。私の無視を軽くかわしてくれ、もっとも大変だったときにこのプロジェクトを忘れる時間を与えてくれたことに感謝します。あなたなしではこの本は完成しなかったでしょう。

私の両親、キムとダナ。いつも好奇心、創造性、思いやりのエネルギーを送り込んでくれていることに対して。

私の親友Vincent Zhang。夜中に何度もコーヒーショップの私の横で、コーディングしてくれてありがとう。この本のコンセプトが確定したときもいてくれましたし、あなたの検証がこのプロジェクトに私を駆り立ててくれました。

James Nguyen。進路変更をして、開発者への道を辛抱強く歩み続けてくれていることに対して。あなたは、この本の対象読者を体現していますし、あなたからのフィードバックはとても貴重でした。これからも頑張ってください。

ITHAKAの同僚たちのフィードバックとサポートに対して。何かとご迷惑をおかけしてしまったのですが、寛容に接してくださいました。

編集者のToni Arritola氏。私を根気よく勇気づけてくださったことに対して。本の執筆は予期しない厄介ごとの連続でしたが、あなたは一貫性と安定性を私にもたらしてくださいました。ありがとうございます。

テクニカルエディターのNick Watts氏。あなたのフィードバックはこの本の内容を、とりとめのない雑文集からそこそこのソフトウェアの参考書に引き上げてくれたと思います。あなたの率直なご意見と指摘は、とても貴重なものでした。

Manning社のMike StephensとMarjan Baceの両氏。この本のアイデアを信じ、私を信頼してくださったことに対して。そしてManning社のすべての人々は、私のアイデアを現実のものにしてくれるために辛抱強く働いてくださいました。

レビュアーの皆さんへ。次に上げる方々のご意見がこの本をよりよいものにしてくださいました。ありがとうございます。Al Krinker、Bonnie Bailey、Burkhard Nestmann、Chris Wayman、David Kerns、Davide Cadamuro、Eriks Zelenka、Graham Wheeler、Gregory Matuszek、Jean-François Morin、Jens Christian Bredahl Madsen、Joseph Perenia、Mark Thomas、Markus Maucher、Mike Stevens、Patrick Regan、Phil Sorensen、Rafael Cassemiro Freire、Richard Fieldsend、Robert

Walsh、Steven Parr、Sven Stumpf、Willis Hamptonの各氏。

最後に、プログラミングおよびこの本に関して、直接的に、意図的に、あるいはその他の方法で、前向きな影響を与えてくださったすべての皆さんに感謝いたします。すべての方のお名前を思い出すのは私の能力の限界を超えてしまいますので、ここで思い浮かんだ方々のお名前だけを挙げておきます。あしからずご了承ください。Mark Brehob、Dr. Andrew DeOrio、Jesse Sielaff、Trek Glowackiの各氏。筆者が勤務するSAICのアン・アーバーオフィスの皆さん、Compendia Bioscienceの皆さん（とその友人の皆さん）、Brandon Rhodes、Kenneth Love、Trey Hunner、Jeff Triplett、Mariatta Wijaya、Ali Spittel、Chris Coyier、Sarah Drasner、David Beazley、Dror Ayalon、Tim Allen、Sandi Metz, Martin Fowlerの各氏。ありがとうございました。

著者紹介

Dane Hillard（デイン・ヒラード）

高等教育関連のNPOであるITHAKAに、リード・Webアプリケーション・デベロッパーとして勤務している。これまで、遠隔測定法データのための推論エンジンの構築、および生物情報学アプリケーション用のETLパイプラインの構築などを行ってきた。

初期のプログラミング体験としては、エンターテインメント関連のSNSであるMySpaceのカスタムスタイルの作成、モデリング用アプリケーションRhinoceros 3Dのスクリプト作成、MS-DOSゲームのLieroのカスタムスキンおよびカスタムウェポンの作成などを行った。クリエイティブ・コーディングを楽しみ、音楽、写真、食べ物、そしてソフトウェアに対する自らの愛を一体化する道を常に探している。

PythonやDjango関連の国際会議で講演を行っており、誰かに「止めてくれ」と言われるまで継続する予定でいる。

翻訳者紹介

武舎 広幸（むしゃ ひろゆき）

マーリンアームズ株式会社代表取締役。機械翻訳など言語処理ソフトウェアの開発と人間翻訳に従事。国際基督教大学の語学科に入学するも、理学科（数学専攻）に転科。山梨大学大学院修士課程に進学し、ソフトウェア工学を専攻。修了後、東京工業大学大学院博士課程に入学。米国オハイオ州立大学大学院、カーネギーメロン大学機械翻訳センター（客員研究員）に留学後、満期退学し、マーリンアームズ株式会社を設立。

Contents

第2部　ソフトウェアデザインの基礎

第3部　大規模システムへの応用

第4部　これからどう学ぶか

第1部

Why it all matters

ソフトウェアデザインとPython

新しいテーマについて学び始めようとするときには、その全体像を把握することが大切です。そうすることで、自分がどのような位置にいるかを確認し、しっかりと学ぶことができます。この本の第1部（第1章）では、まず現在のソフトウェア開発におけるPythonの重要性について解説します。

皆さんが、プログラミングの世界に足を踏み入れたばかりであっても、次に習得する言語を探しているときでも、そして大規模プロジェクトに参加するのに十分な技術を身につけようと思っているときでも、第1部を読めば、Pythonがすばらしい選択肢であることを確信できるはずです。

第1部のもう1つの主題は、ソフトウェア設計（デザイン）の原則とプラクティスを理解するための枠組みの提供です。ソフトウェアのデザインとはどのような作業なのか。それを理解することは、プログラマーとしてのキャリアを進める上で欠かせません。第1部では、その概要を紹介します。

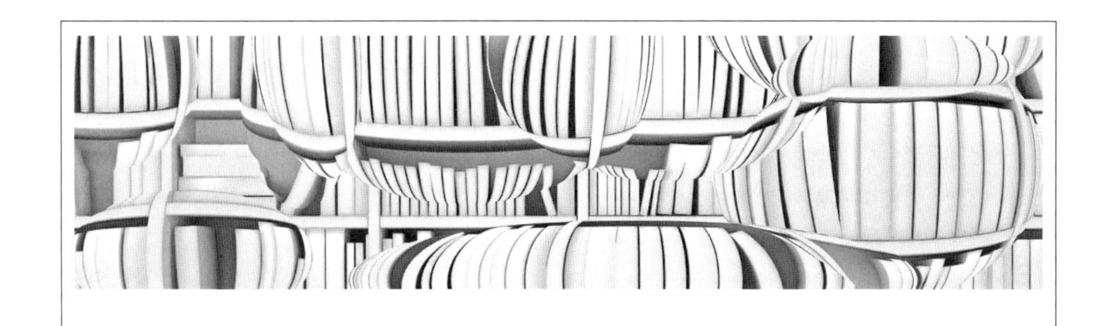

第1章

The bigger picture

ソフトウェア開発とPython

■この章の内容

複雑なソフトウェアプロジェクトにおけるPythonの利用

ソフトウェアのデザインとは

デザインへの「投資」とその見返り(リターン)

この本を手に取っていただき、ありがとうございます。これからソフトウェア業界に転職（就職）してみようと思っていらっしゃる方でしょうか。それとも、ソフトウェア開発の能力を身につければ自分の業務に役に立つのではないかと模索している方でしょうか。あるいは、すでにソフトウェア開発者として仕事をしていらっしゃる方でしょうか（プロの開発者というわけですね。すばらしい!）。

プロの開発者は、長期間にわたって大規模なソフトウェアを開発・保守していかなければなりません。そのために必要な、概念や戦略を身につけておく必要があります。この本を手にとっていただいたということは、皆さんはもう一段、上の段階に進みたいと思っていらっしゃるということでしょう。

この本は、ちょっとした「ユーティリティスクリプト」の段階を卒業して、「複雑なソフトウェア開発」へと進むための技術を身につけていただくためのものです。ソフトウェア開発のスキルを身につけるための、土台作りをお手伝いするための本なのです。

ソフトウェア技術者としての経験を積めば積むほど、開発するソフトウェアの複雑さが増してきます。自分の手で時間をかけて作成していく場合もあれば、既存の「スパゲティのようなコード」の手直しを（よりによって大忙しのときに）頼まれてしまうこともあるでしょう。どのような状況であれ、そのソフトウェアの内容を把握できるような有用なスキルを身につけておく必要があります。

この本では、複雑なソフトウェアがどのように動作するか、そしてそうしたソフトウェアをどのように改善すればよいかを学んでいきます。また、実装に取りかかる前にそうしたシステムの動きを予測し、想定外のことが起きる可能性を減らし、リスクを最小限にする方法を学びます。この本を読み終えたときには、これまではうまく対処できずに不安を覚えていたような事柄に対しても、落ち着いて取り組めるようになるはずです。

たとえば、コードの複雑な部分をわかりやすい名前の「ラッパー」で囲み、再利用可能にする方法を学びます。また、コードを目的ごとに明確に構成し、各部分が何をするのかを容易に思い出せるようにする方法も学びます。こうした手法は自分の助けになり、新規のプロジェクトにおいても、以前のプロジェクトの改良においても生産性を高めることにつながります。

この本で扱うコードはPythonで書かれています。Pythonが筆者の好みのプログラミング言語になってからすでにかなり経ちますが、皆さんはいかがでしょうか。まだPythonをよく知る機会がなかったのなら、まずそのための時間を取ってください。筆者のおすすめはNaomi Ceder著『The Quick Python Book※1』(Manning, 2018) です。

この本の例はすべて、Python 3の最近のバージョンで書かれています。先に進む前に、ぜひPython 3をインストールしてください(付録にインストール方法の説明があります)。

Pythonのバージョン

Python 3が登場したのはもう随分前で、北京オリンピックが開催された2008年のことです。しかし、まだPython 2を使っている人もかなりいます。

Python 3にはPython 2では動作しない機能が加わったため、いまだにその影響が残っています。移行を容易にするために、そうした機能の多くがPython 2のその後のバージョンに組み込まれはしましたが、特に大規模なプロジェクトではいまだにPython 2のコードが残っています。そういったコードを全面的に書き直すのは大変な作業になるので、今後もPython 2のコードの保守は必要になるでしょう。

Pythonを開発言語として選ぶことにまだ不安を覚える場合は、もう少し読み進めてください。

※1 原著は第3版。第2版の邦訳は『空飛ぶPython即時開発指南書』(新丈径監修、翔泳社、2013年)。

1.1 Pythonによる開発の優位性

Pythonは誕生後しばらくの間、小さな課題を解決するための「スクリプト言語」として扱われてきました。多くの開発者はその性能や適用範囲が十分ではないと考え、企業向けソフトウェアの開発には他の言語を選択しました。小規模なデータ処理や個人用ツールの開発には使われていましたが、企業向けソフトウェアの開発にはJavaやC、SASといった言語が選択されていました。

1.1.1 「時代は変わる」

Pythonが企業向けの使用には耐えないという見方は近年、劇的に変化しました。今やPythonは機械学習、ロボット工学、化学など、あらゆる分野で使われています。Pythonは、著名なネット関連企業の多くで使われており、その勢いが衰える兆しは見えません。

1.1.2 なぜPythonは好ましい言語か

Pythonはそれまでのプログラミング言語のイメージを一新しました。筆者は学生時代に主にC++を学び、MATLAB、Perl、PHPも少々かじりました。自分の最初のWebサイトをPHPで作成し、あるときにはJavaのSpringフレームワークも使ってみました。PHPやJavaは、多くの成功している企業が採用しており、企業向け開発において十分な能力を備えた言語です。しかし、筆者にはなぜかしっくりきませんでした。

Pythonの構文のほうが優れているように思えたのです。Pythonが急速に普及している理由としてよく挙げられていますが、他の言語よりも英語の書き言葉に近く、そのためプログラミングの初心者や、他の言語の冗長さを好まない人にとっても取っ付きやすいものになっています。Pythonに「`print('Hello world!')`」と命じると、Pythonは命じられたとおり「Hello world!」とプリントしてくれます。実際に試して、顔をほころばす人たちを何人も見てきました（筆者は今でも、使ったことのない標準ライブラリモジュールを試すときに、同じような感覚を味わうことがあります）。

Pythonは可読性の高い言語であり、このことが開発をスピードアップします。かなり経験を積んだ開発者にとってもこれは当てはまります。Instagramの技術者Hui Dingは、「もはや実行スピードは主たる問題ではない。市場投入までのスピードこそが問題だ※2」と指摘しています。Pythonを使えばプロトタイプの作成が迅速にでき、信頼性と保守性の高いコードが得られます。

※2　Michelle Gienow, "Instagram Makes a Smooth Move to Python 3," The New Stack, http://mng.bz/Ze0j。InstagramのPython 2からPython 3への移行に関する優れた記事です。

これがPythonを筆者が気に入っている理由です。

1.2 Pythonは教えやすい言語である

2017年にStack Overflowは、同サイトの先進諸国における質問のうち、Pythonに関するものが10%を超え、他のすべての主要プログラミング言語を上回ったことを明らかにしました[※3]。Pythonの市場における需要は急速に高まっており、教育用言語としても最適です。活発な開発者コミュニティと豊富な情報があり、これからも長い間、「安全な選択肢」であり続けるでしょう。

この本ではPythonの構文、データ型、クラスに関する基礎的知識は前提として説明していきます。少し触ってみたことがある程度で十分で、深い知識は必要ありません。多少のプログラミングの心得があり、Pythonをある程度使った経験があれば、サンプルコードは理解できるでしょう。この本ではPythonを、より規模の大きな、そしてより優れたソフトウェアをデザインするためのツールとして使っていきます。とは言っても、これから学ぶことは、どのプログラミング言語を使う場合にも応用できます。ソフトウェアデザインに関する概念の多くは言語に依存するものではありません。

※3 David Robinson, "The Incredible Growth of Python," Stack Overflow Blog, http://mng.bz/m48n

1.3　デザインはプロセス

「設計（デザイン）」という言葉は、何らかの形になった「結果」を表すことが多いのですが、デザインの価値はその結果に至るまでの「過程（プロセス）」にあります。

ファッションデザイナーを例に考えてみましょう。その目標は、最終的に手にする人たちが身につけるものを創り出すことです。しかしデザイナーが自分の製品を顧客に届けるまでには、何段階もの過程があり、多くの人が関わっています（図1.1参照）。

図1.1　ファッションデザイナーの作業の流れ。デザイナーは多くの人々と協働して仕事を完了させる

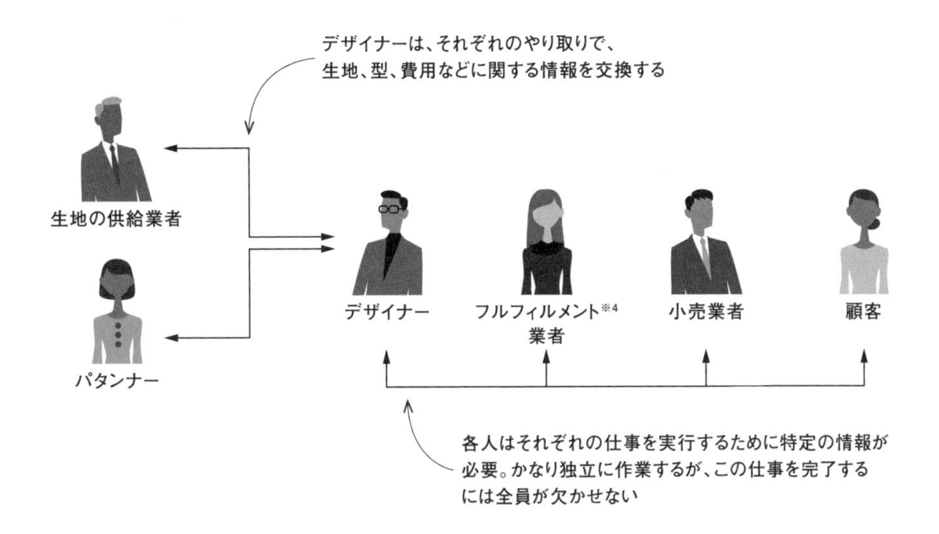

デザイナーは通常、生地供給業者と協働で作業して、求めている機能、外観や肌触りなどに合った素材を手配します。商品のデザインができると、各種サイズを生産できるようにパタンナー（パターンメーカー）と協働で作業します。商品が完成するとフルフィルメント※4業者を介して小売店に配送し、そこで最終的に顧客がその衣服を購入します。この工程は何ヶ月にも及びます。

ファッションや芸術、建築の場合と同様、ソフトウェアにおける設計（デザイン）も、システムが最大の効果をもつようプランを練りそれを表現するプロセスです。ソフトウェアの場合、こうしたプランはデータの流れ（フロー）を表現するとともに、そのデータを処理する各パート（モジュール）の関係を理解しやすくしてくれます。図1.2は、eコマースの処理の流れを示す概略図で、ユーザー

※4　商品の受注から商品引き渡しまでの一連の業務。ネット通販などで、倉庫から顧客に商品を届けるまでの業務をアウトソーシングする「フルフィルメントサービス」が拡大している。

がどのようなステップをたどっていくかを示しています。

図1.2 あるeコマースWebサイトの処理の流れ

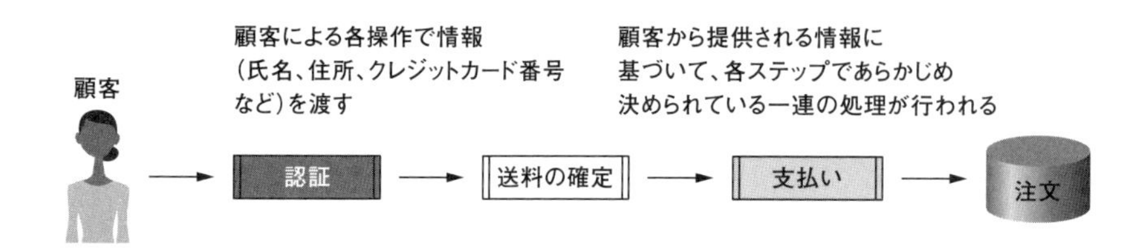

通常、Webで何かを購入しようとする顧客は、まずログインし、続いて商品を発送するための各種の情報の入力、そして支払いを行います。この結果、システムにおいては製品の購入・出荷処理を行うための「注文」が生成されます。このようなワークフローを処理するには、さまざまな点を明確にするための設計(デザイン)が必要です。また、こうしたシステムでは、複雑なルールに則(のっと)って処理が行われるほか、エラー状態の検査などその他の処理も行われます。

そして、こうした処理のすべてを円滑に実行しなければなりません。ユーザーはシステムのエラーに対しては寛容ではなく、途中でやめてしまったり、(人によっては) SNSなどで悪い評判を流してしまうかもしれません。

1.3.1 ユーザーエクスペリエンス (UX)

簡潔で明確なワークフローを作り出すには、多くの労力を要します。どのような「ユースケース」に対しても円滑に動作するソフトウェアを作成するには、市場調査、ユーザーテスト、そして堅牢な設計(デザイン)が欠かせません。想定した使い方できちんと機能する製品であっても、ユーザーが想定外の使い方をする場合もあります。特定のユースケースにおいてひととおりの機能は果たせるものの、「最適化」されていないというケースもあります。こうしたケースではデザインに検討すべき余地が残っているのです。

ソフトウェアがうまく動作しているときには、ユーザーはそのことをほとんど意識しません。ユーザーは(そして開発者も)スムーズに動作することを望んでいます。きちんと保守されていないコードは担当の開発者にとってフラストレーションの原因になり、修正方法がわからなければ、怒りにつながることさえあります(そうした場合は、ゆっくりと深呼吸をして心を落ち着かせましょう)。

「摩擦」のない使用感

スケートをした経験がある人は、そのときのことを思い出してください。整氷車が磨き上げたばかりのリンクを滑るとき、力はほとんど要りません。片方の脚に軽く体重をかけるようにすれば自然に滑ります。時間がたつと人が滑った跡ができ、リンクが荒れてきます。滑りが悪くなり、少し強めに蹴らなければならなくなります。

ユーザーエクスペリエンス（UX）における「摩擦」は、荒れたリンクとよく似ています。やりたいことは何とかこなせるものの、楽しくはありません。摩擦のないUXが実現されていれば、作業していることをほとんど意識することなしに目的達成へと自然に導いてもらえるのです。

さてここで、皆さんにレポート出力システムの改訂作業が割り当てられたと仮定しましょう。このシステムでは現在、CSV（カンマ区切り）で出力していますが、ユーザーからはTSV（タブ区切り）がよいという声が上がりました。「出力時に、区切り文字を『カンマ』から『タブ』に変えればよいだけだ」と思った人もいるでしょう。コードを見ると、出力部分が次のように記述されていることがわかりました。

```
# ch01/01report1/report.py list1※5
print(col1_name + ',' + col2_name + ',' + col3_name + ',' + col4_name)
print(first_val + ',' + second_val + ',' + third_val + ',' + fourth_val)
```

出力形式をCSVからTSVに変更するには、6か所にある`','`をすべて`'\t'`に変更すればよいのですが、これにはヒューマンエラーが入り込む余地があります。見出しの出力部分には気づいても、データ出力部分を見落とすかもしれません。このコードの次の担当者が扱いやすいように、区切り文字（delimiter）の値を定数に記憶し、必要な箇所でその定数を使うとよいでしょう。また、区切り文字を間に挟んで文字列を連結するPythonの関数も利用できます。このようにしておけば、ユーザーが「やっぱりカンマがいい」と言ってきても、1箇所変更するだけですみます。

※5　リストの冒頭に「`# ch01/01report1/report.py`」などとファイル名が示されている場合は、GitHubからダウンロードできる例題ファイルが用意されています。詳細はこの本の訳者のサポートページを参照してください——https://www.marlin-arms.com/support/python-pro/

```
# ch01/02report2/report.py list1
DELIMITER = '\t'
print(DELIMITER.join([col1_name, col2_name, col3_name, col4_name]))
print(DELIMITER.join([first_val, second_val, third_val, fourth_val]))
```

心を落ち着けて、対象としているシステムを広い視点で捉えると、それまでは見えていなかった詰めの甘い部分に気づいたり、そもそも想定が間違っていることがわかったりします。繰り返されているパターンや共通する誤りが見えるようになってくると、どこに手を入れるべきかがわかってきます。広い視点で見ることは、とても効果的なのです。

1.3.2 経験を活かす

自覚しているかどうかに関わらず、ほぼ誰でも過去に「デザイン」をしているはずです。コードを書く手をしばらく休めて、「そもそも何をしようとしていたんだっけ？」と改めて考えたときのことを思い出してみてください。何かに気づいて、進路を変えたことはありませんか。何かをするのにもっと効率のよいやり方を思いついたことはありませんか。

こうしたささいな瞬間、それ自体がデザインのプロセスです。ソフトウェアの目標と現在の状態を点検し、その両者に基づいて次に何をすべきかを検討する。ソフトウェア開発の早い段階で意識的にこうした時間を確保すると、短期的にも長期的にもメリットがあります。

1.4 デザインがよりよいソフトウェアを作る

率直に言いましょう。優れたデザインをするには時間と労力がかかります。簡単に手に入るようなものではありません。日々の開発作業にデザイン的な要素を組み込むのが理想ですが、コードを書く（または書き直す）前にデザインのための時間を確保することが不可欠です。

システムについてしっかりと構想を練ると、リスクのある部分が明らかになってきます。ユーザーの機密情報が危険にさらされる恐れのある場所を特定でき、システムのどの部分が性能面の「ボトルネック」や「単一障害点」になる恐れがあるかもわかります。

システム各部の単純化、結合あるいは分割によって、時間やコストを節約できる場合もあります。こうした改善は「部分」だけを見ているときには特定しにくいものです。全体を俯瞰（ふかん）してみて初めて複数の箇所で類似の処理をしていることがわかります。こうした処理によって、全体を再構成したり、先の見通しを立てたりできるようになります。

1.4.1 ソフトウェアデザインにおける考慮事項

開発者はよく「ユーザー」のためにソフトウェアを作ると考えますが、多くの場合、ソフトウェアには複数の「ユーザー層」が存在します。ある場合には、そのソフトウェアを含む製品を使う人が「ユーザー」であり、またある場合には、そのソフトウェアの追加機能を開発しようとしている人が「ユーザー」になります。自分が作ったソフトウェアのユーザーは自分だけという場合も少なくはありません。このようにさまざまな観点からソフトウェアを見ると、作成しようとしているソフトウェアの質をより的確に判断できます。

ユーザーがさまざまなユースケースにおいて、ソフトウェアを評価する一般的な観点を挙げてみましょう。

- **速度**——目的とする処理を可能な限り短時間で完了するか
- **整合性**——使用あるいは生成するデータに誤りがなく、きちんと記憶・保護されるか
- **リソース**——記憶領域およびネットワークの帯域幅を効率よく利用しているか
- **セキュリティ**——ユーザーが読み書きできるのは正当な権限をもつデータだけか

一方、次に挙げるのは、開発者が、作成したソフトウェアが備えていると好ましいと考えるものです。

- **疎結合**——ソフトウェアの各部分が他の部分に複雑に依存していない
- **直観的なわかりやすさ**——コードを読めば、そのソフトウェアの特徴や働きがわかる

- **柔軟性**——関連した処理や類似の処理を加える改良がしやすい
- **拡張性**——機能の追加や変更が、ほかの機能に影響を与えずにできる

こうした性質をもつソフトウェアの構築はそれなりのコストを伴います。たとえば、ソフトウェアのセキュリティを向上させようとすると、開発期間が延びます。開発期間を延ばすとコストが増大し、そのソフトウェアの値上げにつながります。しっかりとした計画を立て、上に挙げた項目間のトレードオフを把握すれば、開発者側とユーザー側、両方のコストを最小限に抑えられます。

プログラミング言語自体がもつ機能を直接的に用いて、こうした考慮事項に関して具体的な対策を立てることはできないのが普通です。プログラミング言語の側では、開発者が対策を立てるための手段を提供しているだけです。たとえば、Pythonのような高級言語では、（機械語ではなく）人の言語に近い形での記述が可能で、意図しないメモリ内容の破壊に対する保護機能を備えています（Pythonではさまざまなデータ型も用意されています。これについては、第4章で詳しく見ます）。

とはいえ、開発者が失敗を犯して物事を台無しにするような場合をすべて予測するのはPythonにも不可能であるため、開発者が自分でできる作業はまだたくさんあります。そこで重要になるのが、緻密なデザインとシステム全体への気配りです。

1.4.2 有機的なソフトウェア

野菜なら有機栽培されたものは歓迎されますが、多くの部分が緊密な関係をもち有機的な結合をしているようなソフトウェアは歓迎されません。拡張に次ぐ拡張を重ねたシステムには、「リファクタリング」の必要があります。リファクタリングとは、コードのデザインを改善し、その時点での最善の実装方法を反映するように書き換えることを意味します（コードの性能や保守性、可読性の向上を意図した改良も含める場合があります）。

リファクタリングを行わずに拡張を重ねてきたソフトウェアは、開発者が全体を把握できず、それ自体が意思をもった生き物のようなものになります。ほかの（複数の）ソフトウェアの一部が継ぎはぎされていたり、何年も使われていないメソッドが残ったままになっていたりします。場合によっては、1つの関数が仕事のほとんどをこなし、しかも、使われていない機能も残っていたりします。このようなシステムのリファクタリング時期を決めるのは難しい場合もありますが、「もう手に負えないよ！」と叫びたくなる前に行うべきです。

このような状態の例としてeコマースサイトの精算処理（図1.3）を見ましょう。次のような重要なステップが含まれています。

1. その製品が在庫にあることを確認
2. 製品価格に基づいて小計を計算
3. 購入地域に基づいて「税額」と「配送料＋手数料」を計算
4. 現在のプロモーションに基づいて、割引を計算
5. 合計金額を計算
6. 支払いを処理
7. 注文に関連するフルフィルメント処理を実行

図1.3 時とともに拡張を続けてきたeコマースシステム

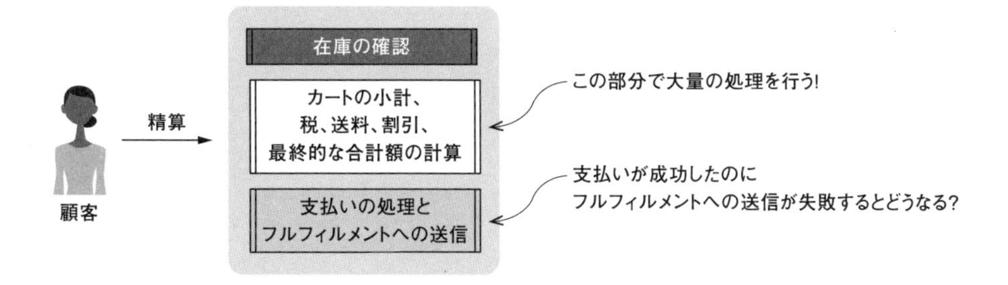

このシステムの場合、いくつかのステップは明確に分けられています。悪くありません。しかし、中ほどに粗い部分があります。価格に関連する処理のすべてが1つの大きなかたまりの中で行われているようです。その中にバグがあれば、どの処理にバグがあるかを正確に突きとめるのは難しくなるでしょう。価格が間違っていることがわかっても、その原因を突きとめるために調べるコードが多くなります。支払いとフルフィルメントの処理も一体化しているため、悪いタイミングでエラーが発生すると、支払いは正しく処理できても注文に対する処理が行われない、といったことが起きてしまいかねません（顧客の大きな怒りを買うことになるでしょう）。

この処理をより堅牢なものにするために最初に行うべきは、処理ステップの分割です（図1.4）。各ステップを専用のサービスで扱うことにすれば、ステップごとに1つの仕事をするだけですみます。在庫サービスは商品がいくつ在庫にあるかを追跡します。価格設定サービスは各品目のコストと税の情報をもっています。このようにすれば各ステップを他と分離でき、ほかのステップのバグから影響を受ける危険性が下がります。

図1.4 十分に練られたeコマースシステムの例

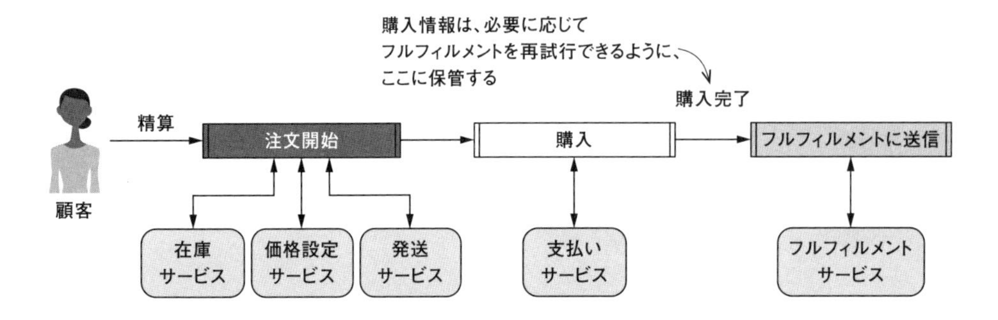

デザインの際に、システムの特定部分をさらに分解できることが明らかになるのも珍しくはありません（この「分解」という考え方については、後ろの章で詳しく検討します）。コードのリファクタリングと再デザインは継続的に行われるもので、この作業に「完了」はありません。この本で学ぶテクニックのいくつかをしっかりと身につけると、自分たちのプロジェクトの中でこうした作業が徐々に簡単に、そして素早くできるようになるでしょう。気を抜かず、自分のコードを改良する機会を捉えてください。

1.5 いつデザインに投資するべきか

開発者は新たなコードを書いてシステムを完成させることに集中しがちで、すでに書き上がって動作しているコードへの関心は次第に薄れていきます。そうしたコードに再び意識が向くのは何か問題が起こったときです。途中で何度も書き換えなければならないようなコードが多ければ、技術的な「負債」を抱え込むことになり、プロジェクトが生産的であり続けるためには追加措置が必要になります。

粗悪なコードが入り込めば込むほど、そしてその程度が激しければ激しいほど、改修にかかる時間が増えてしまいます。こうした改修作業は、システムの構築後に「直感」に基づいて行うことが多いのですが、完成前にそうした状況を察知できる場合もあります。

ソフトウェアのデザインをしっかりと事前に行っておくと、そうした改修作業にかかる時間を短くし、「頭痛の種」を減らすことができます。システムを柔軟に構築しておけば、新しいユースケースにも対応しやすくなり、そうした作業も楽しいものになります。ですから、コードを書き始める前にシステムについて時間をかけて検討しておくことは、その後の生産性の向上につながるわけです。のちのち収益を上げるための技術的な「投資」と考えられます。

こうした例の1つと言えるのが各種の「フレームワーク」でしょう。フレームワークは、何らかの目標を達成するためのガイド役となるコードの集合体（ライブラリ）です。Webサイトを美しく飾ってくれるもの、動画から顔を検出するニューラルネットワークの構築に使えるものなど、いろいろなフレームワークが提供されています。どのような機能をもつものであっても、フレームワークはユーザーが独自のソフトウェアを作るときに利用できる「部品」を提供します。役に立つためには、さまざまなユースケースに対応できるだけの柔軟性があり、元の開発者が思いつかない新しい機能であっても容易に追加できるような拡張性を備えていなければなりません[※6]。

ある意味、開発者が書くコードの多くの部分は「フレームワーク」だと言ってもよいのかもしれません。繰り返し使う必要があるかもしれない、あるいはいつか別の目的で使う必要があるかもしれない便利な機能を提供するものなのです。「フレームワークを作るつもりでコードを書く」という姿勢でいれば、「よいコード」を書くよう自分を律することができるでしょう。

ソフトウェアをデザインする作業は「投資」なのです。新規のプロジェクトであっても、改良作業であってもこれは同じです。この投資の見返り（リターン）としては、開発者とユーザーの両方のニーズを満たす、大きなオーバーヘッドやフラストレーションのないコードが得られることが望まれます。

ただし、場合によっては、再デザインのために必要な時間と労力がその効果に見合わないようなコードもあるでしょう。そのようなケースでは、そのコードが今後何回使われ、何回更新されるか検討する必要があります。1、2回しか使わないスクリプトの改良に何週間もかけるのはよい投資とは言えません。

デザインに気を配るようになると、改善すべきことの多さに圧倒されるかもしれません。調べたり検討したりすることはとても多く、すべてを一度にやろうとしてもうまくはいきません。デザインに関する概念を少しずつ、自分の思考の一部になるように身につけていくほうが、「持続可能な」アプローチとなるでしょう。この本では概念を章ごとに少しずつ紹介していきます。必要ならいつでも該当の章に戻って再確認するとよいでしょう。

※6 Python用には、Requests（HTTP呼び出し生成用）、FlaskやDjango（いずれもWeb開発用）、Pandas（データ解析用）などをはじめとして、数多くのフレームワークが開発されています。

1.6 デザインは協働作業である

これまでずっと一人でソフトウェアを開発してきたという人もいるでしょうが、実社会のプロジェクトではそのようなことは稀(まれ)です。ビジネス用途のソフトウェアを作成している企業では、1つの製品に数十人、数百人の開発者が関わることも少なくありません。それぞれの開発者には固有の経験があり、それが仕事のしかたに影響を与えます。さまざまな視点をもった人が集まれば、それぞれの経験したバグ、失敗と成功のすべてが次の作業で採るべき方向を考えるもとになり、堅牢なシステムの構築へとつながります。

特に開発の初期段階では、ほかの開発者の意見を参考にするとよいでしょう。何かを行う方法が1つしかないというケースは少なく、いろいろな方法をその長所、短所と併せて学べば、より賢い選択ができるようになります。あるユースケースには有効であっても別のユースケースには当てはまらないといったものもあるので、複数の方法を知っておくことは生産性の向上につながります。

ソフトウェアを協働で開発した経験がないのならば、オープンソースプロジェクトへの参加を検討してみるのもよいでしょう。実現方法を巡って意見が一致せず、(建設的に!)議論している様子を観察し、解決までの過程でどのような考えが出てくるか見てみましょう。最終的に選択される実現方法よりもそこに至るまでの思考過程のほうが重要かもしれません。今後のプロジェクトで遭遇するであろう困難な状況を打開するためには、特定のアルゴリズムに関する知識よりも、このような「論理的思考」や「議論の能力」のほうが役に立つ場面もあるかもしれません。

1.6.1 心構えとREPLの利用

プログラムを書いているときは、つい気がはやりがちです。いったんコードが完成すると、心を落ちつけてコードを見直すのはなかなか難しいものです。

小さなスクリプトの作成や実験的な作業では、何かするごとに結果が返ってくると、生産性が上がる場合があります。筆者はこの種の作業をよくPythonのREPLで行います。

REPL（Read-Eval-Print Loop）

REPL（レープル）（Read-Eval-Print Loop）とは、ターミナルで`python`コマンドを入力した際に、Pythonがプロンプト（`>>>`）表示の裏側で行っている処理を指します。入力の「読み込み（read）」を行い、それを「評価（evaluate）（計算）」し、結果を「表示（print）」します。そして、これを「繰り返し（loop）」実行します。開発者が数行のコードを対話的にテストできるよう、多くの言語でREPLが提供されています。

しかしREPLは万能ではありません。短いコードを書いてはその出力の変化を確認していく方法とは、どこかの時点でお別れすることになるはずです。より長いコードや何度も使えるコードをファイルに書き、それを一度に実行するほうが効率的です。その段階に入る境界は人によって異なりますが、筆者の場合、ターミナルの履歴の15行程度前に表示されているコードを再利用したくなったときです。

リスト1.1は、辞書に記憶したデータを変換するプログラムです。米国の州とその州都を対応させた辞書があり、それをもとに次の手順で全州都のアルファベット順リストを作成します。

1. 辞書から州都の値をすべて取得する
2. 州都の値をソートする

リスト1.1 アメリカの州都のアルファベット順リストを作る

```
# ch01/03capitals1/capitals.py
>>> us_capitals_by_state = { # 米国の州とその州都の「辞書」 ➡①
    'Alabama': 'Montgomery',
    'Alaska': 'Juneau',
    ...
    'Wisconsin': 'Madison',
    'Wyoming': 'Cheyenne'
}
>>> capitals = us_capitals_by_state.values() ➡②
>>> capitals
dict_values(['Montgomery', 'Juneau', 'Phoenix', ..., 'Madison', 'Cheyenne'])
>>> capitals.sort() ➡③
Traceback (most recent call last):
  File "<stdin>", line 1, in <module>
AttributeError: 'dict_values' object has no attribute 'sort'
>>> sorted(capitals) ➡④
['Albany', 'Annapolis', ..., 'Topeka', 'Trenton']
```

①州名に州都名を対応させた辞書
②州都名のみを表示
③しまった！ これは「リスト」ではないのでメソッドsort()がない
④任意のイテラブルを引数にできるsorted()関数で新しい（ソート済みの）リストを作成

途中で1つミスがありましたが、それほどひどい例ではありません。しかしプロジェクトが大きくなり、変更を加える範囲が広くなるほど、一歩下がって事前にしっかりと計画を立てておくことが大切になります。

しっかり準備をしておくと開発中に2歩進んでは1歩戻るといったことがなくなり、結局は時間の節約になります。また、最初にこのような癖をつけておくと、リファクタリングも機を逃さずに行うような習慣がつくでしょう。筆者の場合、リファクタリングが必要と感じたら、まだ短いスクリプトを書いている段階であっても、コードをPythonモジュールとして記述する方法に切り換えます。そうすると少しゆったりと構えることができ、開発している間、常に大局的な目標を見失わずに済みます。

州都の例について言えば、同じことを何度も繰り返さないようにするため、「関数を作って必要なときにそれを呼び出す」という方法が考えられます。たとえば、リスト1.2のようにしたとします。

リスト1.2 州都の処理を関数にした例

```
# ch01/04capitals2/capitals.py
def get_united_states_capitals(): ➡①
    us_capitals_by_state = {
        'Alabama': 'Montgomery',
        'Alaska': 'Juneau',
        ...
        'Wyoming': 'Cheyenne',
    }

    capitals = us_capitals_by_state.values()
    return sorted(capitals)
```

①関数を用いてリスト1.1を書き換え

これで再利用可能な関数ができました。しかしこの関数をよく見ると、定数データを使っていますが、呼び出されるたびに辞書に代入しています。この関数が頻繁に呼び出されるようならば、リファクタリングして効率を高める余地があります。実際のところ、そもそも関数にする必要はないでしょう。リスト1.3のように、作成したリストを後で使えるように定数に保存すれば、その部分は一度実行されるだけで再利用可能にもなります。

リスト1.3 リファクタリングでさらに簡潔になったコード

```
# ch01/05capitals3/capitals.py
US_CAPITALS_BY_STATE = { ➡①
    'Alabama': 'Montgomery',
    'Alaska': 'Juneau',
    ...
    'Wyoming': 'Cheyenne'
}

US_CAPITALS = sorted(US_CAPITALS_BY_STATE.values()) ➡②
```

①定数データ。一度だけ定義する
②こちらも定数。関数にする必要はない。US_CAPITALSを参照するだけでよい

リスト1.2とリスト1.3を比較すると、可読性を損なわずにコードが短くなっています。

今たどったばかりの最終的な解決策に至るまでの道筋が、デザインのプロセスです。上達するにつれて、改良すべき場所の見極めが少しずつ速くできるようになるでしょう。そしてそのうち、複雑なソフトウェアを描写するために、複数のコンポーネントから構成される概略図を描いたりもするようになるでしょう。コードを書き始める前にその図を使って「どのあたりが難しそうか」「どのあたりで開発中のシステムのウリの機能を実現できそうか」といったことを想像できるようになるでしょう。もちろん、皆がいつも同じように作業を進めるわけではありません。この本で学んださまざまなことを、自分にとって効果的と思われる場面で活かすようにしてください。

ここまでくると、自分のプロジェクトを最初からやり直したい気持ちになっているかもしれませんが、待ってください。この本を読み進めるにつれて、ソフトウェアのデザインとリファクタリングは単に「関係がある」といったものではなく、「表裏一体のもの」であることがわかってくるでしょう。一方を実行すると、その結果もう一方も実行するといった、プロジェクトの全期間を通して行われる連続したプロセスなのです。完璧な人はいませんし、完璧なコードもありません。コードを早い段階で繰り返し見直すことが大切です。特に、コードにザラツキを感じ始めたらそのときです。

このことを心に留めて、深呼吸して力を抜いてください。学ぶべきことは、まだまだたくさんあります。

1.7 この本の使い方

この本は最初から最後まで通して読むことを意図して書かれており、各部の説明は、前の部を土台とするように構成しました。第3部では、第6章で始めるプロジェクトを基にして各章で実装を積み上げていきます。ただ、すでに知っていることを扱っている章は流し読みしたり飛ばしたりしてかまいません（ときどき前の章を参照し直す必要はあるかもしれません）。

多くの章では、その章で登場した新たな概念やプラクティスを日常のソフトウェア開発にスムーズに組み込めるようになっています。ある章で出てきた概念が特に大切だと思ったら、その概念がよくなじむまで自分のプロジェクトに応用し、しっくりきてから、次の章を読むようにするとよいでしょう。

例と演習のコードは、この本の日本語版のGitHubリポジトリ（https://github.com/mushahiroyuki/python-pro）にあります。GitHubのソースコードのほとんどは演習を自分でやった後にその内容を確認するためのものです。行き詰まったときや自分のコードと比較したい場合に、公開されているコードを参照してください。ただし、まずは自分でそれぞれの演習をやってみることをお忘れなく。

それでは、楽しいコーディングを！

1.8 まとめ

- Pythonは大規模な企業プロジェクトでも、ほかの主要なプログラミング言語と同等の役割を果たしている
- Pythonのユーザー層は、あらゆるプログラミング言語の中でもトップクラスの速さで拡大している
- 設計（デザイン）とは、紙に描いたものだけではなく、そこに至るまでの過程である
- 前もってデザインを行うことは「投資」であり、その見返りにクリーンで柔軟性の高いコードが得られる
- ソフトウェアの開発は、さまざまなユーザー層を念頭において行う必要がある

第2部

Foundations of design
ソフトウェアデザインの基礎

効果的なソフトウェアの基盤は開発者の意図をしっかりと反映したデザインです。そしてソフトウェアのデザインプロセスにおいては、類似の概念が繰り返し登場します。第2部では、コードの構造化、効率化、テストなど、大規模ソフトウェアプロジェクトに欠かせない基礎知識を紹介します。
第3部でも、第2部で紹介する概念は繰り返し登場します。日々の開発において、ソフトウェアデザインの基礎的な手法を繰り返し適用することで、新たに学んだ事柄を基礎概念と結びつけ、日常業務の一環として身につけることができるはずです。その段階に至ってこそ、基礎的な概念の意味や効果が本当に理解できるようになるでしょう。

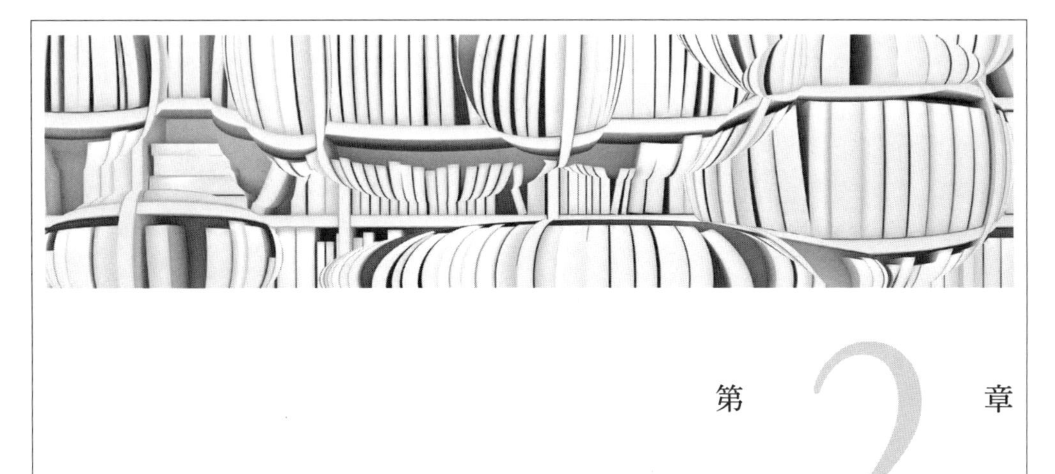

第2章

Separation of concerns

関心(コンサーン)の分離

■この章の内容

Pythonの機能を使ったコードの構造化と分離

コード分離の時期と方法

コードの粒度

プログラムをクリアなもの、わかりやすいものにするには、複雑なコードを分割し各部分を別々に管理できるようにします。こうすることで、開発者の記憶の負担が減るとともに、コードの理解も容易になります。

部分ごとに意図がわかりやすいコードを書くことが大切です。ただし、コードをどこで区切ってもよいというわけではありません。この章では効果的なアプローチとして「関心(コンサーン)[※1]による分離」を紹介します。

※1　英語のconcern(コンサーン)には「関心」のほかに、「懸念」「懸念事項」「関係する」などの意味があります。ソフトウェア開発に関しては「関心」と訳される場合が多いようなので、この本でもその訳語を用います。ただし、日本語の普通の意味の「関心」とは少し違った意味合いで用いられる場合があり、「関心」では違和感をもつ場面があるので、少し意味を広げて解釈していただくため、「コンサーン」というルビを振っておきます。

「関心」とは、作成中のソフトウェアが処理対象とする、個々の「動作(振る舞い)」あるいは「知識」のことを意味します。関心としては、「平方根の計算方法」といった具体的な（小さな）ものから、「eコマースシステムで支払いがどのように管理されるか」といったような大きなものまで、さまざまな「粒度」があります。

この章では、コード内の関心の分離に利用できる、Pythonが提供する機構（構文）を紹介するとともに、そうした機構の利用法や背景にある「哲学」についても説明します。

Pythonのインストールが済んでいない場合は、付録を参照してインストールしてください。なお、この本の例題のソースコードはGitHubのレポジトリからダウンロードできます。詳しくはこの本のサポートページを参照してください——https://www.marlin-arms.com/support/python-pro/

2.1 ネームスペース

多くの言語と同様、Pythonでもコードの分離のために「ネームスペース（名前空間）」が利用できます。Pythonのシステムは、プログラムの実行時に利用されるすべてのネームスペースを管理し、そうしたネームスペース内で提供される情報の変化を追跡していきます。

ネームスペースを活用することで、次のような利点が得られます。

- 開発が進むにつれて、複数の概念に、類似あるいは同一の名前を付ける必要が生じるが、ネームスペースを活用することでこのような場合に「衝突」を避けられる
- 開発が進みコードの量が増えるにつれて、全体の把握が加速的に困難になってくる。ネームスペースに分かれていると、どこにどのようなコードがあるか（あるいはないか）が明確になる
- 大きなコードベースに新しいコードを追加する際に、既存のネームスペースが新しいコードをどこに入れるべきかをガイドしてくれる（入れるべき場所がすぐに見つからないとすれば、新しいネームスペースの導入を検討するべきときである）

ネームスペースは非常に重要なので、「Zen of Python（Pythonの公案）」という有名なガイドラインの最後の文には次のように書かれています（「Zen of Python」はPythonインタプリタに「`import this`」と入力すると表示されます。詳しくは第11章の「11.3.2 プログラミング言

語の機能とパターン」を参照してください)。

Namespaces are one honking great idea--let's do more of those!
(ネームスペースはとてつもなくすばらしいアイデアだ。もっと活用しようぜ!)

—— The Zen of Python

Pythonで使うすべての名前(ネーム)(変数名、関数名、およびクラス名)は、何らかの名前空間(ネームスペース)に属しています。たとえば、x、total、EssentialBusinessDomainObjectなどといった名前はすべてネームスペースに属しており、何かを参照しています。「x = 3」というコードがあれば、「名前xが指す変数に値3を代入する(割り当てる)」という意味になり、それ以降、コードの中でxを参照できます。この場合「変数」は値を参照する「名前」ということになります。名前で参照できるのは値だけではなく、Pythonの関数やクラスも参照できます。

2.1.1　ネームスペースとimport文

Pythonのインタプリタを最初に開くと、Pythonに組み込まれている諸々が、あらかじめ用意されているネームスペースに読み込まれます。print()やopen()などの組み込み関数はこのネームスペースに含まれます。こうした組み込みの関数などには、接頭辞(プレフィックス)(たとえばtime.やdatetime.など)を付ける必要はなく、(importなどの)特別な指示なしで利用できます。たとえば、コード中のどこでもprint('Hello world!')と入力するだけで、「Hello world!」と表示されます。

言語によっては、ネームスペースを明示的に生成する必要がありますが、Pythonではその必要はありません。コードの構造によって、どのように(複数の)ネームスペースが生成されるかが決まり、そうしたネームスペース間の関係も決まります。たとえば、Pythonでモジュールを作成すると自動的に新しいネームスペースがそのモジュールのために生成されます。もっとも単純なケースでは、コードを含む1つの.pyファイルがPythonのモジュールを構成します。たとえば、sales_tax.pyという名前のファイルは「sales_tax(売上税)モジュール」ということになります。

```
# ch02/01sales_tax1/sales_tax.py
def add_sales_tax(total, tax_rate): # 売上税を追加
    return total * tax_rate # 日本の消費税とは違い、最終消費者のみに課せられる
```

各モジュールは「グローバルネームスペース」をもっており、モジュール内のコードはグローバルネームスペースに自由にアクセスできます。何かの中に入れ子になっていない関数、クラス、変数はモジュールのグローバルネームスペースに入ることになります。

```
# ch02/02sales_tax2/sales_tax.py
TAX_RATES_BY_STATE = { # 州ごとの売上税率 ➡①
    'MI': 1.06,  # ミシガン州
    # ...
}

def add_sales_tax(total, state):
    return total * TAX_RATES_BY_STATE[state] ➡②
```

①TAX_RATES_BY_STATE（州ごとの税率）はモジュールのグローバルネームスペースに入る
②このモジュールのコードはTAX_RATES_BY_STATEを自由に使える

モジュール内の関数やクラスは、独自の「ローカル・ネームスペース」をもっています。

```
# ch02/03sales_tax3/sales_tax.py
TAX_RATES_BY_STATE = { # 州ごとの税率
    'MI': 1.06,  # ミシガン州
    # ...
}

def add_sales_tax(total, state):
    tax_rate = TAX_RATES_BY_STATE[state] ➡①
    return total * tax_rate ➡②
```

①tax_rateはadd_sales_tax()のローカルスコープにある
②add_sales_tax()内のコードは、tax_rateを利用できる

ほかのモジュールからの変数や関数、クラスを利用したいモジュールは、そのグローバルネームスペースにimport（インポート）しなければなりません。importは、どこか別の場所から、希望するネームスペースに名前を引き入れるための方法です。

```
# ch02/03sales_tax3/receipt.py
from sales_tax import add_sales_tax ➡①

def print_receipt():
    total = 1000.0
    state = 'MI'
    print(f'合計: {total}')
    print(f'税込合計: {add_sales_tax(total, state)}') ➡②
```

```
print_receipt()
```

①関数`add_sales_tax`が`receipt`のグローバルネームスペースに追加される
②`add_sales_tax`は自分のネームスペースの`TAX_RATES_BY_STATE`および`tax_rate`にアクセスできる

というわけで、Pythonで変数、関数、クラスを参照するには、次のいずれかが真でなければなりません。

1. 名前がPython組み込みのネームスペースにある
2. 名前が現在のモジュールのグローバルネームスペースにある
3. 名前がコードのローカル・ネームスペースにある

名前の衝突があると、上の番号の**逆順**に優先されます。つまり、ローカルな名前がグローバルな名前よりも優先され、またグローバルな名前は組み込みの名前よりも優先されます。この結果、もっとも内部で定義されたものが使われることになります（図2.1）。

図2.1 ネームスペースの決定

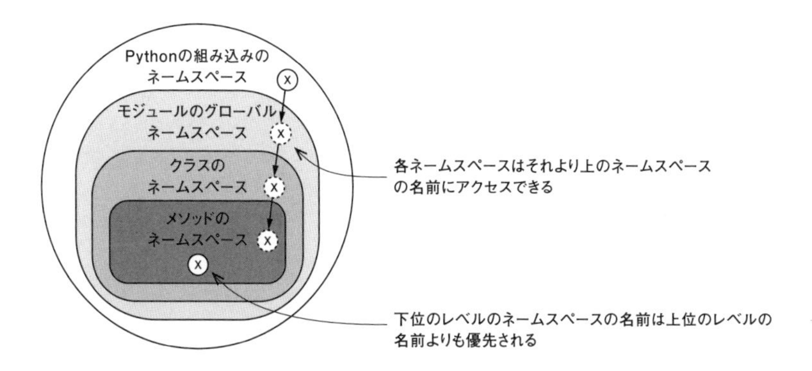

Pythonで「`NameError: name 'my_var' is not defined`」というエラーを見たことはないでしょうか。このエラーメッセージは「コードがアクセスできるネームスペース内に`my_var`という名前がない」ことを意味しています。もっとも多いのが`my_var`に値を代入していない、あるいはどこか別のところで代入したがそれをimportしていないというケースです。

モジュールはコードの分離に有用です。無関係の関数がたくさん入っている長いファイルがあったら、関数をモジュールに分けることを検討しましょう。

2.1.2 importの種類

Pythonのimportの構文は直感的ですが、ネームスペースに関しては少し注意しなければならない点があります。上で関数add_sales_tax()をモジュールsales_taxからインポートしました。

```
# ch02/03sales_tax3/receipt.py

from sales_tax import add_sales_tax
```

これにより、関数add_sales_tax()をモジュールreceiptのグローバルネームスペースに追加します。これは特に問題はありませんが、このあとさらに10個の関数をモジュールsales_taxに追加して、そのすべてをreceiptで使いたいとしたらどうでしょうか。同じように追加していくと、たとえば次のようになります。

```
# ch02/04modules/receipt1.py
from sales_tax import add_sales_tax, add_state_tax, add_city_tax, add_local_millage_tax
```

ちなみに、これについては少し別の書き方があります。

```
# ch02/04modules/receipt2.py
from sales_tax import (
    add_sales_tax,
    add_state_tax,
    add_city_tax,
    add_local_millage_tax  # 財産にかかる税
)
```

この書き方もいま1つですね。この代わりに次のような構文を使ってこのモジュール全体をインポートできます。これにより、sales_taxモジュール全体が現行のネームスペースに追加され、関数に接頭辞sales_tax.をつけて参照することができます。

```
# ch02/04modules/receipt3.py
import sales_tax

def print_receipt():
    total = 1000.0
    state = 'MI'
    grand_total = sales_tax.add_local_millage_tax(sales_tax.add_city_tax(
```

```
        sales_tax.add_state_tax(sales_tax.add_sales_tax(total, state))))
    print(f'合計: {grand_total}')
```

こうすることでimport文が長くなるのを避けられ、また次の節で見るように名前の衝突も防げます。

Pythonでは「from <モジュール名> import *」という構文を使って、あるモジュール内のすべての名前をインポートできます。この構文を使うと簡単なように思えますが、これは推奨されません。このようなインポートを行うと名前の衝突が起こる可能性があり、デバッグを難しくしてしまいます。インポートするものを明示する方法を強く推奨します。

2.1.3 ネームスペースによる衝突の防止

Pythonのプログラムで現在時刻を取得したい場合、timeモジュールの関数time()を使うことができます。

```
# ch02/05time/time-example.py
from time import time
print(time())
```

上のプログラムを実行すると、たとえば次のような出力が得られます。time()は現在のUnix時間[※2]を返します。

```
1604819851.7824159
```

一方、datetimeにも同じ名前が含まれていますが、動作が異なります。

```
# ch02/05time/datetime-example.py
from datetime import time
print(time())
```

この結果は次のようになるはずです。

※2 詳しくはウィキペディアの「Unix時間」の項などを参照。

```
00:00:00
```

このtimeは「クラス」で、time()とすることで、datetime.timeのインスタンスが返されます。そのデフォルトは午前0時0分0秒なので、「00:00:00」が返されたのです。

両者をインポートしたらどうなるでしょうか。

```
# ch02/05time/dateboth.py
from time import time
from datetime import time

print(time()) ➡①
```

①このtimeはどこのtimeか?

このように曖昧な記述があると、いちばん**最近の定義**が使われることになっています。つまり、後にインポートしたほうが使われます。ネームスペースによってこのような混乱を避けられます。モジュール全体をインポートしたほうがよいという理由にもなっています。そうすれば、必ずモジュール名を前に付ける必要があります。

```
# ch02/05time/dateboth2.py
import time
import datetime

now = time.time() ➡①
midnight = datetime.time() ➡②
```

①このtimeがどれを意味するか明確
②こちらも同様

場合によっては名前の衝突を避けるのが困難な場合があります。Python組み込みのモジュールやサードパーティのライブラリと同じ名前のモジュールを作った場合、1つのファイルで両方必要ならば、別の手段が必要です。次の構文を使います。

```
# ch02/06datemylib/time.py
import datetime

from mycoollibrary import datetime as cooldatetime
```


上のようにすることで、mycoollibraryのdatetimeをcooldatetimeという名前で参照できます。

名前を変更したいなど、特別な理由がない限り、Python組み込みの名前を上書きするのは避けたほうがよいでしょう。しかし標準のライブラリをすべて覚えていない限り（筆者も覚えていません）、偶然同じになってしまうことはあります。この場合、上と同じ構文を使って別名（エイリアス）で参照することもできますが、モジュール名を変更したほうがよいでしょう。そうすることで、一貫してモジュールのファイル名を指定してimportできます。

IDE（統合開発環境）によっては、組み込みのものと同じ名前を使うと警告してくれますから、衝突が簡単に回避できます。

上記のようなインポートのルールを守れば問題は起こらないはずです。名前の衝突は起こりうるので、モジュール名の前につける接頭辞（time.やdatetime.など）が有効でしょう。もし衝突が起こってしまったら、落ち着いてimport文を見直すか、別名を作って対処しましょう。

2.2 Pythonにおける分離の階層

「関心(コンサーン)の分離」を実現する1つの方法は「1つのことを行い、またそれをうまくやるプログラムを書け」という「Unix哲学※3」に従うことです。1つの関数あるいはクラスが1つの動作(ビヘイビア)にだけ関与していれば、それを利用するコードとは独立に改良が可能です。これに対して、自分のコード内にビヘイビアがコピーされていたり自分のコードと混在していたりすれば、ビヘイビアを更新するのが困難になってしまいます。ほかのビヘイビアに影響を与えてしまうかもしれません。

たとえば、あるWebサイトに関係するたくさんの関数があるとし、これらの関数が認証されたユーザーからの情報に依存しているとします。各関数がそれぞれ認証をチェックし、それぞれユーザーに関する情報を取り出しているとすれば、認証に関する詳細が変化した場合はすべての関数を更新しなければなりません。これは大変です。もし、1つの関数の更新を忘れたとすると、予想外のことが起きたり、システム全体が停止してしまうかもしれません。

Pythonにおいてはネームスペースが階層をもっていますが、関心(コンサーン)の分離にも階層を使います。この階層をどの程度深く、あるいは浅くするべきかに関する確固たるルールはありません。場合によっては、「関数を呼び出す関数を呼び出す関数」があってもかまわないでしょう。類似の処理をまとめ、類似していない処理を分けることが、関心(コンサーン)の分離の目的であることを忘れないでください。

次の小節から、こうした目的のためにPythonに用意されている機構を紹介します。なお、関数やクラスについての十分な知識をもっている場合、次の2つの小節は飛ばして「2.2.4 モジュール」に進んでください。

2.2.1 関数

プログラムに登場する「関数」についてよく知らないのでしたら、数学の授業を思い出してください。たとえば、「$f(x) = x^2 + 3$」という関数があるとすると、f(5)の値は次のように計算されます。

```
f(5) = 5² + 3 = 28
```

コンピュータプログラムにおける関数も、似たような役割をします。入力変数に対して、関数は何らかの計算あるいは変換を行い、結果を返すのです。

このように考えると、関数は短いほうが自然だということになります。関数が長くなりすぎ

※3 詳しくはウィキペディアの「UNIX哲学」の項などを参照。

る、あるいはたくさんのことをしすぎると、特徴を捉えるのが難しくなり、命名も難しくなります。「$f(x) = x^2 + 3$」はxについての「2次関数」ですが、「$f(x) = x^5 + 17x^9 - 2x + 7$」は名前をつけるのが難しくなります。ソフトウェアにおいては、多くの概念をミックスすると曖昧模糊としたコードにつながり、簡単に名前がつけられなくなります。

小さな関数はコードを分割する際の（もっとも初歩的な）ツールとして使えます。数行程度のコードを関数にまとめ、わかりやすい名前をつけることで、あとで簡単に参照できます。関数を作ることで何をしているかが明確になるだけでなく、必要に応じてコードの再利用ができるようになります。Pythonの処理系自体もこのような処理をしていると言えます。たとえば、関数`open()`を使ってファイルからの読み込みを行い、関数`len()`を使ってリストの長さを取得しているのは、Python（の開発者）が重要だと判断したため、わざわざまとめて（ラップして）名前をつけた機能を利用しているわけです。

問題を小さな、そして管理しやすい部分に分けるプロセスを「分割（decomposition）」と呼びます。倒れた木に生えたキノコは、複雑な分子から構成されている木を窒素や二酸化炭素などの、より基本的な物質に変化させます。そして窒素や二酸化炭素はエコシステムの一部として再利用されます。プログラマーの書いたコードは関数に分割され、ソフトウェアのエコシステムにおいて再利用されるわけです（図2.2）。

図2.2 分割の価値

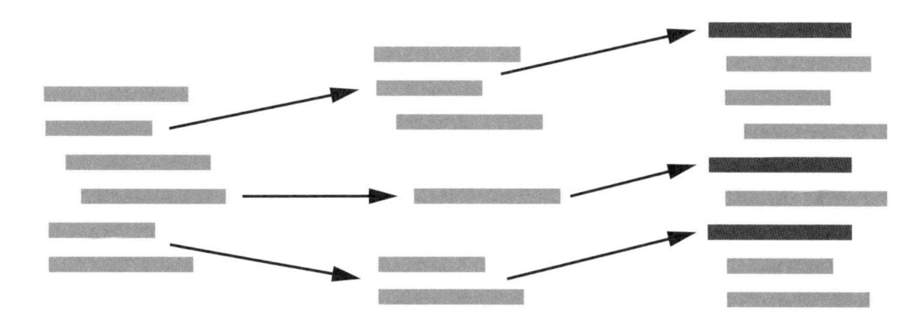

長いコードは理解が難しい。
入れ子になった条件分岐や
タスクがたくさんの行に散らばって
いるのは後を追うのが困難

コード中の主要なタスクを同定する。
中間的な結果を出す部分と
最終的な結果を出すコードとまとめる

各タスクを関数にラップして
何を行うかを明確に表す名前をつける。
引数（パラメータ）にその意図を
示す名前をつけるとともに
（可能であれば）そのデータ型を決める

例として、「三ばか大将（Three Stooges）※4」という米国のコメディグループのファンサイトを作る場面を考えてみましょう。ホームページではこのグループのメンバーであるラリー（Larry）、カーリー（Curly）、モー（Moe）の3人を紹介します。そこで、「ラリーにカーリーに、それからモー」という文字列を生成します。最初の実装はたとえば次のようにしましょう。

```
# ch02/07sanbaka/sanbaka1.py
# 最初のバージョン
names = ['ラリー', 'カーリー', 'モー']
message = '三ばか大将：'
for index, name in enumerate(names): # namesの各要素をループ
    if index > 0:
        message += 'に'
    if index == len(names) - 1:
        message += '、それから'
    message += name
print(message)
```

少し調査をしてみると、オリジナルのメンバーは異なっていることがわかりました。そこで修正を加えることにします。まずは、いちばん簡単な方法をとってみましょう。最初のコードの前にほぼ同じコードを追加します。

```
# ch02/07sanbaka/sanbaka2.py
# 単純に繰り返す
names = ['モー', 'ラリー', 'シェンプ']
message = '三ばか大将：'
for index, name in enumerate(names):
    if index > 0:
        message += 'に'
    if index == len(names) - 1:
        message += '、それから'
    message += name
print(message)

names = ['ラリー', 'カーリー', 'モー']
message = '三ばか大将：'
for index, name in enumerate(names):
    if index > 0:
```

※4　1960年代には日本でも人気になりました。詳しくは、ウィキペディアの「三ばか大将」の項などを参照。

```
        message += 'に'
    if index == len(names) -1:
        message += '、それから'
    message += name
print(message)
```


これで動くことは動きますが、ほぼ同じコードが2度実行されてしまっています。関数にまとめることで重複を排除し、その処理に名前をつけましょう。

```
# ch02/07sanbaka/sanbaka3.py
# 関数にまとめる
def introduce_stooges(names): # 三ばか大将を紹介 ➡①
    message = '三ばか大将：'

    for index, name in enumerate(names):
        if index > 0:
            message += 'に'
        if index == len(names) - 1:
            message += '、それから'
        message += name
    print(message)

introduce_stooges(['モー', 'ラリー', 'シェンプ']) ➡②
introduce_stooges(['ラリー', 'カーリー', 'モー'])
```

①関数には引数としてキャラクター3人の名前を指定する
②同じ関数に異なるメンバーリストを渡すことで、別のメンバーを表示する

これで、ビヘイビアにわかりやすい名前がつけられました。改良したければ、この関数introduce_stoogesの中で行えばよいことになります。関数が名前のリストをもらい、紹介を出力してくれる限り、これを呼び出しているコードに変更の必要はありません※5。

「三ばか大将」の結果に満足したので、ほかのグループについてもファンページを作ることにしました。今度は「忍者タートルズ（Teenage Mutant Ninja Turtles）」です。

さて、関数introduce_stoogesはその名のとおり、三ばか大将（stooges）だけに対応しています。したがって、三ばか大将以外にも対応できるようにしなければなりません。

このためには、関数を一般化してグループ名も関数の引数に指定できるようにします。

※5　関数の抽出に関しては、Martin Fowler著『Refactoring, second edition』（Addison-Wesley Professional, 2018）を強くおすすめします。よい練習問題も掲載されています。

```
# ch02/08group/groups1.py
# ほかのグループにも対応
def introduce(title, names):  # 紹介する関数。グループ名と名前のリストが引数
    message = f'{title}: '
    for index, name in enumerate(names):
        if index > 0:
            message += 'に'
        if index == len(names) - 1:
            message += '、それから'
        message += name
    print(message)

introduce('三ばか大将', ['モー', 'ラリー', 'シェンプ']) ➡①
introduce('三ばか大将', ['ラリー', 'カーリー', 'モー'])
introduce('忍者タートルズ',  ['ドナテロ', 'ファエロ', 'ミケランジェロ', 'レオナルド']) ➡②
introduce('アルビンとチップマンクス', ['アルビン', 'サイモン', 'セオドア']) ➡②
```

①関数の引数としてグループ名を指定できるようにする
②同じ関数でほかのグループも紹介できる。引数を変えればよい

これで、新しいグループを紹介する場合も、簡単にできるようになりました。また、紹介方法を変えたくなったらintroduce()を変えればよいのです。

関数に分割すると、最初よりコードが長くなることが多いでしょう。しかし、関心(コンサーン)ごとに注意深く分割し、それぞれに明確な名前をつけると、コードの可読性（読みやすさ）が向上するはずです。コード全体の長さはそれほど重要ではありません。個々の関数やメソッドの長さがプログラム全体のわかりやすさに大きく影響します。

この点に関してはまだやるべきことが残っています。名前のリスト方法を変えてみましょう。

```
# ch02/08group/groups2.py
# 名前のリスト部分を別関数に
def join_names(names):  ➡①
    name_string = ''
    for index, name in enumerate(names):
        if index > 0:
            name_string += 'に'
        if index == len(names) -1:
            name_string += '、それから'
        name_string += name
    return name_string
```

```
def introduce(title, names): ➡②
    print(f'{title}: {join_names(names)}')

introduce('三ばか大将', ['モー', 'ラリー', 'シェンプ'])
introduce('三ばか大将', ['ラリー', 'カーリー', 'モー'])
introduce('忍者タートルズ',  ['ドナテロ', 'ファエロ', 'ミケランジェロ', 'レオナルド'])
introduce('アルビンとチップマンクス', ['アルビン', 'サイモン', 'セオドア'])
introduce('桃太郎', ['イヌ', 'サル', 'キジ'])
```

①この関数は名前を合体（join）して1つの文字列にする
②この関数は、紹介が「タイトル」と「名前のリスト」になることだけを知っている。詳細は関知しない

「これはやりすぎだ！」と思ったかもしれません。関数`introduce()`はほとんど何もしていない感じです。このような分割の価値は、それぞれの関心が関数に分離された点です。この作業の「配当」は後で支払われます。バグを修正するとき、機能を追加するとき、そしてコードをテストするときです。たとえば、名前をリストするところにバグを発見したら、`join_names`をチェックすればよいことがすぐわかります。

概して、関数への分割によって関心を分離しておくと、大規模な変更に強くなります。つまり周囲のコードに（ほとんど）影響を与えずに変更が可能になります。プロジェクト全体で見ると、かなりの時間を節約できます。

デザイン、リファクタリング、そしてこの章で紹介している「分割」と「関心の分離」は開発プロセスに組み込むべきプラクティスです。大規模なソフトウェアになればなるほど、こうしたプラクティスの有効性が高まるはずです。ソフトウェアの寿命やプロジェクトの成功は、コードの質に大きく影響されます。そして、コードの質は開発時にどの程度気を配ったかで決まります。「関心の分離」を開発プロセスに組み込みましょう。

2.2.2　実践課題

関数の抽出について説明しましたので、練習問題をやってみましょう。リスト2.1に隠れている関数を見つけ出してください。ジャンケン（英語で「Rock, Paper, Scissors」）をするプログラム（のおそらくちょっと冴えない実装）です。コードを直しながら、常に正しく動作していることを確認してください。ヒントを1つ。私は6つの関数に分割しました。1つの関数では関心を1つだけ処理してください（リスト2.2に例を示します）。

リスト2.1 最初のコード

```
# ch02/09janken/janken1.py
# 最初のコード
import random

options = ['グー', 'チョキ', 'パー']  # 選択肢
print('(1) グー\n(2) チョキ\n(3) パー')
human_choice = options[int(input('「グー」か「チョキ」か「パー」を番号で選んでください: ')) - 1]
print(f'あなたが選んだのは「{human_choice}」です。')
computer_choice = random.choice(options)  # コンピュータが選択したもの
print(f'コンピュータが選んだのは「{computer_choice}」です。')
if human_choice == 'グー':   # 人間が選択したものが「グー」ならば
    if computer_choice == 'パー':
        print('残念でした。パーの勝ちです。')
    elif computer_choice == 'チョキ':
        print('おめでとうございます！ グーの勝ちです。')
    else:
        print('引き分けです。')
elif human_choice == 'パー':
    if computer_choice == 'チョキ':
        print('残念でした。チョキの勝ちです。')
    elif computer_choice == 'グー':
        print('おめでとうございます！ パーの勝ちです。')
    else:
        print('引き分けです。')
elif human_choice == 'チョキ':
    if computer_choice == 'グー':
        print('残念でした。グーの勝ちです。')
    elif computer_choice == 'パー':
        print('おめでとうございます！ チョキの勝ちです。')
    else:
        print('引き分けです！')
```

リスト2.2 関数を抽出したコード

```
# ch02/09janken/janken2.py
# 関数を抽出
import random

OPTIONS = ['グー', 'チョキ', 'パー']
```

```
def get_computer_choice():
    return random.choice(OPTIONS)

def get_human_choice():
    choice_number = int(input('「グー」か「チョキ」か「パー」を番号で選んでください: '))
    return OPTIONS[choice_number - 1]

def print_options():
    print('\n'.join(f'({i}) {option.title()}' for i, option in enumerate(OPTIONS, 1)))

def print_choices(human_choice, computer_choice):
    print(f'あなたが選んだのは「{human_choice}」です。')
    print(f'コンピュータが選んだのは「{computer_choice}」です。')

def print_win_lose(human_choice, computer_choice, human_beats, human_loses_to):
    if computer_choice == human_loses_to:
        print(f'残念でした。「{computer_choice}」の勝ちです。')
    elif computer_choice == human_beats:
        print(f'おめでとうございます！ 「{human_choice}」の勝ちです。')

def print_result(human_choice, computer_choice):
    if human_choice == computer_choice:
        print('引き分けです。')

    if human_choice == 'グー':
        print_win_lose('グー', computer_choice, 'チョキ', 'パー')
    elif human_choice == 'パー':
        print_win_lose('パー', computer_choice, 'グー', 'チョキ')
    elif human_choice == 'チョキ':
        print_win_lose('チョキ', computer_choice, 'パー', 'グー')

print_options()  # 選択肢を表示
human_choice = get_human_choice()  # 人間が選択したもの
computer_choice = get_computer_choice() # コンピュータが選択したもの
print_choices(human_choice, computer_choice) # 選択したものを印刷
print_result(human_choice, computer_choice)  # 結果を印刷
```

2.2.3 クラス

コードは「ビヘイビア（動作）」と「データ」からなっており、開発が進むにつれてこの量が増えていくのが普通です。ビヘイビアを関数に抽出する方法はすでに見ました。入力データを受理して結果を返す関数です。しばらくすると、密接に関連している関数がいくつかあることがわかってきます。「関数Aの結果を頻繁に別の関数Bに渡す」、あるいは「同じ入力データを受け取る関数が複数ある」といった場合は、コードを「クラス」にまとめることを検討しましょう。

Pythonのクラスの特徴を列挙します。

- クラスは「関係が深いビヘイビア（動作）とデータ（状態）をまとめたテンプレート」である
- このテンプレートから、クラスで定義されたデータやビヘイビアを保持する実体であるオブジェクトを生成する
- 生成された個々の実体は「インスタンス」と呼ばれる
- オブジェクトの状態を表すデータは、「属性（attribute）」と呼ばれる
- オブジェクトの「動作（ビヘイビア）」を表す関数は「メソッド」と呼ばれる
- 「属性」と「メソッド」をあわせて、クラス（あるいはオブジェクト）の「メンバー」と呼ばれる
- `self`という名前で参照される特別な変数があり、これを使ってオブジェクト（インスタンス）の状態を参照したり、変更したりできる

クラスについて説明したところで、リスト2.2で抽出された関数をもう一度振り返ってみてください。どんなことに気づくでしょうか。

- 関数`get_computer_choice()`と`get_human_choice()`、それに`print_options()`はどれもOPTIONSを使って、手（グー、チョキ、パー）を選んだり、出力したりしている
- 関数`print_choices`、`print_win_lose`、`print_result`は、ユーザーとコンピュータが選択した手を使っており、`human_choice`と`computer_choice`の情報がいろいろな関数を行き来している

すべてのビヘイビアとデータは、グー、チョキ、パーの3つの選択肢と、コンピュータおよびユーザーがどれを選んだかに関連しています。同じデータを使っている関数がいくつかあり、密接に関係しています。というわけで、ジャンケンを処理するために1つクラスを作ってみましょう。

細かいレベルの関心(コンサーン)はすでに関数に分離されているので、今度は1つ上のレベルの関心(コンサーン)を分離します。図2.3のようにしてみましょう。新たに`simulate()`というメソッドを作って、これがほかのすべてのメソッドを呼び出すことにします。

図2.3 関連するビヘイビアとデータをクラスにまとめる

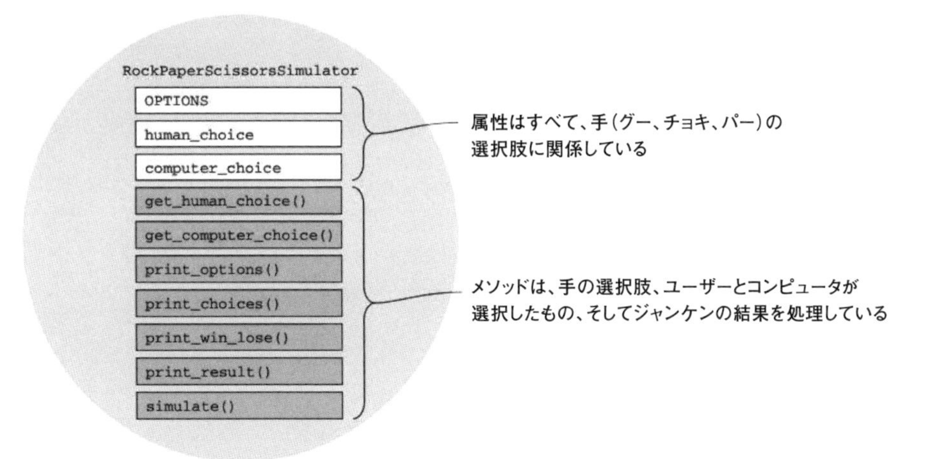

ではクラスを定義しましょう。まず、関数をクラスのメソッドに移動します。そして、各メソッドは`self`を第1引数として受け取ります。

リスト2.3 関数をクラスのメソッドに

```
# ch02/09janken/janken3.py
# 関数をクラスのメソッドにする
import random
OPTIONS = ['グー', 'チョキ', 'パー']

class JankenSimulator:
    def __init__(self):
        self.computer_choice = None
        self.human_choice = None

    def get_computer_choice(self): ➡①
        return random.choice(OPTIONS)

    def get_human_choice(self):
```

```
        choice_number = int(input('「グー」か「チョキ」か「パー」を番号で選んでください: '))
        return OPTIONS[choice_number - 1]

    def print_options(self):
        print('\n'.join(f'({i}) {option.title()}' for i, option in enumerate(OPTIONS, 1)))

    def print_choices(self, human_choice, computer_choice): ➡②
        print(f'あなたが選んだのは「{human_choice}」です。')
        print(f'コンピュータが選んだのは「{computer_choice}」です。')

    def print_win_lose(self, human_choice, computer_choice, human_beats, human_loses_to):
        if computer_choice == human_loses_to:
            print(f'残念でした。{computer_choice}の勝ちです。')
        elif computer_choice == human_beats:
            print(f'おめでとうございます! {human_choice}の勝ちです。')

    def print_result(self, human_choice, computer_choice):
        if human_choice == computer_choice:
            print('引き分けです。')

        if human_choice == 'グー':
            self.print_win_lose('グー', computer_choice, 'チョキ', 'パー')
        elif human_choice == 'パー':
            self.print_win_lose('パー', computer_choice, 'グー', 'チョキ')
        elif human_choice == 'チョキ':
            self.print_win_lose('チョキ', computer_choice, 'パー', 'グー')

    def simulate(self):
        self.print_options()
        human_choice = self.get_human_choice()
        computer_choice = self.get_computer_choice()
        self.print_choices(human_choice, computer_choice)
        self.print_result(human_choice, computer_choice)

# 実行
janken = JankenSimulator()
janken.simulate()
```

①引数としてselfを指定する

②第1引数にselfを指定する必要あり

関数を移動したら、それらを呼び出すために新しいメソッドsimulateを作ります。クラスの中で、そのクラスに属するメソッドsome_method()を呼び出すときにはself.some_method()と書く必要があります。このときsome_methodは定義で引数selfを取るにも関わらず、呼び出すときにはそれを指定しない点に注意してください（Pythonが自動的にselfをメソッドに渡してくれます）。simulateが各関数を呼び出してジャンケンのシミュレーションを実行します。


```
# ch02/09janken/janken3.py list1
    def simulate(self):
        self.print_options()
        human_choice = self.get_human_choice()
        computer_choice = self.get_computer_choice()
        self.print_choices(human_choice, computer_choice)
        self.print_result(human_choice, computer_choice)
```

これですべてがクラスに入りましたが、データのほうはいろいろなメソッドを行ったり来たりしています。今度はクラスの属性を準備するためのイニシャライザを作りましょう。属性の名前はhuman_choice（人間の選択肢）とcomputer_choice（コンピュータの選択肢）で、デフォルト値はNone（値が指定されていないことを表す定数）にします。

```
# ch02/09janken/janken3.py list2
    def __init__(self):
        self.computer_choice = None
        self.human_choice = None
```

これでメソッドからこの2つの属性にselfを使ってアクセスできるようになりました。引数で渡す必要はもうありません。human_choiceの代わりにself.human_choiceを使い、引数に指定されているhuman_choiceは削除します。computer_choiceについても同様です。

最終結果をリスト2.4に示します。

リスト2.4 属性にアクセスするのにselfを使う

```
# ch02/09janken/janken4.py
# 属性にアクセスするのにselfを用いる
import random
OPTIONS = ['グー', 'チョキ', 'パー']

class JankenSimulator:
    def __init__(self):
```

```
        self.computer_choice = None
        self.human_choice = None

    def get_computer_choice(self): ➡①
        self.computer_choice = random.choice(OPTIONS)

    def get_human_choice(self):
        choice_number = int(input('「グー」か「チョキ」か「パー」を番号で選んでください: '))
        self.human_choice = OPTIONS[choice_number - 1]

    def print_options(self):
        print('\n'.join(f'({i}) {option.title()}' for i, option in enumerate(OPTIONS, 1)))

    def print_choices(self): ➡②
        print(f'あなたが選んだのは「{self.human_choice}」です。') ➡③
        print(f'コンピュータが選んだのは「{self.computer_choice}」です。')

    def print_win_lose(self, human_beats, human_loses_to):
        if self.computer_choice == human_loses_to:
            print(f'残念でした。{self.computer_choice}の勝ちです。')
        elif self.computer_choice == human_beats:
            print(f'おめでとうございます! {self.human_choice}の勝ちです。')

    def print_result(self):
        if self.human_choice == self.computer_choice:
            print('引き分けです。')

        if self.human_choice == 'グー':
            self.print_win_lose('チョキ', 'パー')
        elif self.human_choice == 'パー':
            self.print_win_lose('グー', 'チョキ')
        elif self.human_choice == 'チョキ':
            self.print_win_lose('パー', 'グー')

    def simulate(self):
        self.print_options()
        self.get_human_choice()
        self.get_computer_choice()
        self.print_choices()
        self.print_result()

janken = JankenSimulator()
janken.simulate()
```

①メソッドでselfの属性を設定できる
②引数にhuman_choiceやcomputer_choiceを指定する必要はない
③selfを使って属性にアクセスできる

クラス内で属性を参照する際にはself.を追加する必要がありますが、その分、渡さなければならない引数が減ります。また、クラスを定義して詳細を隠したことで、ジャンケンシミュレータのトップレベルのコードは次のようにとても単純になります。


```
# ch02/09janken/janken4.py list3
janken = JankenSimulator()
janken.simulate()
```

まず最初に関心（コンサーン）を分離するためにコードを関数に分割しました。続いて、高いレベルの関心（コンサーン）を分離するためにクラスにまとめました。詳細を隠すためにトップレベルはたった2行のコードになっています。関連するデータやビヘイビアを注意深く選択しグループ化することで、リスト2.4のプログラムができあがりました。

クラスのメソッドと属性の関係の強さを「凝集度（cohesion）」と呼びます。クラスの凝集度が高いと、全体として関連するものがそのクラスにまとまっていることになります。基本的にはクラスの凝集度は高いほど好ましいことになります。関連性が強いものがまとまり、関心（コンサーン）がうまく分離されているわけです。関心（コンサーン）が多すぎるクラスは、クラスの意図や意味合いがボケてしまうため、凝集度が低くなります。実のところ筆者がクラスを作成するのは、データやビヘイビアの関係がわかっており、凝集度がかなり高くなりそうだと考えられる場合だけです。

あるクラスが別のクラスに依存している場合、この2つのクラスは「結合している（coupled）」と言います。あるクラスがほかのクラスの詳細に依存している場合（たとえば一方を変えるともう一方も変更の必要があるような場合）両者は「密結合している（tightly coupled）」と言います。密結合していると、変更の波及効果の管理に時間を取られることになり、高コストにつながります。開発の最終段階では「疎結合」の状態が望まれます。第10章で疎結合を実現するための戦略を学びます。

凝集度の高いクラスの集合は、わかりやすく分離された関数の集合と同じような役目を果たします。開発者の意図を明確にする役目を果たすとともに、既存のコードのナビゲートを助け、そして新しいコードの追加の際のガイド役を果たします。その結果、我々開発者が実現したい機能を素早く実装する手助けをしてくれます。

2.2.4 モジュール

すでにPythonのモジュールの作り方は説明しました。`.py`ファイルにPythonコードを入れてあれば、それがモジュールの役目をします。モジュールをいつ作成するべきかについても少し触れましたが、ここでもう少し詳しく考えてみましょう。

最初は1つのファイル（たとえば`janken.py`）にすべてが入っていました。その後、いくつかの関数を抜き出し、続いてクラスにまとめました。

わかりやすい名前をつけた関数、クラス、メソッドを使って、コードの分離は行われましたが、相変わらずすべてが`janken.py`の中に入っています。プロジェクトが大きくなれば、1つのファイルにすべてをまとめておくことはできません。ある関数がファイルのどのあたりにあるのか覚えられなくなります。さらなる分離が求められるところです。

関心は生成するモジュールと対応づけることができます。開発の初期段階では、システムに関するメンタルモデル（内的なモデル）の変化に伴って、関心とモジュールの関係も頻繁に変わる可能性があります。

そうは言っても、これから何が必要になりそうか計画を立てる時間は取るようにしましょう。そして「異なる構造を採用したほうがよさそうだ」と、あとで気がつくことになる可能性にも気を配っておきます。わかりやすいコードがいきなり書けるわけではありません。1行加えるごとに認知的な負荷は増していくのです。コードをまったく書かずに済めば問題は起こりませんが、そうでない限り、組織化されたコードを書くようにするべきです。

モジュールはコードに対して「構造」を加えるための1つの手段です。たとえば「このモジュールに含まれているコードはすべて統計（statistics）に関連するものです」といった宣言をしていることになります。統計的な処理をしたいのならば、「`import statistics`」という行を書けばよいのです。構造がきちんとしていれば、関数やクラスを追加する必要が生じたとき、少なくとも、どのあたりに入れればよいか見当はつくでしょう。機能が膨らんで500行になってしまった`janken.py`ファイルを、（しばらくの間は大丈夫かもしれませんが）大きなファイルのままにしておくのは無理があります。

2.2.5 パッケージ

コードを分けるのにモジュールを使いました。モジュールがあれば事足りるでしょうか。関心(コンサーン)の分離は階層的な作業であり、名前の衝突がまだまだ起こりうるのです。

皆さんが作成したファンサイトの人気が出てきたので、管理用のデータベースと検索ページが必要になったとします。そこで、record.pyというデータベースのレコードを生成するためのモジュールと、query.pyというデータベースに対する問い合わせ(クエリ)を処理するモジュールを書きます。

```
.
|── query.py
└── record.py
```

次に、検索のクエリを生成するためのモジュールを書きましょう。名前はどうしましょう。search_query.pyという名前でよいかもしれませんが、そうすると上で見たquery.pyはdatabase_query.pyという名前にしたほうが一貫性が保たれます。

```
.
|── database_query.py
└── record.py
└── seach_query.py
```

2つのモジュールの名前が衝突していれば、これまで用意した構造に不具合が生じていることになります。そこで「パッケージ」が登場します。モジュールを関連するグループにまとめパッケージとすることで、さらなる構造化が行えます。

Pythonにおいては、モジュール（.pyファイル）を含むディレクトリがパッケージとなります。そして__init__.pyという名前の特別なファイル（ファイル名の「__」の部分はアンダースコア「_」が2個）を置くことで、ディレクトリがパッケージとして扱われます。このファイルは空のときもありますが、より複雑なimportの管理にも利用できます。ファイルsales_tax.pyが「モジュールsales_tax」となったように、ディレクトリecommerce/が「パッケージecommerce」となります。

> 「パッケージ」という言葉で、PyPI（Python Package Index）からインストールしたサードパーティのPythonライブラリのことも指します。この本ではどちらを指すかは明示するようにしますが、一般には注意が必要です。

データベース関連のモジュールの集合に対して「パッケージdatabase」、検索関連のモジュールの集合に対して「パッケージsearch」と名づけましょう（「名は体を表す」悪くない名前です）。database_やsearch_という接頭辞は冗長になるので、削除してもよいでしょう。

これで階層がパッケージを含むことになりました。各パッケージは1レベル上の関心に対応します。そして各パッケージの各モジュールがより小規模な関心を扱います。各モジュールの中では、クラスやメソッド、関数がアプリケーションのさまざまな側面を描写してくれます。

```
.
├── database
│   ├─ __init__.py
│   ├─ query.py
│   └─ record.py
└── search
    ├─ __init__.py
    └─ query.py
```

データベースのモジュールqueryを使うのに「import query」としていましたが、ここからはパッケージdatabaseからインポートしてください。つまり「import database.query」と書きます。接頭辞としてdatabase.query.を使うか、あるいは「from database import query」のように書くこともできます。特定のモジュールの中で、データベースのコードだけしか使わないのならば、後者でよいでしょう。しかし、1つのモジュールで検索クエリのコードとデータベースのコードを使う必要があるのならば、次のようにして名前の曖昧さを解消しなければなりません。

```
import database.query
import search.query
```

from構文を使って各モジュールの別名を作ることもできます。

```
from database import query as db_query
from search import query as search_query
```

ただ、別名は長くなってしまう場合がありますし、うまく名前をつけないと混乱が生じます。名前の衝突を避けるために、多用しないほうがよいでしょう。

同様の手順でパッケージを入れ子にできます。__init__.pyファイルのあるディレクトリを作って、モジュールあるいはパッケージを中に入れます。

```
.
|── math
    |── __init__.py
    |── statistics
    |    |─ __init__.py
    |    |─ std.py
    |    |─ cdf.py
    └── calculus
    |    |─ __init__.py
    |    |─ integral.py
    └── ...
```


この例ではmath（数学）関連のコードのすべてがパッケージmathに入っています。そして、statistics（統計）、calculus（微積分）などの数学のサブ分野が独自のサブパッケージをもっており、その中にいくつかのモジュールを含んでいます。積分関連のコードは`math/calculus/integral.py`に入っているだろうと想像がつきます。このように所在が明確になっていると、プロジェクトが大きくなっても破綻せずにすみます。

積分（integral）のモジュールのインポートは次のいずれかの方法で行います。

```
from math.calculus import integral
import math.calculus.integral
```

ただし「`from math import calculus.integral`」はうまくいかないことに注意してください。`import ...`でフルパスを指定するか、`from ... import ...`の最後に1つのモジュールを指定します。

2.3 まとめ

- 関心(コンサーン)の分離はわかりやすいコードを書くための大きなカギとなる。この原則から多くの設計(デザイン)関連の概念の必要性が説明できる
- 関数は「手順を記述したコード」から「概念」を抽出し名前をつける。明確さと分離が抽出の目的であり、副次的な長所として再利用可能性が生じる
- クラスは関連する「動作(振る舞い(ビヘイビア))」と「データ」を「オブジェクト」としてまとめる
- モジュールは関連するクラスや関数、データをまとめる役目をする。この際に、独立した関心(コンサーン)を分離したままに保つ。コードをほかのモジュールから明示的にインポートすることで、どこで何が使われているかを明確にできる
- パッケージはモジュールを階層化する。これにより命名が簡単になり、目的のコードや機能の検索が容易になる

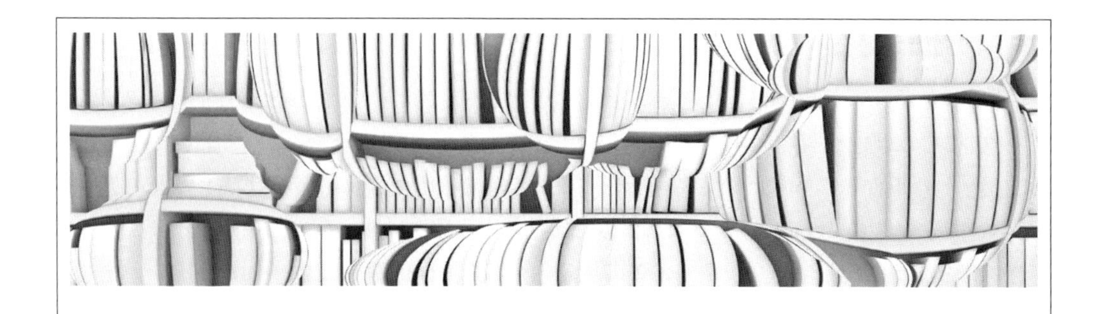

第3章

Abstraction and encapsulation

抽象化とカプセル化

■この章の内容

大規模システムにおける抽象化の価値

カプセル化とクラス

Pythonにおけるカプセル化、継承と合成

プログラミングスタイルと抽象化

前の章で、関数、クラス、モジュールといった機構は関心（コンサーン）を分離するための優れた手段であることを説明しましたが、こうした機構は「コードの複雑さ」を分離する目的にも利用できます。プログラムの詳細をすべて記憶し続けるのは困難であり、そのためにこの章で説明する「抽象化」と「カプセル化」を活用します。これにより、コードの粒度レベルの調整が可能になり、必要なときだけ細部を検討すれば済むようになります。

3.1 抽象化

「抽象」という言葉を耳にしたとき、どんなことを思い浮かべるでしょうか。筆者の場合、ジャクソン・ポロックの絵画やアレクサンダー・カルダーの彫刻が浮かんできます。抽象芸術は、具体的な形からの解放という特徴をもっており、そうした作品の多くは特定の主題を示唆(暗示)するものになっています。このように、抽象化とは「具体性を剥ぐ操作」ということができるでしょう。そして、ソフトウェアの抽象化もこの操作に関係しています。

3.1.1 ブラックボックス化

ソフトウェアを開発するにつれて、各コードの断片1つ1つがそれぞれ特定の概念を表現するようになってきます。たとえば、ある関数を完成させれば、意図した目的のため何度でも利用できるようになり、その具体的な中身や動作は気にかける必要がなくなります。この時点において、関数はブラックボックス化します。ブラックボックスはその仕組みを考えずに「ただ使うことができる」ものです。使うたびに中を開いてどうなっているか確認する必要はありません(図3.1)。

図3.1 動作しているソフトウェアをブラックボックスとして扱う

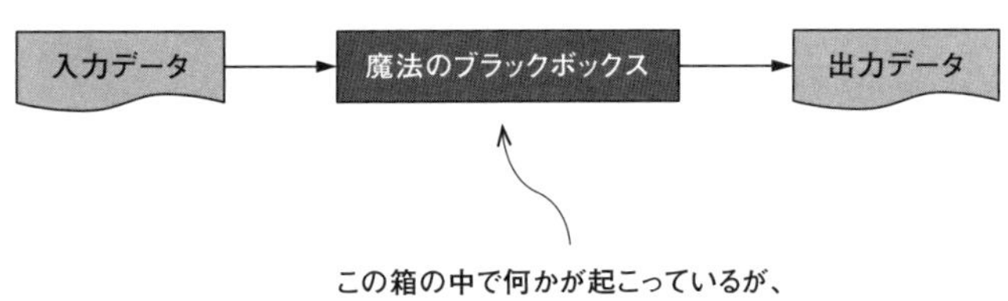

さて、ある自然言語処理システムを構築していると仮定して抽象化についてさらに検討していきましょう。このシステムはある製品のレビューが、肯定的であるか、否定的であるか、あるいは中立であるかを判断するものです。こうしたシステムは、たとえば次のようなサブシステムから構成されるのが一般的です(図3.2)。

1. レビューを文ごとに分割する
2. 各文をトークン(単語あるいはフレーズ)ごとに区切る
3. 単語の原形に変換する
4. 文全体の構文を決定する

5. 手動でラベル付けされたトレーニング用データと比較して、極性（肯定的か否定的か）を決める
6. 極性の強度を計算する
7. 最終的に製品レビューとして肯定的か、否定的か、中立かを決定する

図3.2 レビュー評価システムの構成例

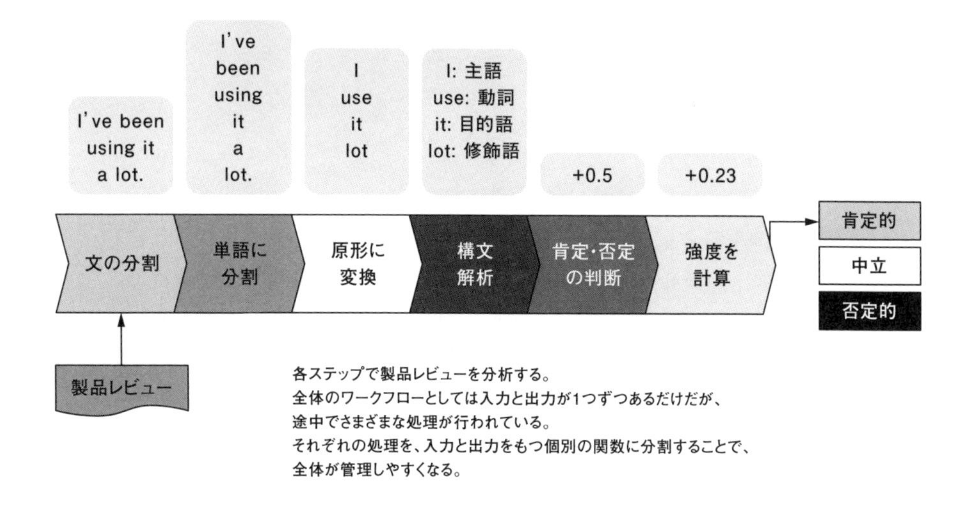

第2章でコードの関心（コンサーン）を特定し、それをベースにして関数を抽出する方法を学びました。動作（ビヘイビア）を関数として抽出しておけば、内部的な処理方法は自由に変更が可能です。入力と戻り値の型が同じであればよいのです。バグを見つけたり、より高速あるいは的確な計算方法を見つけた場合は、関数外のコードを変更せずに、新しい方法に置き換えられます。これによりソフトウェアの改良が柔軟に行えます。

3.1.2 抽象化のレイヤー

図3.2のワークフローの各ステップが具体的なコードで実現されるわけですが、ステップによって、複雑なものと比較的単純なものがあります。たとえば、文の構文構造の決定のステップはかなり複雑になるでしょう。このような複雑なコードについては、抽象のレベル（層）を考えるとわかりやすくなります。低レベルのユーティリティは小さなビヘイビアを担当し、より複雑なビヘイビアのサポート役を演じることになります。つまり、大規模システムのコードは図3.3のような玉葱の皮に似た構造をもつことになります。下のレベルに行けば行くほど細かな（より具体的な）処理をするコードが現れてきます。

図3.3 複雑さのレイヤーと抽象化

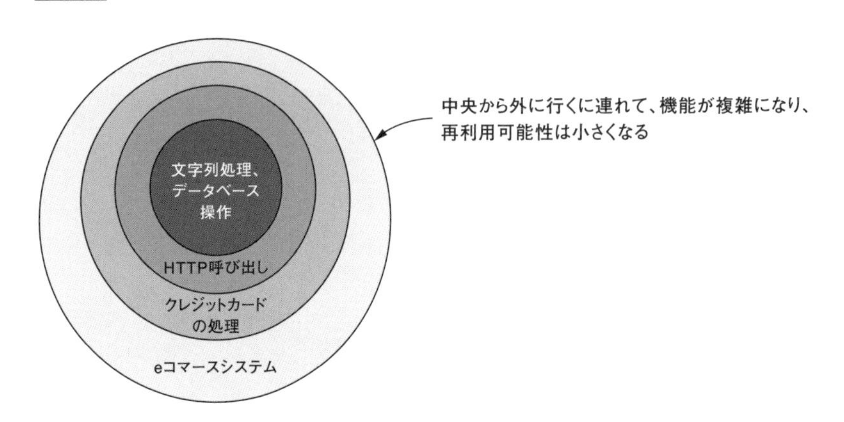

小さな、より具体的な処理を行う最下層に位置するコードは繰り返し利用される可能性があります（変更される頻度は低くなります）。大きな概念（ビジネスロジック）や複雑なパートは上の層にあり、仕様の変更などに伴い比較的頻繁に変更されます（下層のコードを利用する点は変わりません）。

最初の段階では、1つの仕事をするために長い手続き的なプログラムを書くことも珍しくはなく、プロトタイプ作成時点ではこれは悪いことではありません。しかし、変更を加えたり、バグを修正したりしようとすると、たとえば「100行にわたるコードをすべて読まなければ理解できない」といった保守性の悪さが露呈します。プログラミング言語が提供する抽象化機能をうまく使えば、該当するコードをピンポイントで見つけられるコードに変えられます。Pythonにおいては、関数、クラス、モジュールなどが抽象化の道具となります。ここでは関数を使ってレビュー評価のプログラムのワークフローの最初の2ステップを抽象化してみましょう。

リスト3.1が最初のコードです。これを見ると同じような操作を2度していることに気がつくと思います。文字列を文に分割するのと個々の単語に分割する操作はよく似ています。このような場合、ビヘイビアを関数にまとめられることが多いものです。

リスト3.1 文・トークン区切りの最初のコード

```
# ch03/01reviews1/reviews.py
# 段落を文とトークンに分割。単純なコードの列
import re # https://docs.python.org/ja/3/howto/regex.html参照

product_review = '''This is a fine milk, but the product line appears
 to be limited in available colors. I could only find white.''' ➡①
```

「いい感じの牛乳だけど、扱っている商品が限定されているようでカラーバリエーションが少ない。白しか見つからなかった」

```
sentence_pattern = re.compile(r'(.*?\.)(\s|$)', re.DOTALL) ➡②
matches = sentence_pattern.findall(product_review) ➡③
sentences = [match[0] for match in matches] ➡④

word_pattern = re.compile(r"([\w\-']+)([\s,.])?") ➡⑤
for sentence in sentences:
    matches = word_pattern.findall(sentence)
    words = [match[0] for match in matches] ➡⑥
    print(words)
```

①製品レビューの文字列。'''...'''で改行を含む長い文字列を書ける
②「.」を「文」の終わりとして扱う
③レビューの中に「文」を見つける。すべてのマッチがリストとして返される
④findallは「(文,空白文字)」のペアのリストを戻すので最初の要素だけからなるリストを作る（リスト内包表記）
⑤1単語にマッチ
⑥各文に対してすべての単語を取得（リスト内包表記）

文を見つける（区切る）コードと単語を見つける（区切る）コードはよく似ていることがわかります。いずれも区切り文字を見つけてパターンマッチをしているだけです。

> ちょっと見ただけではこのコードの意味はよくわからないかもしれませんが、実際に処理の過程を追ってみてください。実は、自然言語処理において文や単語の分割はかなり難しい問題です。本格的なシステムでは統計的なモデルなども使って対処しています。統計的なモデルでは、膨大な量のテストデータを用いて結果の確かさを推定します。テストデータやモデルによって、結果が変わることも少なくありません。自然言語は非常に複雑です。そのことが、コンピューターに自然言語を理解させようとするとはっきりとわかります。

では、抽象化がどのように役立つか見てみましょう。Pythonの機能を使うともう少し単純化できます。リスト3.2では、パターンマッチの部分を関数`get_matches_for_pattern`として抽出しています。

リスト3.2 文・トークン区切りの改良版

```
# ch03/02reviews2/reviews.py
# 段落を文とトークンに分割。改良版
import re

def get_matches_for_pattern(pattern, string): ➡①
    matches = pattern.findall(string)
    return [match[0] for match in matches]

product_review = '''This is a fine milk, but the product line appears
 to be limited in available colors. I could only find white.'''

sentence_pattern = re.compile(r'(.*?\.)(\s|$)', re.DOTALL)
sentences = get_matches_for_pattern(sentence_pattern, product_review) ➡②

word_pattern = re.compile(r"([\w\-']+)([\s,.])?")
for sentence in sentences:
    words = get_matches_for_pattern( word_pattern, sentence ) ➡③
    print(words)
```

①パターンマッチングをする関数
②難しい仕事は関数に任せられる
③ここでも同じ関数を使える

新しいコードではレビューが複数のトークンに分かれる様子が明確に表現されています。変数名は明確でループは簡潔に書かれており、処理が2段階に分かれていることも明確にわかります。メインのコードを見れば概要がわかり、`get_matches_for_pattern`は何か気になる点があったときだけそのコードを詳しく見ればよいのです。抽象化がこのプログラムに、明確さと再利用可能性をもたらしてくれたと言えるでしょう。

3.1.3 抽象化は単純化

抽象化はコードの理解を容易にしてくれるという点を強調しておきましょう。複雑な部分を(必要になるまで)隠すことでこれを実現しています(同様のテクニックはライブラリのインターフェイスを設計する際や技術的な文書を書く際にも使われます)。

別の人が書いたプログラムを理解するのは、本に何が書いてあるかを理解するのと似ていると言えるかもしれません。本もプログラムもたくさんの文から成り立っています。本を読んでいると、なじみのない単語に出会うこともあるでしょう。プログラムにおいてこれに対応するのは、何か新しいことをしたり、今までに見たことのないやり方をしているコードです。なじみのない単語に出会えば辞書を引いて意味を調べることができます。しかし、プログラムを理解するのに「辞書」を引くことはできません。長い処理の内容が理解できないとき、頼りになるのはコードに付けられたコメントでしょう。

しかし、それよりも根本的な対処法があります。関連するコードを、何をしているかが明確に示された関数にまとめ上げればよいのです。リスト3.1とリスト3.2の違いがこの手法の有効性を示しています。関数`get_matches_for_pattern`が、文字列から指定されたパターンを抜き出していますが、リスト3.1のコードを見ても、この意図が明確になっていません。Pythonでは冒頭に書くことのできるドキュメンテーション文字列(docstring)を用いて、モジュール、クラス、メソッド、および関数に対して機能を説明するコメントを付加できます。

抽象化は認知的な負荷(脳が記憶するために使うエネルギー)を削減してくれます。このため、うまく抽象化しておけば、プログラムがきちんと動くことのほうに、より多くの時間を割くことができます。

3.1.4 分割が抽象化を可能にする

第1章では、eコマースシステムのデザインを例にして、そして第2章ではコードを関数の集まりに変更する例で、分割(decomposition)について触れましたが、分割して管理しやすい小さなコードのまとまりとして記述しておいたほうが保守性が高くなります(認知的負荷が小さくなり理解もしやすくなります)。

図3.4に大規模システムの分割の例を示します。

図3.4 分割が理解を容易にする

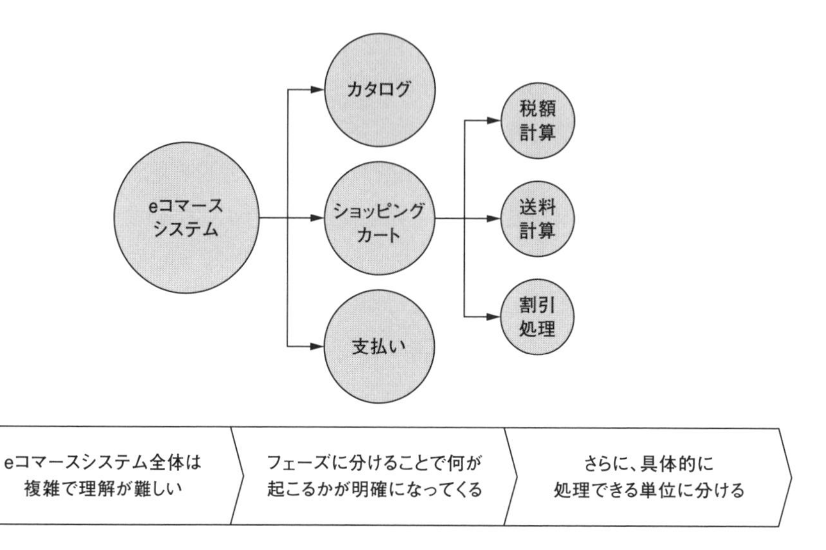

この図において左から右に進むにつれて、処理が細かくなっていきます。いちばん左の円のような大きなシステムをいきなり構築するのは、一軒の家を巨大なコンテナに積み込むようなものです。右側のように分割することで各部屋のものを整理しつつダンボールに入れて運びやすくしていきます。分割によって、大きなアイデアを少しずつ着実に実現していけるのです。

3.2 カプセル化

カプセル化（encapsulation）はオブジェクト指向プログラミング（object-oriented programming。略してOOP）の基本です。分割をもう一歩先に進めたものです。分割が関連するコードを関数にまとめるのに対して、カプセル化は関連する関数とデータをより大規模な単位にまとめ上げます。このような単位は、外の世界に対する「カプセル」の役目をするわけです。Pythonに用意されているカプセル化のための機構を見ていきましょう。

3.2.1 Pythonにおけるカプセル化の機構

基本的にはPythonではカプセル化のために「クラス」を用います。クラスで使われる関数は「メソッド」になります。メソッドは関数の一種ですが、クラスに含まれており、クラスのインスタンスあるいはクラス全体に付随します。

Pythonでは「モジュール」もカプセル化の目的に利用されます。モジュールはクラスよりも上のレベルにあり、関連する複数のクラスや関数をまとめ上げます。たとえば、HTTPのリクエストやレスポンス関連のクラス、それにURLの解析に使われるユーティリティ関数を1つのモジュールにまとめたりします。xxx.pyというファイルのほとんどはモジュールとみなすことができます。

Pythonでもっとも大きなカプセル化の単位はパッケージです（第2章参照）。パッケージは関連するモジュールをディレクトリ構造にまとめ上げます。パッケージはPython Package Index（PyPI）として公開され、これによって簡単に再利用ができます。

図3.5では、ショッピングカートの部品が3つの部品に分割されています。それぞれが独立しており、処理をするのにほかの部品には依存していません。互いが関連する動作については、上位のショッピングカートのレベルで調整されます。ショッピングカート自身もeコマースアプリケーション内で独立しており、必要な情報は外から渡されます。カプセル化されたコードは、その周囲に「城壁」が張り巡らされているようなものです。関数やメソッドが、必要な物資（情報）をやり取りするための跳ね橋（可動式の橋）ということになります。

図3.5 システムのカプセル化

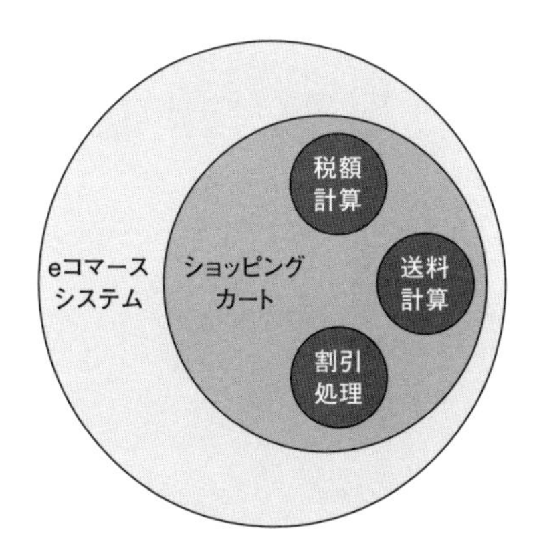

ではどのような部品がメソッドになるのでしょうか。クラスとするべきなのは？ モジュールは？ パッケージは？

3つの最小の部品（税額計算、送料計算、割引処理）はショッピングカートを表すクラスのメソッドとなりそうです。ショッピングカートが1つの部品になっているのですから、eコマースシステムはパッケージにふさわしいでしょう。パッケージ内においては、それぞれがどの程度関連しているかによって個別のモジュールを作成します。ところで、それぞれが城壁で囲まれていたら、どうやって共同で作業をするのでしょうか。

3.2.2 Pythonにおけるプライバシー

多くのプログラミング言語においてはカプセル化における「城壁」を「プライバシー」という概念を導入して形式化しています。クラスはそのクラスとインスタンスしかアクセスできない「プライベート（private）な」メソッドやデータをもつことができます。これに対して「パブリック（public）な」メソッドやデータはほかのクラスとのインターフェイスの役割をします。

Pythonには真の意味でプライベートなメソッドやデータはありません。その代わり、開発者を信頼するという哲学に則っていますが、一般に従われている「規約」があり、多くの場合これが守られます。クラス内での利用を意図されたメソッドや変数の場合は前に「_」を付ける約束になっているのです。これによって、こうしたメソッドや変数が公開を意図されたものではないことがわかります（サードパーティのパッケージには、ドキュメントの中で「将来変更の可能性があるので、依存しないように」と明文化しているケースもあります）。

第2章でクラスの結合については「疎結合」のほうがよいと説明しました。あるクラスがほかのクラスの内部のものに依存するようになると、ますます「密結合」になってしまい、この結果、自由にコードの変更ができなくなってしまいます。

抽象化とカプセル化は組になって働き、関連する機能をまとめ、外部のものから中身を遮断する役目をしてくれます。このことを「情報隠蔽（いんぺい）」と呼び、これによりクラス内部の変更を、ほかの部分とは独立に行うことができます。

3.3　抽象化の実例

　ではカプセル化の練習をしてみましょう。オンラインストアで新規顧客に挨拶をするコードを書いてみましょう。Greeter（挨拶をするもの）というクラスを作ります。このクラスは次の4つのメソッドをもっています。

1. __init__(self, name)――担当者の名前（name）を受け取り初期化する
2. _day(self)――曜日（日曜、月曜、...）を返す
3. _part_of_day(self)――"朝"、"午後"、"夜"のいずれかを返す。正午（12時）より前なら"朝"、それ以降で午後5時前なら"午後"、それ以降なら"夜"となる。
4. greet(self, store)――店の名前（store）を取り、次の形式のメッセージを出力する。

```
<店名>へようこそ！ 私、<名前>と申します。
<曜日>の<朝、午後、夜>、いかがお過ごしですか？
本日のお客様に20% OFFのクーポンを差し上げます！
```

　メソッド_dayと_part_of_dayはプライベートにします（「_」を頭に付けます）。クラスGreeterの外に公開する必要はありません。これにより、Greeterの内部をカプセル化することになります。挨拶を返してくれればそれでよいので、その他のものを公開する必要はありません。

> datetime.datetime.now()で現在時刻を表すオブジェクトを取得できます。属性.hourで時刻を、.strftime('%A')で曜日を取得できます。
> また、localeモジュールを使うことで、日本語で曜日や日付などを表示することができます。

　うまくいきましたか。だいたい、次のようなコードになったでしょうか。

リスト3.3　オンラインストア用の挨拶の生成

```
# ch03/03greeter1/greeter.py list1
from datetime import datetime
import locale  # 日時等日本語化のため
locale.setlocale(locale.LC_TIME, 'ja_JP.UTF-8')  # 日本語に設定

class Greeter:
    def __init__(self, name):
```

```
        self.name = name

    def _day(self): ➡①
        return datetime.now().strftime('%A')

    def _part_of_day(self): ➡②
        current_hour = datetime.now().hour

        if current_hour < 12:
            part_of_day = '午前'
        elif 12 <= current_hour < 17:  # 「elif current_hour < 17:」でも同じ
            part_of_day = '午後'
        else:
            part_of_day = '夜'

        return part_of_day

    def greet(self, store): ➡③
        print(f'{store}へようこそ！ 私、{self.name}と申します。')
        print(f'{self._day()}の{self._part_of_day()}、いかがお過ごしですか？')
        print('本日のお客様に20% OFFのクーポンを差し上げます！')
```

①曜日を取得
②現在時刻を決定
③挨拶を出力

`Greeter`は所定のメッセージを印刷してくれました。メデタシ、メデタシ。しかし、よく見てみると`Greeter`は「知りすぎている」ことに気がつきます。`Greeter`は挨拶をしさえすればよいのであって、今日が何曜日だとか、今何時だとか知っている必要はありません。カプセル化が不十分なのです。改善しましょう。

3.3.1 リファクタリング

カプセル化や抽象化は反復的なプロセスになるのが一般的です。コードを書き進めるにつれて、以前はよいと思っていたものに違和感が出てきます。そうなってきたら「リファクタリング」を検討するべきときです。コードのリファクタリングとは、自分のニーズをより効果的に満たすようコードの構造を変更することです。ビヘイビアや概念の表現方法を変える必要があるかもしれません。データを移動させたり実装方法を変更したりする必要もあるでしょう。たとえて言えばリビングルールのレイアウトを、自分の気分に合うよう模様替えするようなものです。

Greeterのコードをリファクタリングして、日時関連のメソッドをGreeterクラスから分離して、このモジュール内の独立した（スタンドアロンの）関数としましょう。

日時関連の関数は引数selfを必要としないので、コード自体にはあまり変更がありません。

```
# ch03/04greeter2/greeter.py list1
# 日時関連の関数をクラスの外に出す
from datetime import datetime
import locale
locale.setlocale(locale.LC_TIME, 'ja_JP.UTF-8')

def day():
    return datetime.now().strftime('%A')

def part_of_day():
    current_hour = datetime.now().hour
    if current_hour < 12:
        part_of_day = '午前'
    elif 12 <= current_hour < 17:
        part_of_day = '午後'
    else:
        part_of_day = '夜'
    return part_of_day
```

こうすればクラスGreeter内で、day()やpart_of_day()をself.を付けずに呼び出せます。

```
# ch03/04greeter2/greeter.py list2
class Greeter:
    def __init__(self, name):
        self.name = name
    def greet(self, store):
        print(f'{store}へようこそ！ 私、{self.name}と申します。')
        print(f'{day()}の{part_of_day()}、いかがお過ごしですか？')
        print('本日のお客様に20% OFFのクーポンを差し上げます！')
```

これでGreeterは自分に必要な情報だけを知っていることになります。また、関数dayおよびpart_of_dayはGreeterを参照せずにほかからも呼び出すことができます。一挙両得というわけです。

将来的には、このほかにも日時関連の機能を追加して、全体を独自のクラスあるいはモジュールにするかもしれません。筆者自身は数個の関数やクラスが明らかに関係をもつと判断した時点でそうすることが多いのですが、最初から個別のモジュールやクラスにする開発者もいます。こうすることで着実な分離を自分に強制するわけです。

3.4 プログラミングスタイルと抽象化

数多くのプログラミングスタイル（プログラミングパラダイム）が登場していますが、その多くは特定のドメインやユーザーから生まれてきたものです。Pythonもいくつかのスタイルをサポートしていますが、ある意味プログラミングのスタイルも抽象化の1つの現れと言えます。抽象化は概念をわかりやすく記憶するための手法です。プログラミングスタイルが異なるということは、情報を異なる方法で保存していることになります。どのスタイルが「正しい」と断言することはできませんが、特定の問題を解決するのに「あるものは他のものよりも優れている」とは言えるでしょう[※1]。

3.4.1 手続き型プログラミング

前の章とこの章で手続き型プログラミングの例を紹介しました。手続き型プログラミングにおいては、「関数」と呼ばれることの多い、手続き的な機能の呼び出しが多用されます。こうした関数はクラスとしてカプセル化はされていません。したがって、多くの場合、入力（引数）に依存して、また時には大域的（グローバル）な状態に依存して、処理を行います。次の例を見てください。

```
# ch03/05procedural/procedural.py list1
NAMES = ['小山', '大山', '中山']

def print_greetings(): ➡①
    greeting_pattern = '{name}さんに、ごあいさつ。'
    nice_person_pattern = '{name}さんはとても良い人です！'
    for name in NAMES:
        print(greeting_pattern.format(name=name))
        print(nice_person_pattern.format(name=name))
```

①NAMESにのみ依存しているスタンドアロンの関数

※1 ［訳注］この章で紹介されているプログラミングスタイル（パラダイム）の分類は、必ずしも一般的なものではないようです。ウィキペディアの「プログラミングパラダイム」の項なども参考にしてください。

プログラミングを始めてそれほど時間がたっていないのならば、このようなスタイルはおなじみの人が多いでしょう。多くのプログラミングの本はこのような手続き的な手順の説明で始まっています。プログラミングの初歩の説明としては、ある程度の長さの手続き（関数）から、ある程度の長さの手続きを呼び出すのは自然な流れでしょう。手続き型プログラミングスタイルの長所は「3.1.4 分割が抽象化を可能にする」で議論した分割の長所と重なります。

3.4.2　関数型プログラミング

関数型プログラミングと聞くと、手続き型プログラミングと違いがないように思うかもしれませんが、実はちょっと違います。抽象化の手段として関数を使うのは同じですが、発想はだいぶ異なります。

関数型プログラミングにおいては、プログラムを「関数を合成したもの」と考えます。たとえばforループはリストに作用する関数となります。

Pythonではループを次のように書くのが一般的でしょう。

```
# ch03/06functional/for-loop-python.py
numbers = [1, 2, 3, 4, 5]
for i in numbers:
    print(i * i)
```

これに対して関数型の言語ではたとえば次のように書きます。

```
print(map((i) =>i*i,[1, 2, 3, 4, 5]))
```

関数型プログラミングにおいては、上の例のように関数が他の関数を引数として取ったり、戻り値として関数を返したりすることがあります。上の例でmapの引数は、「無名関数」となっています。この無名関数は指定された引数の自乗（2乗）を戻します。

Pythonには関数型プログラミングのツールが数多く用意されています。あらかじめ用意されているキーワードを利用したり、組み込みのモジュールであるfunctoolsやitertoolsを使ったりします。Pythonは関数型プログラミングをサポートはしていますが、それが好まれるアプローチであることは多くはありません。たとえば、関数型の言語によく登場するreduceなどの関数はモジュールfunctoolsに移動されました。多くの人が命令的な（手続き的な）書き方のほうがわかりやすいと考えていることの反映と考えられます。

もう1つ例を見ましょう。まず、関数型の手法で書いてみます（lambdaについては第4章で説明します）。

```
# ch03/06functional/functional-python.py
from functools import reduce

squares = map(lambda x: x * x, [1, 2, 3, 4, 5])  # 2乗
should = reduce(lambda x, y: x and y, [True, True, False])

evens = filter(lambda x: x % 2 == 0, [1, 2, 3, 4, 5])
```

同じ内容を命令的な手法で書いてみましょう。

```
squares = [x * x for x in [1, 2, 3, 4, 5]]
should = all([True, True, False])

evens = [x for x in [1, 2, 3, 4, 5] if x % 2 == 0]
```

結果を出力するコードを加えて実行してみてください。結果はどちらも同じになるはずです。どちらのスタイルを選ぶかは開発者次第です。

Pythonの関数型の機能で筆者が気に入っているのが`functools.partial`です。この関数を使うと既存の関数の引数を部分的（partial）に固定した新たな関数を作ることができ、場合によっては新しい関数をゼロから作るよりもわかりやすくなります。

たとえば、次のリストのようにすると、巾乗（べきじょう）（power）を計算する関数`pow`から、自乗を計算する関数`square`や3乗を計算する関数`cube`を作れます。関数が機能を素直に表す名前になっています。

```
# ch03/06functional/partial.py list1
from functools import partial

def pow(x, power=1):
    return x ** power

square = partial(pow, power=2) ➡①
cube = partial(pow, power=3) ➡②
```

①pow(x, power=2)と同じ動作をする新しい関数square
②pow(x, power=3)と同じ動作をする新しい関数cube

関数型プログラミングは手続き型プログラミングに比べて、パフォーマンス上のメリットが得られる場合があります。たとえばシミュレーションなどで計算量（第4章参照）を減らしてくれるケースがあります。

3.4.3　宣言型プログラミング

宣言型プログラミングにおいては、どのように完了するかその手順を指定するのではなく、タスクのパラメータを宣言することに焦点を当てます。呼び出し側からはタスクの実行の詳細のほとんど（あるいはすべて）が抽象（隠蔽）されます。特にパラメーターに多少の違いがあるだけのような（パラメトリックな）タスクを繰り返し実行するといった場合に有用です。このような型のプログラミングの多くはDSL（ドメイン特化言語：domain-specific language）によって実現されます。

DSLは特定のタスクに特化された言語（あるいは言語的なマークアップ）です。HTMLがその一例で、HTMLでは作成したい（Web）ページの構造を描写しますが、そこにはブラウザがどのようにタグを変換するべきかは指定しません。

これに対して、Pythonは汎用の言語であり、多くの用途に利用できる反面、開発者からの指示を必要とします。コードをほかのシステム（たとえばSQLやHTML）に変換する、あるいは複数の類似のオブジェクトをいくつも生成するといった繰り返しの多いプログラムを作るような場合は、宣言型プログラミングが検討対象となるでしょう。

Pythonにおける宣言型プログラミングの例としてはplotlyという、データからグラフを作成できるパッケージがあります。plotlyのドキュメント（https://plot.ly/python/）にある例を紹介しましょう。

```
# ch03/07plotly/plotly-example.py list1
import plotly.graph_objects as go

trace1 = go.Scatter( ➡①
    x=[1, 2, 3], ➡②
    y=[4, 5, 6], ➡③
    marker={'color': 'red', 'symbol': 104}, ➡④
    mode='markers+lines', ➡⑤
    text=['one', 'two', 'three'], ➡⑥
    name='1st Trace',
)
```

①scatterプロットを作成する意図を宣言
②x軸のデータの形を宣言
③y軸のデータの形を宣言
④ラインマーカーの表示形式を宣言
⑤マーカーおよびラインがプロットで使われることを宣言
⑥各マーカーのツールチップの宣言

プロットするデータを設定し、表示する方法を（手続き的にではなく）宣言的に記述しています。

比較のために、手続き型のアプローチを考えてみましょう。上のように、データを関数（あるいはクラス）に指定して渡すのではなく、1つ1つのステップを実行していくことになるでしょう。

```
trace1 = go.Scatter()
trace1.set_x_data([1, 2, 3]) ➡①
trace1.set_y_data([4, 5, 6])
trace1.set_marker_config({'color': 'red', 'symbol': 104, 'size': '10'})
trace1.set_mode('markers+lines')
...
```

①それぞれがメソッドを明示的に呼び出している

宣言型プログラミングにおいては、ユーザーが準備をしておくことで、より簡潔なインターフェイスを提供することもできます。

3.5 型と継承

前の節で、代表的なプログラミングスタイルとしては、手続き型プログラミング、関数型プログラミング、宣言型プログラミングといったものがあることを見ましたが、この節では変数などの「型」とクラスの「継承」について議論しましょう。

まず変数の型（データ型）についてです。言語によって、データ型をコンパイル時にチェックするものと、実行時にチェックするものがあります。「`x = 3`」と書くことで`x`の型が整数であると推論する言語もありますし、「`int x = 3`」といったように`x`の型を明示する言語もあります。

Pythonは動的型付け言語で、実行時にデータ型を決定します。また、「ダックタイピング」と呼ばれるシステムも使います。詳しくは以降で説明しますが、「アヒル（duck）のようにガアガア鳴けば、それはアヒルであるに違いない」というフレーズに由来するものです。

多くの言語ではクラスのインスタンスに関する未知のメソッドへの参照がある場合、コンパイルが失敗しますが、Pythonでは実行時に常にメソッド呼び出しを試み、クラスのメソッドが存在しない場合にAttributeErrorを発生させます。このメカニズムにより、Pythonの1つの特徴である（同じ名前で別の型の引数を処理する）多態性（ポリモーフィズム）が実現されます。

オブジェクト指向プログラミングの登場時には、クラスの継承をベースにした階層構造でシステムの全体をモデル化するという流れがありました。たとえば、`BytesHandler`（バイト単位の処理）→ Buffer（バッファの処理）→ Printer（プリンタ関連の処理）→ ConsolePrinter（コンソール用プリンタの処理）の順番で、継承されるといった具合です。こうした階層化も効果的なケースはありますが、得てして硬直化したコードになってしまい、更新が難しくなることが多いものです。ある場所で変更を行おうとすると、階層構造の上のほうや下のほうで修正が必要になります。

今日では、オブジェクトの「合成（composition）」を多用する開発者が増えています。合成は分割（decomposition）の逆で、目的とする概念を実現するために、いくつかの機能を付加していくものです。

図3.6は固定的な継承構造から構成されるオブジェクトと、特徴を合成していくタイプのオブジェクトを比較したものです。犬は、四足の動物であり、哺乳類であり、イヌ科の動物（オオカミなども含まれる）です。継承関係のみで記述しようとすると、階層構造を作らざるをえません。しかし、哺乳類のすべてが脚を4本もっているわけではありません。これに対して分割と合成を使えば、階層構造の制限はなくなり、しかも概念の間に関係があることを示せます。

図3.6 継承 vs. 合成

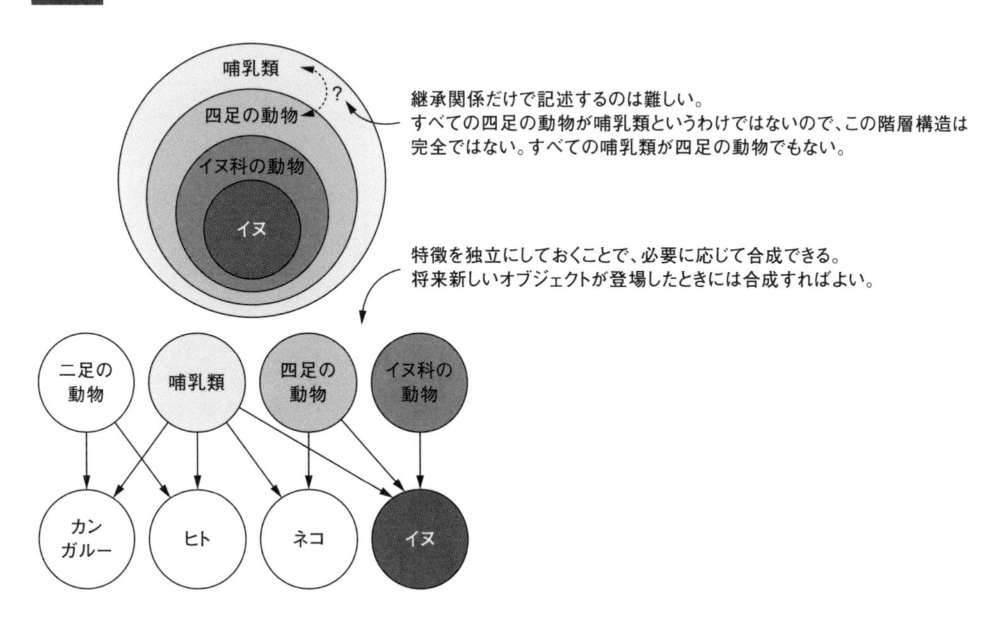

合成は通常、プログラミング言語の「インターフェイス」という機構を用いて実現されます。インターフェイスはクラスが実装しなければならないメソッドとデータの形式的な定義です。1つのクラスは複数のインターフェイスを実装することができ、これにより複数のインターフェイスを合わせた機能を提供できます。

Pythonにはインターフェイスの機構が用意されていませんが、ダックタイピングと多重継承によって実現します。静的な型付けをもつ言語は親クラスとして1つのクラスしかもてないのが一般的ですが、Pythonでは複数のクラスから継承可能です。このメカニズムによりインターフェイスの機能が実現できます。そしてこの機能をPythonでは「ミックスイン（mixin）」と呼びます。

たとえば、話ができて横回転もできる犬のクラスを作ってみましょう（ほかの動物でも同じような動作ができるものがあるとします）。そこで（インターフェイスの代わりの役目をする）ミックスインを作ります（名前の頭にMixinと付けておきましょう）。

こうすることで、話（speak）ができて横回転（roll_over）もできるクラスDogができ、このspeakとroll_overを他の動物でも利用できます。

リスト3.4 インターフェイスと類似の機能を提供することで実現する多重継承

```
# ch03/08composition/composition.py list1
# ミックスイン
class SpeakMixin: ➡①
    def speak(self):
        name = self.__class__.__name__.lower()
        print(f'一匹の{name}が「こんにちは！」と言った。')

class RollOverMixin: ➡②
    def roll_over(self):
        print('横回転をした！')

class Dog(SpeakMixin, RollOverMixin): ➡③
    pass  # 何もしない
```

①speak（話す）の動作はSpeakMixinにカプセル化されて、これを使って合成できる
②roll-over（横回転）の動作も同じようにRollOverMixinを使って合成できる
③これで話せて、横回転ができるDogを表現できる

Dogがミックスインから継承している動作ができるか試してみましょう。

```
# ch03/08composition/composition.py list2
dog = Dog()
dog.speak()
dog.roll_over()
```

次のような実行結果が表示されるはずです。

```
一匹のdogが「こんにちは！」と言った。
横回転をした！
```

なお、第8章で、さらに継承について詳しく見ます。

3.6　抽象化の良し悪し

抽象化が機能するかの見極めも重要です。いつも抽象化すればよいというわけではなく、ほかのパラダイム（機構）を使ったほうがコードがクリアになるという場合もあります（あとからコードを読むときには途中の努力は見えませんが、できあがったコードを使う他の開発者は大いに助かることになるでしょう）。

3.6.1　アダプタの作成

上で指摘したように抽象化は物事をわかりやすく簡単にしてくれるものでなければなりません。何かを抽象化した結果、不具合が生じるようならば、その不具合を取り除くための別のアプローチを検討しましょう。「改良」ではなく、ゼロから書き直しというケースもあるでしょう。コードのリライトと動作確認の時間がそれに値するかという問題になります。しかしここで費やした時間は、長期的には別の開発者の時間の節約につながるかもしれません。

たとえば、サードパーティのパッケージへのインターフェイスが原因で問題が生じ、自分でそのコードを修正できないのならば、「アダプタ」を作成することで、自分のコードを使ってそのパッケージの代わりとなるような抽象化が可能になります。電圧が違う外国で、コンセントに挿して使う旅行用のプラグのような役割を果たすものです。独自のアダプタクラスを作成し、中でサードパーティのオブジェクトを呼び出して、利用できることだけをそのオブジェクトにやらせればよいのです。

3.6.2 さらに賢く

この章では「賢いコード」について述べてきましたが、賢すぎる解決策は痛みも伴います。あまりに巧妙な場合、他の開発者は内容が理解できず独自の解決策を生み出してしまうかもしれません。皆さんの努力は無駄になってしまうというわけです。

堅牢(けんろう)なソフトウェアを構築するためには、ユースケースごとの使用頻度や重要性を考慮して何をどう実現するかを決める必要があります。一般的なユースケースはできるだけスムーズにしなければなりません。一方、稀なケースはそれほど最適化されていない解決策を使ったり、極端な場合には「サポートしない」と明言してもよいでしょう。解決策は「賢い」ものであるべきですが、「賢すぎる」ものにはしないほうがよいのです（こういった解決策を見つけるのは、なかなか簡単ではありませんが）。

そうは言っても、何かが変だったり扱いにくいと感じたら、まずは少し時間をおいて冷静になりましょう。しばらく待ってみてもまだ変だと感じたら、他人の意見も聞いてみましょう。その人が「そうは思わない」と言っても、まだダメだと思ったら、決断のときです。抽象化によって世界を（少し）改善する方向に踏み出しましょう。

3.7 まとめ

- 抽象化はコードをより深く理解するためのツールでもある
- 抽象化の手段としては、分割、カプセル化、プログラミングスタイル（プログラミングパラダイム）の選択、継承、合成などさまざまなものがある
- 上記の手段はどれも有用だが、いつ、どの程度まで行うかは重要な検討事項である
- リファクタリング（抽象化を含む）は反復的なプロセスである。一度やったら「完成」ではなく、繰り返し行う必要がある

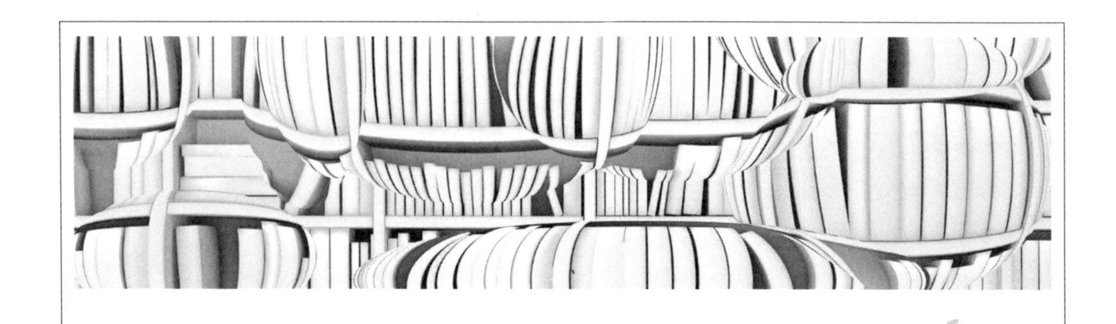

第4章

パフォーマンスを考慮したデザイン

Designing for high performance

■この章の内容

時間計算量と空間計算量

計算量の計測

Pythonにおけるデータ型の選択

開発したプログラムが動作するようになっても、「それで終わり」ではありません。十分な速度で動作するようにシステム構築する必要があるのです。

コードのパフォーマンスとは、メモリや時間などの「リソース」をどの程度、有効利用しているかを表すものです。十分なレベルのパフォーマンスを示すソフトウェア――リソースを効率的に使い、望まれる時間内に応答を返すソフトウェア――の構築が望まれます。ソフトウェアのパフォーマンスは人々の毎日の生活に影響を与えます。Instagramに写真をアップロードするときでも、株を選択するためにリアルタイムのマーケット分析をするときでも、高いパフォーマンスが求められます。瞬時に終わったと思ってもらえれば、それは十分速いということになるでしょう。

ソフトウェアのパフォーマンスは、コストにも跳ね返ります。ディスク（データベース）に何かを保存する必要があるとき、その容量を最小化できればコストが削減できます。金融情報を提供するソフトウェアの情報伝達速度が競合他社のものよりも速ければ、自社の顧客がお金を儲けられるチャンスが増えることになるでしょう。パフォーマンスは実社会に大きなインパクトを与えるのです。

人間の知覚

人間は100ms（ミリ秒）よりも短い時間に起こる変化は瞬間的なものだと感じとります。ボタンをクリックしてから50msで結果が表示されれば何の不満も感じません。100msを超えるようになると、遅延に気づくようになります。大きなファイルのダウンロードなど、時間がかかる作業に遅れが生じるのは避けられません。こうした場合は、進行状況の適切な表示が重要になります。順調に進んでいることを示せば、作業が速く進んでいるように感じられます。

4.1 時間と空間

計算量には、「時間計算量」と「空間計算量」の2つの指標があります。どちらも、入力量（処理するデータ量）を基準にして、それが増加するにつれて、実行時間および必要な記憶容量がどの程度の割合で増加していくかを示す指標です。時間あるいは記憶容量（空間）を消費していく割合が大きければ大きいほど、計算量も大きいということになります。

計算量は絶対的な数値で表現されるものではなく、最悪のケースでどの程度の割合で増えていくかの目安を表すものです。

4.1.1 計算量の複雑さ

正直に言いましょう。計算量の計算は簡単ではなく、かなり複雑になる場合があります。筆者自身が大学で学んだときはその意味がよくわかりませんでした。この章で説明する内容の多くは卒業後さまざまな実践経験を経て学んだことです。皆さんも同じ経験をすることになるかもしれませんが、ここで概要を学んでおくこと（少しでもなじんでおくこと）は無駄にはなりません。

計算量は「漸近解析」と呼ばれるプロセスによって計算されます。コードを観察して、最悪のケースのパフォーマンス（の範囲）を決定するのです。

計算量の計測は特定のタスクの処理方法を比較するものであって、関係のない複数のタスクを比較する場合にはあまり意味をもちません。たとえば、数値のリストをソートするアルゴリズムの良し悪しの比較には役に立ちますが、数値のリストのソートと、探索木の中から特定の要素を見つけ出すアルゴリズムの比較は通常行いません。

漸近解析で使われる概念は、少し難しいので、平易な言葉に翻訳して説明していきます。複雑さは「$O(n)$」のように大文字のO（オー）（英語のorderの先頭文字）を使って表され、これを「オーダー記法」あるいは「O（オー）記法」などと呼びます。そして、基本的には対象のコードの最悪のケースのパフォーマンスを表します。たとえば$O(n^2)$は「n自乗のオーダー」などと読まれ、入力の個数nに対してn^2に比例する割合で計算時間が増えていくことを表します（図4.1）。

図4.1 $O(n^2)$の時間の増え方

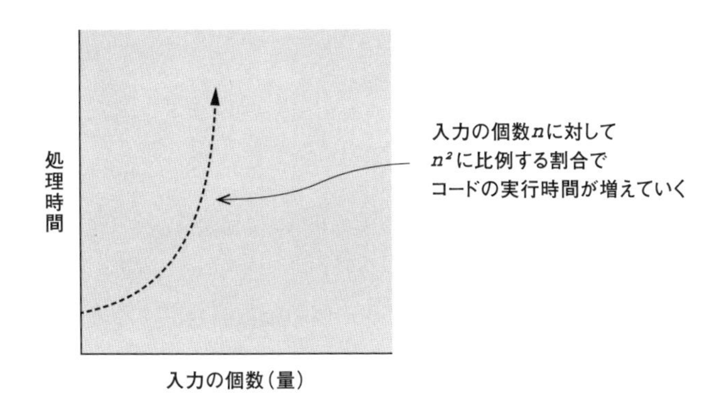

4.1.2　時間計算量

時間計算量は入力データの量との関係で、どの程度速く処理（計算）できるかの尺度となるものです。入力の数が増えるに従って、どの程度の割合で処理時間が増えていくかを示してくれます。

4.1.2.1　線形オーダー

計算量のオーダーとしてもっとも一般的なものは「線形（リニアー）オーダー」です。入力量と実行時間の関係をグラフにすると、（ほぼ）直線になります（図4.2）。数学で習った`y = ax + b`という一次式において、`x`を入力の個数、`y`を時間と考えることができます。ある程度のオーバーヘッドが生じるのが普通であり、これは`b`で表現されます。

図4.2 線形オーダーの計算量

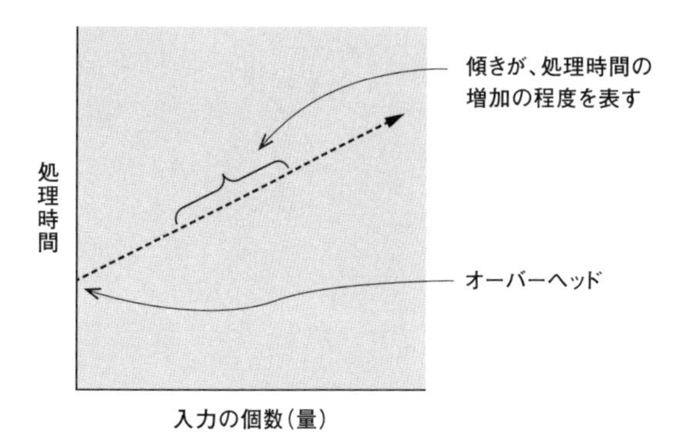

リスト内の各要素に関して何らかの処理を行うといった場合がこの例になります。たとえば、名前のリストの印刷、整数の合計の計算などです。

対象のリストの長さに比例して処理時間が増えていきます。2,000個の整数を合計するのに必要な時間は、1,000個の整数を合計するのに必要な時間の約2倍になります。入力の個数nに対して線形に（比例するように）増えいくので、この計算のオーダーは$O(n)$となります。

Pythonのコードでは、forループが使われている部分の計算量は$O(n)$になるのが一般的です。たとえばリスト、集合、その他のシーケンスに対する1重のループなどです。

```
# ch04/01forloop/forloop1.py
# （1重の）ループ
names = ['小山', '中山', '大山', '高山']
for name in names:
    print(name)
```

ループの中に複数のステップが含まれていてもオーダーは変わりません（ax + bのaが大きくなるだけです）。

```
# ch04/01forloop/forloop2.py
# 1重のループ、複数ステップ
names = ['小山', '中山', '大山', '高山']
for index, name in enumerate(names):
    greeting = 'こんにちは。私の名前は'
    print(f'{index+1}. {greeting}{name}です。')
```

さらに、複数のループがあっても、入れ子にならなければオーダーは変わりません。

```
# ch04/01forloop/forloop3.py
# 複数個の1重のループ
names = ['小山', '中山', '大山', '高山']
for name in names:
    print(f'私は{name}です。')

message = '本日のゲスト： '
for name in names:
    message += f'{name}さん '
print(message)
```


namesに関して2度ループしていますが、それぞれのループにかかる時間をcおよびdとすると、全体の計算時間はy = cx + dx + bだけかかることになります。これはy = (c+d)x + bとなりますから、係数部分が変わって傾きがきつくなるだけで、相変わらず線形です。

図4.3に示すように、入力が少ないときは$O(n)$のタスクのオーバーヘッドが大きくなるため$O(n^2)$のタスクよりも処理時間がかかってしまうかもしれません。しかし、入力の数が十分多くなれば、$O(n^2)$のタスクのほうが時間がかかるようになります。

図4.3 個数が大きくなると$O(n^2)$のタスクの処理時間が上回るようになる

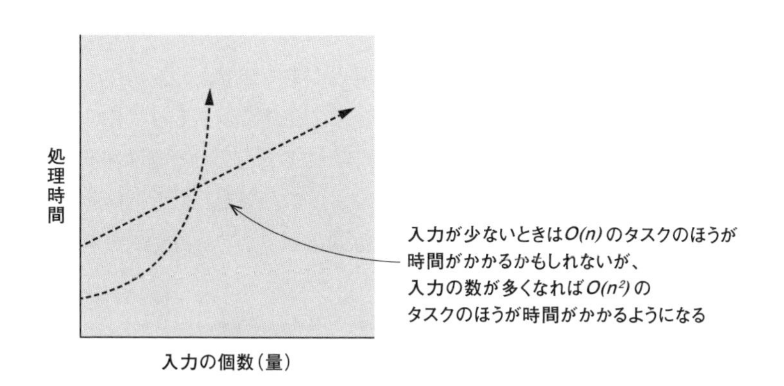

4.1.2.2 $O(n^2)$の処理

次に$O(n^2)$の処理を見ましょう。入力の自乗（2乗）に比例して時間がかかるものです。リストの各要素に対して、リストの他の要素を参照するといった場合がこれに該当します。要素数が増えると、その増えた要素の分だけ繰り返しが増えますが、さらに参照する要素も増えるので、参照回数が掛け算で増えていくことになります。

Pythonのコードで見れば、入れ子になった（ネストされた）ループがこれに該当します。次のコードでは、重複する項目があるかどうかを調べています。

```
# ch04/01forloop/forloop4.py list1
# 入れ子になったforループ
def has_duplicates(sequence):
    for index1, item1 in enumerate(sequence): ➡①
        for index2, item2 in enumerate(sequence): ➡②
            if item1 == item2 and index1 != index2: ➡③
                return True
    return False
```

①外側のループでシーケンス内のすべての要素について繰り返し
②外側のループの各要素に対して、内側のループでシーケンス内のすべての要素について再度繰り返し
③2つの要素が同じ値をもつかをチェック（ただしインデックスが同じでないもの）

$O(n^2)$ がこのコードのオーダーになります。最悪のケースは、最後が重複項目のとき、あるいは重複がないときです。このケースではすべての要素について比較が行われます。最初の2つの項目が同じ場合、すぐに処理が終わることになりますが、最悪のケースのほうがコードの特徴をよく表すことになります。

このほかの記法

計算量は平均的なケースやベストケースについても検討される場合があります。Ω（オメガ）記法がベストケース、Θ（シータ）記法が上界および下界が一致することを表現します。処理によっては、この値がアルゴリズムの選択基準になる場合があります。さまざまなアルゴリズムの計算量はネット検索で見つけることができるでしょう（たとえば「クイックソートの計算量」などと検索します）。Pythonを使って一般的な処理を行った場合の計算量は次のページでも確認できます——https://wiki.python.org/moin/TimeComplexity

4.1.2.3 定数オーダー

理想的な計算量は入力のサイズには依存しないもの、つまり定数時間 $O(1)$ です（「オーダー1（ワン）」。「定数オーダー」とも言います）。Pythonでもこの種の計算ができる場合があります（具体例は後で紹介します）。

線形の（あるいはそれよりも悪い）計算量であっても、事前に計算しておくことで定数時間に抑えられる場合があります。事前の計算は定数時間で終わるとは限りませんが、繰り返される計算が定数時間で終われば、それは意味があるというわけです。

4.1.3 空間計算量

時間計算量に対して、空間計算量は入力のサイズが大きくなるに伴ってディスクスペースあるいはメモリをどの程度使用するかを表すものです。時間計算量は実行するといつも意識するものですが、空間計算量は直接わかるものではないので、なかなか意識されません。必ず意識させられるのは、「ディスクがいっぱいです」という警告のダイアログボックスが表示されたときでしょう。こういった事態に遭遇せずにすむよう、ディスクスペースについても考慮しておくことが重要です。

4

> もう1つ、Pythonで空間計算量を目立たなくしている原因があります。メモリ管理を処理系が（基本的に）自動で行ってくれるため、プログラマーが意識することが少ないという点です。プログラミング言語によっては、開発者がメモリを明示的に確保したり解放したりする必要があり、いつも意識していなければなりません。Pythonではガーベッジコレクション（使われなくなったオブジェクト用に割り当てられたメモリの解放）が自動的に行われるため、この処理をコーディングする必要はありません。

4.1.3.1 メモリ

メモリを大量に消費してしまう典型的な例は、必要がないにも関わらず巨大なデータファイルをメモリに読み込んでしまうというものです。ここでは、わかりやすいように単純な例で見てみましょう。仮に世界中の人が自分の「好きな色」を答えてくれた記録が入っているファイルがあるとします。1行に1つ、色の名前が並んでいるだけのファイルです。それぞれの色を何人が好きか数えてみることにしましょう。次のようにファイル全体を読み込んでから数えることもできます。

```
# ch04/02colors/color-at-once.py list1
# メモリにすべて読み込んでから処理
color_counts = {}
with open('all-favorite-colors.txt') as favorite_colors_file:
    favorite_colors = favorite_colors_file.read().splitlines() ➡①

for color in favorite_colors:
    if color in color_counts:
        color_counts[color] += 1
    else:
        color_counts[color] = 1
```

①ファイル全体を読み込んでから、1行ずつ分けて処理

地球上には80億人近くの人が住んでいるので、色の名前だけのファイルでも10Gバイトは超えるサイズになるでしょう。今のパソコンなら、一度にメモリに読み込めないこともありませんが、あまりに非効率なメモリの利用法です。

もちろんPythonではファイルから1行ずつメモリに読み込んで処理をすることもできます。たとえば次のようにコードを変更しましょう。

```
# ch04/02colors/color-one-at-a-time.py list1
# 1行ずつ読み込み
color_counts = {}
with open('all-favorite-colors.txt') as favorite_colors_file:
    for color in favorite_colors_file: ➡①
        color = color.strip() ➡②

        if color in color_counts:
            color_counts[color] += 1
        else:
            color_counts[color] = 1
```

①1度に1行だけ読み込み
②行末についている改行文字を削除

読み込みを1行ずつにして、次の行で前の行のために使っていた領域に上書きすることで、いちばん長い行を処理するのに必要なメモリさえあれば十分ということになります。最初のコードのメモリ使用量のオーダーは*O(n)*でしたが、2番目のコードのメモリ使用量は*O(1)*です（何行あっても、メモリの使用量は［ほとんど］変わりません）。

4.1.3.2 ディスク容量

筆者自身、長期間使われるアプリケーションでディスク容量の問題に遭遇したことがあります。ディスク容量の問題はすぐに表面化しないことがあるので、場合によっては対処が困難になります。何週間、あるいは何ヶ月もたってからディスクが足りなくなるのです。毎回少しずつデータを書いていたのが積み重なって足りなくなったり、最初は十分な容量の空きがあったため表面化しなかったといったケースもあります。

大規模な*Web*アプリケーションはログを書き出すことでデバッグや分析を行うことが多いですが、たとえば1分間に1000回のログを書き出すとすると、ディスクスペースはすぐになくなってしまいます。こうした場合、ログを出力する文の削除、呼び出される頻度が低い場所への移動、あるいはより根本的なログ書き出しの戦略の見直しが必要になります。

$O(n^2)$からO(n)へ、あるいはO(n)からO(1)へなどといったように、全体としてより低次のオーダーのアルゴリズムを見つけられれば、パフォーマンスの向上につながります。コードの局所的な改善よりも効果的な場合が多いでしょう。自分のプログラム中に、こうした余地がないか検討してみましょう。Pythonにはこれから紹介するような、パフォーマンス改善に利用できる機能がいくつか用意されています。

4.2 パフォーマンスとデータ型

さて、時間計算量と空間計算量を考慮してシステムのデザインがひとまず完了したとしましょう。実際のPythonのコードではさまざまなデータ型（クラス）を用いて実装されます。この節ではいくつかのユースケースに関して、用いるデータ型によってどのように計算量が変化するかを見ていきます。

4.2.1 定数オーダーのためのデータ型

理想的なパフォーマンスは定数時間です。入力が増えてもほぼ一定の時間で終了します。Pythonの辞書および集合（set）は、追加、削除、およびアクセスに関しては定数時間で行えます。内部的には両者はほとんど同じ仕組みになっており、辞書はキーを値と対応づけ、集合はユニークな要素の集合を表現します。この2つのデータ型の全要素に対して行う繰り返し処理（イテレーション）はO(n)になります（要素数が1個の場合と比べると個数倍の時間がかかります）。しかし、特定の要素の取り出しや存在確認は要素の個数には依存しません。

先ほど、好きな色が書かれたファイルからそれぞれの色が好きな人の数を計算する例を見ましたが、今度は好きな色を全部集めて、その集合を作ってみましょう。この場合、特定の色がすでに集合に入っているかをチェックすることになります。先ほどと同じように1要素ずつチェックすることも可能ではありますが、特定の色が入っているかは簡単にチェックできます。

まず自分でやってみてください。終わったら次のコードと比べてみましょう。

リスト4.1 Pythonの機能を使って定数時間で要素のチェックを行う

```
# ch04/02colors/color-set.py list1
# 集合（set）を使って色を記録
all_colors = set()

with open('all-favorite-colors.txt') as favorite_colors_file:
    for line in favorite_colors_file: ➡①
```

```
        all_colors.add(line.strip()) ➡②

print('琥珀' in all_colors) ➡③
```

①ファイル全体についてイテレーションする（ファイルをなめる）操作は*O(n)*
②集合への要素の追加は*O(1)* だが、空間計算量は*O(n)*
③集合のメンバーシップ（要素かどうか）の確認は*O(1)*

ファイル内にある色を記憶するのに集合を使うことで、特定の要素がその集合に含まれているかは*O(1)* でチェックできます。

4.2.2 線形時間のデータ型

Pythonのリストを操作する処理の多くは*O(n)* になります。リスト内の要素確認や任意の場所への新規要素の追加は、要素数が増えれば遅くなります。最後の要素の削除、あるいはリストの最後への要素の追加の時間計算量は*O(1)* になります。記憶されている要素に重複があると集合は使えないので、リストを使うことになります。

タプルは、パフォーマンスに関してはリストと同程度ですが、タプルはいったん作成すると変更できません（イミュータブル）。

4.2.3 データ型ごとの空間計算量

Pythonのデータ型と関連して時間計算量について説明したので、少しテクニックを紹介しましょう。ここまで見たデータ型はすべてイテレーション可能（iterable）でした。この場合、すべての要素の処理は通常*O(n)* になります。つまり要素数が増えるとそれに比例して時間がかかります。ところで、空間計算量はどうなるのでしょうか。

ここまで見たデータ型の場合は、すべての要素がメモリに記憶されます。10要素のリストは、1要素のリストに比べておよそ10倍のメモリを必要とします（図4.4）。つまり空間計算量も*O(n)* となります。このオーダーでは大きすぎる場合もあります。たとえば80億個のデータをメモリに読み込むのは避けたいところです。一度に全データを読み込む必要がなければ、より効率的な方法があります。

図4.4 リストのメモリ使用量

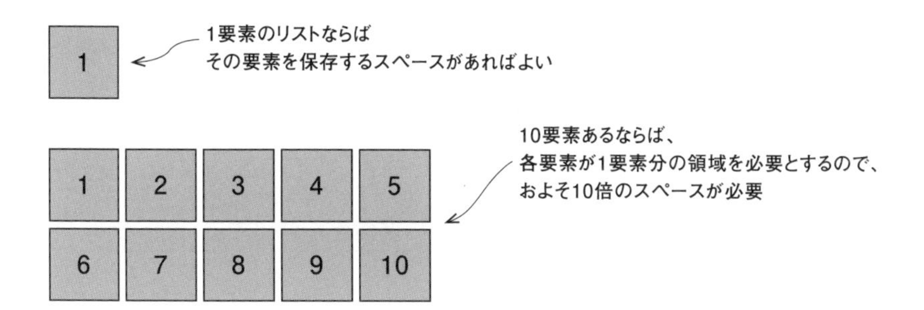

ここで登場するのがジェネレータです。Pythonではジェネレータを使うことで、リクエストされるたびに1項目ずつ値を生成することができます（図4.5）。`color-one-at-a-time.py`の例で1行ずつファイルを読み込んで処理したのと同種のアプローチと見ることができます。値を一度に1つ生成（`yield`）することで、メモリに全要素を記憶せずに処理を行えます。

図4.5 ジェネレータを使ってメモリ使用量を削減

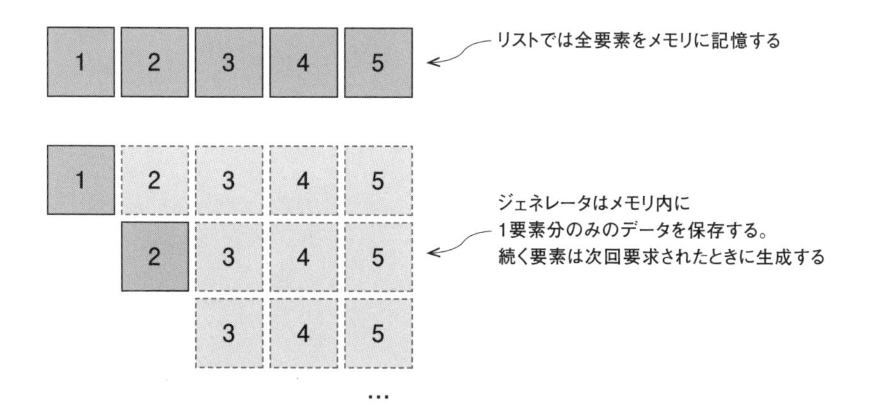

Pythonで関数`range`を使っているのならば、すでにジェネレータを使っていることになります（`range`の引数には生成する要素の範囲を指定します）。`range`が全要素をメモリ内に生成するとすれば、`range(100_000_000)`などといったコードでは大量のメモリを消費してしまいますが、実際には、範囲の最初と最後だけを記憶しておいて、その範囲の値を1つずつ生成しています。

ジェネレータは`yield`を使うことで、空間計算量を削減しているわけです。1つの要素を生成（yield）したら、その値を戻すだけではなく、呼び出し側のコードに制御も戻すのです。

制御を戻すのは`return`文と同じですが、いったん呼び出し側に戻した制御が返ってくると、前回`yield`した次のコードから実行を再開します。リスト4.2にPythonの`range`が内部で行っている動作をコードを使って説明します。

リスト4.2 yieldでいったん実行を停止し、次回は次の要素の準備から開始する

```
# ch04/03generator/generators.py list1
# rangeの処理を真似たもの
def range(*args):
    if len(args) == 1: ➡①
        start = 0
        stop = args[0]
    else:
        start = args[0]
        stop = args[1]

    current = start

    while current < stop:
        yield current ➡②
        current += 1  ➡③
```

①範囲の最小値（最初）と最大値（最後）を決定
②1つずつ要素を生成
③次の値の生成の準備

次のパターンはジェネレータで何度も出てきます。

1. すべての値を生成するための準備をする
2. ループを生成する
3. ループの各繰り返しで、1つの項目をyieldする
4. ループの次の繰り返しのために準備をする

このパターンに慣れたでしょうから、独自のジェネレータを書いてみてください。`squares`というジェネレータ関数を作ります。整数のリストを引数として、各要素の自乗を生成していきます。まず自分で作ってみて、それから次のコードと比較してみてください。

リスト4.3 自乗を生成するジェネレータ

```
# ch04/03generator/generators.py list2
def squares(items):
    for item in items:
        yield item ** 2
```

このジェネレータ関数squaresは生成のための準備は不要なので、とてもコンパクトなコードになります。この関数はリストを受け取れますが、そのほかに、ほかのジェネレータを受け取ることもできます。たとえばsquares(range (100_000_000))といったように使うことができます。指定された範囲のうち、一度に1つの要素だけを記憶し、また1つの値（自乗された値）だけを返します。したがって図4.6のように、必要なスペースはとても小さくなります。

図4.6 ジェネレータをチェインしたときのメモリ使用量

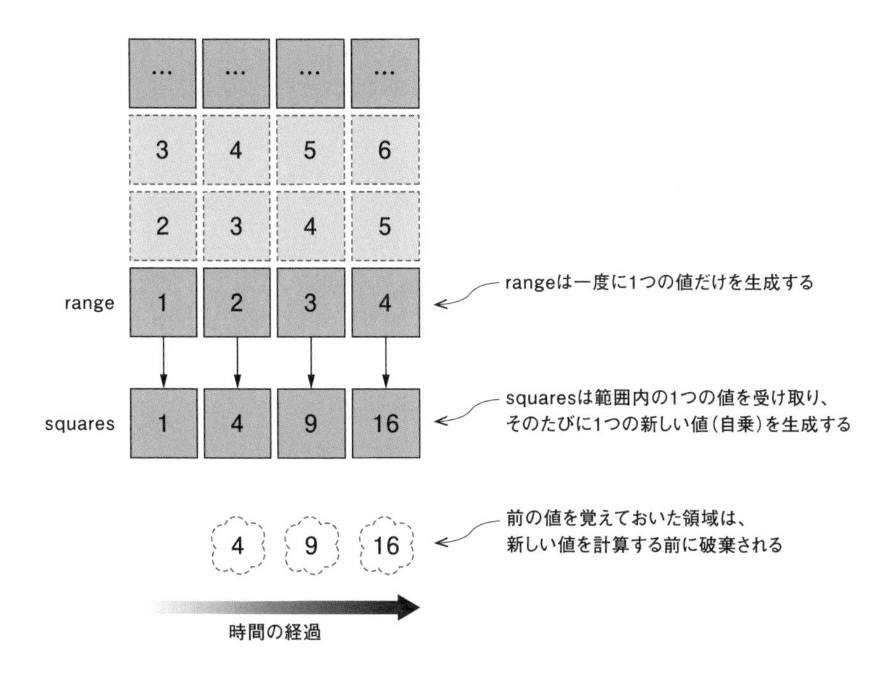

可能ならばリストの代わりにジェネレータを使いましょう。そのほうがメモリの使用量を節約できます。メモリ内に全要素のリストが必要になったらlist(range(10000))あるいはlist(squares([1, 2, 3, 4]))のようにすればよいのです。また、要素の最後に到達する前に処理が終われば、無駄な要素の生成も避けられます。

遅延評価

ジェネレータのように、必要になるまで値を生成しないで、必要になったときに生成するという方式のことを「遅延評価」と呼ぶ場合があります。必要になるまで処理を「遅延」させておいて、本当に必要になったところで生成するわけです。

4.3 動作するものを作り、質を高め、高速化せよ

エクストリームプログラミングの提唱者として有名なKent Beckの言葉に、「make it work, make it right, make it fast（動作するものを作り、質を高め、高速化せよ）」という言葉があります。文字どおり解釈すると「まずなんとか動作するコードを作成し、それからクリアかつ簡潔になるように質を高め、そのあとでパフォーマンスのことを考えて高速化する」といった意味になるでしょう。しかし、筆者は開発時の（小さな）イテレーションの際に用いるルールとして考えてほしいのです。どのイテレーションにおいても、「設計」「実装」「リファクタリング」は必ず行われるのです。

4.3.1 動作するものを作る

正直なところ、開発者はこの段階に多くの時間を費やします。問題に関する記述やアイデアをコードの形にする段階です。（筆者を含む）開発者は、リファクタリングあるいはパフォーマンス面の改良に着手する前に問題の解決を試みます。まだ動いていないうちに速く動くようにすることはできません。

第2章で見たように、ソフトウェアの開発時には「分解」が有効ですが、この考え方は、目標を管理可能な「チャンク」に分割する場合にも使えます。より大きなゴールに到達するための手段として、分割された個々のゴールを実装していくのです。このようなアプローチをとれば、まずは「小さなゴール」を目指していけばよいので、「動作するものを作る」のも簡単になります。たとえば、「物理エンジンを作成せよ」という課題にいきなり取り組むよりも「落下する物体の速度を計算せよ」という課題から解決していくほうが取り組みやすいでしょう。

4.3.2 質を高める

「動作するものを作る」は目的地に到達する道をひとまず確保するためのものです。目的が明確ならば「動かす」の段階に到達したかどうかの答えはYESかNOのいずれかです。これに対し

て「質を高める」はYES、NOの問題ではなく、リファクタリングの過程に対応するものになります。リファクタリングは、結果の整合性を保ったまま既存のコードを、よりクリアで、より適合性の高いものに再実装することを目指します※1。リファクタリングには「これで終わり」という明確な段階はありません。実装中に改良は繰り返し行いますし、機能追加のためにコードを再検討することもあるでしょう。

リファクタリングの潮時を示すサインとしてはMartin Fowlerが提唱した「rule of three」があります。「同じようなものを3回実装したら抽象化のためにリファクタリングするべきだ」というものです。

筆者もこれが気に入っています。リファクタリングに関する「バランス」をうまく表現しています。むやみに抽象化するのは避けましょう。2度目でもまだ早い。3度目を待ちましょう。この段階までくれば、より効果的な一般化の方法が見つかり、抽象化の必要性を確信できます。

使用する言語の強みを活かすというアプローチも「正しく動かす」につながります。次のコードを見てください。リストに現れる整数のうち、最も頻度の高いものを見つけ出すものです。

```
# ch04/04counting/counting1.py list1
# 第1版
def get_number_with_highest_count(counts): ➡①
    max_count = 0
    for number, count in counts.items():
        if count > max_count:
            max_count = count
            number_with_highest_count = number
    return number_with_highest_count

def most_frequent(numbers):
    counts = {}
    for number in numbers: ➡②
        if number in counts:
            counts[number] += 1
        else:
            counts[number] = 1
```

※1 「テスト駆動開発」という考え方があります。コードを書く際にテストも一緒に記述しておくことで、変更の際に結果を壊さないことを確認しながらリファクタリングを行うという考え方です。このトピックに関しては、Harry Percival著『Test-Driven Development with Python, second edition』(O'Reilly, 2017) など、さまざまな書籍があるので参考にしてください。

```
    return get_number_with_highest_count(counts)
```

①整数を出現数に対応させる辞書の中から、最も出現頻度の高い整数を決める
②それぞれの整数に関して、出現数を数える

Pythonにはこれを簡単に実装できるツールが揃っています。まずcountを増やすための機構を見ましょう。リスト内の各数字について、その数字がすでにリストにあって1増やせばよいのか、あるいは初期化しなければならないかをチェックする必要があります。

Pythonにはdefaultdictというデフォルトの辞書を作るデータ型が用意されています。defaultdictに記憶する値の型を指定しておけば、その型にもっともふさわしい値をデフォルトとして用意してくれるのです。

```
# ch04/04counting/counting2.py list1
# 第2版 defaultdictの利用
from collections import defaultdict ➡①

def get_number_with_highest_count(counts):
    max_count = 0
    for number, count in counts.items():
        if count > max_count:
            max_count = count
            number_with_highest_count = number
    return number_with_highest_count

def most_frequent(numbers):
    counts = defaultdict(int) ➡②
    for number in numbers:
        counts[number] += 1 ➡③

    return get_number_with_highest_count(counts)
```

①モジュール`collections`から`defaultdict`をインポート
②`counts`は整数の辞書なので、`defaultdict`の各要素はintとする
③`int`のデフォルト値は0なので、最初にその数値が出現したときは「0＋1」が計算され、1になる

コードが少し短くなり、関数の意図も少しクリアになりました。しかし、さらなる改良が可能です。Pythonにはカウントするための便利な道具が用意されているのです。

```
# ch04/04counting/counting3.py list1
# 第3版 Counterの利用
```

```
from collections import Counter ➡①

def get_number_with_highest_count(counts):
    max_count = 0
    for number, count in counts.items():
        if count > max_count:
            max_count = count
            number_with_highest_count = number
    return number_with_highest_count

def most_frequent(numbers):
    counts = Counter(numbers) ➡②
    return get_number_with_highest_count(counts)
```

①Counterもモジュールcollectionsに入っている
②このコードは自作した辞書と同じように動作する

これでまた少しコードが短くなりました。そして、most_frequent（最頻出）の意味がより明確になっています。get_number_with_highest_count（最も回数の多い数値を得る）のほうはどうでしょうか。数値とその出現回数を記憶した辞書の中から最大値を見つけるというものです。Pythonにはこのためのツールも用意されているのです。

まずmaxです。maxはイテラブル（リスト、集合、辞書など）を受け取って、その中から値が最大のものを返します。辞書の場合、デフォルトではキーの最大値を返してしまいます。この場合は、辞書countsのキーのほうになるのでデフォルトのままでは意味がありません（出現回数は得られません）。実は、maxの第2引数keyに関数が指定でき、イテラブルのほかの部分の最大値を取るようにできるのです。

関数プログラミングにおいては、関数を引数に指定することが少なくありません。「ラムダ(lambda)」と呼ばれる無名関数（名前のついていない関数）が使われます。ラムダも引数をもち、値を返します。ほかの関数が仕事をするための「インライン引数」としてラムダを指定すればよいのです。

関数get_number_with_highest_countについて言えば、maxに対して、「numberを受け取り、counts[number]を返すラムダ」を渡します。次のコードを見てください。

```
# ch04/04counting/counting4.py list1
# 第4版 ラムダ関数の利用
from collections import Counter

def get_number_with_highest_count(counts): # countsの要素のうち、頻度最高のものを得る
```

```
    return max( ➡①
        counts,
        key=lambda number: counts[number]
        # 第2引数keyの値として「numberを引数として受け取りcounts[number]を返す関数」を指定
    )

def most_frequent(numbers):
    counts = Counter(numbers)
    return get_number_with_highest_count(counts)
```

①countsの数値に関してイテレーションするときには、比較する値としてcounts[number]を使う

このコードは簡潔かつ明解です。言語がどのようなツールを提供しているかを理解しておくことで、より短いコードを書ける場合があるわけです。

もちろん「いつも短いほうがよい」というわけではありません。関数most_frequentの中にmaxを移動してしまうという方法もあります。しかし、筆者としてはよりわかりやすい名前の関数を残しておいたほうがよいと考えます。

コードがうまく動き、他人が読んでもどのように動作しているのかわかりやすくなっていれば、「質を高める」の段階をクリアしたことになります。

4.3.3 高速化

「高速化する」のに「動作するものを作る」よりも時間がかかる場合があります。このため、計算量の分析やそれに続くコードの改良作業には、慎重さが求められます。パフォーマンス面の改良にかける時間と、市場に製品を投入する時間とを天秤にかけることになります。この章の冒頭で触れたように、十分なパフォーマンスが達成できているかの判断が求められます。「市場に何も投入できない」よりも、「動作は（少し）遅いが製品を市場に投入できる」ことのほうが大切な場面は多いのです。

製品を市場に投入することが優先されるのならば、最初のリリースの後で、パフォーマンス面のマイルストーンを設定するとよいでしょう。こうすることで、ひとまず製品を出荷できます。ただ、製品化したあとで、想定していなかったボトルネックが見つかる危険性も残されています。

目的によって受け入れられるパフォーマンスのレベルは異なります。ログインするのに何秒もかかるようなら、ユーザーは誰もいなくなるでしょう。一方、社内用の年次報告書生成システムを作っているのなら、ある程度の待ち時間も許容されるでしょう。

システムのアーキテクチャも関係してきます。大きなシステムになればAPI、データベース、キャッシュといった要素も絡んできます。こうした要素は同じようなアーキテクチャをもつ他のサービスについて調査することで、概要をつかめるでしょう。大規模システムのパフォーマンスは自分（たち）が開発したコードだけでは収まりませんが、地道な努力を続けることで、開発したソフトウェアのパフォーマンスをある程度の精度をもって見積り、実現したいレベルのパフォーマンスを目指すことが可能になります。

コードを書く際に、この章で学んだ事柄を意識しておくことで、パフォーマンス面での問題を引き起こしがちなコードがどのようなものか、徐々に感覚がつかめてくるはずです（たとえば、多重のループやメモリ内に記憶する巨大なリストなどはパフォーマンス低下の原因になります）。

4.4 ツール

実践でのパフォーマンスのテストには、データ（エビデンス）に基づくアプローチが必要です。開発時とユーザー利用時のパフォーマンスは異なります。予期しない入力やハードウェア的な問題、ネットワークの遅延など、さまざまな要因がシステムのパフォーマンスに影響を与えます。闇雲にコードをいじって、パフォーマンスを上げようとするのは得策ではありません。次に紹介するようなツールを使ってデータを取得し、改良に役立てましょう。

4.4.1 timeit

Pythonのモジュール`timeit`を使うと、コード（部分）の実行時間を計測できます。コマンドラインから実行できるほか、コード内に埋め込んで使うこともでき、リファクタリング時のパフォーマンスチェックに有用です。

仮に0から999までの整数の合計を計算する時間を計測するとしてみましょう。これにはコマンドラインで次を実行します。

```
python -m timeit "total = sum(range(1000))"
```

このコマンドを入力すると、このコードを繰り返し実行し、たとえば次のような結果を出力します。20マイクロ秒弱※2で終了していることがわかります。

※2 usecはマイクロ秒の意。本来は「μsec」が使われますが、uがμ（ミュー）に似ていることから（ASCII文字しか使えない環境などで）代わりに使われます。

```
20000 loops, best of 5: 18.9 usec per loop
```

今度は、0から4999までの合計を見てみましょう（結果を下に示します）。先ほどの5倍以上の時間がかかっていることがわかります。

```
python -m timeit "total = sum(range(5000))"
2000 loops, best of 5: 105 usec per loop
```

timeitは実際にコードを実行するので、環境によってバラツキが生じ、バッテリの残量やCPUのクロックスピードなどにも影響されます。したがって、timeitは繰り返し実行し、平均的なパフォーマンスを確認しましょう。傾向に注目して質的な変化を比較することも重要です。計算量の違いにも注目してください。

より複雑なコードの場合はtimeitをコード内で使うほうが便利で、セットアップの時間を含まない実行時間を計測できます。

```
# ch04/05timing/timing1.py list1
from timeit import timeit

setup = 'from datetime import datetime' ➡①
statement = 'datetime.now()' ➡②
result = timeit(setup=setup, stmt=statement, number=1000) ➡③
print(f'実行時間の平均: {result / 1000}s == {result}ms')
```

①時間計測テストのセットアップ
②timeitで実行される
③実行結果

このコードではdatetime.now()の実行時間のみを計測しています。importなどの時間は含まれません。

たとえば集合を使ったほうがリストを使った場合よりも速いかどうかを確認したい場合、set(range(10000))とlist(range(10000))を使って、たとえば300がその中にあるかを確認するコードを書いてみればよいでしょう（集合を使うと、どの程度速いでしょうか）。

timeitを使うことで、自分の仮説の妥当性を確認でき、場合によっては、実行時間の大幅な削減につながります。

4.4.2 CPUプロファイリング

timeitを使うと、コードを「プロファイリング」してくれます。プロファイリングとは、ビヘイビアに関する計測値を集めてコードの分析を行うことを意味します。CPUプロファイリングを使って、コードの指定部分の実行時間や、関数の呼び出し回数などがわかります。この結果を見れば、最初に手を付けるべき箇所の見当がつくでしょう。

自分のコードで「実行にそれほど時間はかからないものの、繰り返し呼ばれる関数」と「実行にとても時間がかかるものの一度しか呼ばれない関数」の2つを書いたとしましょう。両方を改良する時間がとれないとき、どちらを改良すればよいでしょうか。こうしたときにPythonのモジュールcProfileが役に立ちます。

> モジュールcProfileをインポートしようとしてエラーになるときは、代わりにモジュールprofileを使うことができます。

cProfileはメソッドや関数に関して次のような情報を出力します。

- 何度呼び出されたか（ncalls）
- 呼び出しで合計（TOTal）どのくらいの時間が消費されたか（他の関数などの実行時間を含まない。tottime）
- ncalls回の呼び出しで使われた平均時間（percall）。
- 呼び出しで使われた累積（CUMulative）時間（下位の関数などの呼び出しを含む。cumtime）。

この情報をチェックすることで、遅い部分（つまりcumtimeが大きな部分）を確認できます。また、繰り返し呼ばれるが実行が速い部分もわかります。次のリストは関数を1000回呼び出す（デモ用の）プログラムの実行結果です。関数は10ミリ秒以内のランダムな時間で呼び出されます。

リスト4.4 PythonプログラムのCPUパフォーマンスのプロファイリング

```
# ch04/06cpu_profiling/cpu_profiling.py
import random
import time


def an_expensive_function():
```

```
        execution_time = random.random() / 100 ➡①
        time.sleep(execution_time)

if __name__ == '__main__':
    for _ in range(1000): ➡②
        an_expensive_function()
```

①実行にランダムな時間を要する。最長1/100秒（10ミリ秒）。`random.random()` は0.0以上1.0未満の小数を返す
②1000回実行する

次のように実行することでプロファイルを取得できます。

```
python -m cProfile --sort cumtime cpu_profiling.py
```

1度の呼び出しに0ミリ秒から10ミリ秒かかるので、平均すると5ミリ秒（percall）かかることになります。それを1000回（ncalls）呼び出すと、全体（cumtime）で5秒かかることが予想されます。cProfileを実行することで自分の予想に沿った結果が得られるかを確認できます。大量のデータが出力されますが、cumtimeでソートすることで`an_expensive_function`の呼び出しが上位にあるのがわかります。

```
$ python -m cProfile --sort cumtime cpu_profiling.py

         4330 function calls (4303 primitive calls) in 5.766 seconds

   Ordered by: cumulative time        ← cumtimeでソートされている

   ncalls  tottime  percall  cumtime  percall filename:lineno(function)
      3/1    0.000    0.000    5.766    5.766 {built-in method builtins.exec}
        1    0.008    0.008    5.766    5.766 cpu_profiling.py:1(<module>)
     1000    0.010    0.000    5.755    0.006 cpu_profiling.py:5(an_expensive_function)
     1000    5.744    0.006    5.744    0.006 {built-in method time.sleep}
...
```

`an_expensive_function`は1000回呼び出され、1回の呼び出しに平均6ミリ秒、合計で5.755秒かかっています。

cProfileの出力の中から、percallやcumtimeの大きなものを探し出すことで、「容疑者」を特定できます。こうした関数の改良が、全体のパフォーマンスの底上げにつながります。

4.5 実践課題

次のコードを見てください。関数sort_expensiveは0から999,999までの間の1000個の整数のリストをソートします。関数sort_cheapは0から999までの間の整数のうちの10個をソートします。

ソートアルゴリズムは通常*O(1)*よりも時間計算量が大きいので、sort_expensiveのほうがsort_cheapよりも時間がかかることになります。どちらも一度だけ実行するのならばsort_cheapのほうが速いはずです。しかしsort_cheapを1000回実行するとなると、どちらが速いかは明白ではなくなります。


```
# ch04/05timing/timing2.py
import random

def sort_expensive():
    the_list = random.sample(range(1_000_000), 1000) # 「_」は桁区切り
    the_list.sort()

def sort_cheap():
    the_list = random.sample(range(1_000), 10)
    the_list.sort()

if __name__ == '__main__':
    sort_expensive()
    for i in range(1000):
        sort_cheap()
```

モジュールのtimeitとcProfileを使って、このコードに関するデータを計測し、パフォーマンスについての理解を深めてください。

4.6 まとめ

- 開発過程の全段階で、パフォーマンスについて考慮する必要がある
- 適切なデータ型（クラス）を選ぶことが重要である
- すべての値を一度に取得する必要がない場合は、リストではなくジェネレータを利用することでメモリの使用量を削減できる
- モジュールの`timeit`および`cProfile`あるいは`profile`を利用して、パフォーマンスや計算量に関する自分の仮説の妥当性をチェックできる

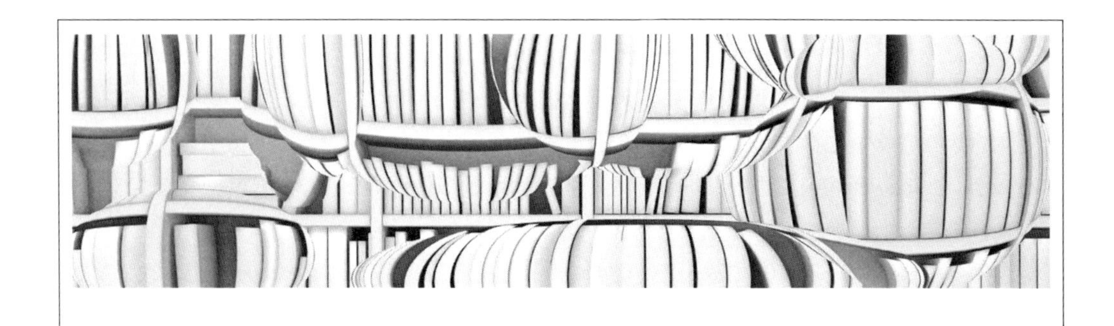

第5章

Testing your software
ソフトウェアのテスト

■この章の内容

これまでの章で、関数などに内容を的確に表現する名前をつけ、クリアなコードを書くことの重要性を説明してきました。これにより、コードの保守性を高めることができます。しかし、これで話は終わりではありません。新たな機能を追加しても、アプリケーションを意図したとおりに動作させ続けなくてはなりません。このためには、何らかの形でシステムの振る舞いを保証してくれるものが必要です。その役目をするのがテストです。コードの更新のたびにテストすることで（少なくともテストされた項目については）意図したとおりの動作が保証されます。

宇宙ロケットの打ち上げや、飛行機の制御に使われるような、バグが生命の危機につながるようなシステムのテストに関しては、非常に厳密でフォーマルなプロセスが求められ、数学的に証明された手法が要求されるようなケースもあります。このような手法を採用すれば確実性は増しますが、ほとんどのPythonアプリケーションでは、こうした厳格なテストの実施は現実的ではありません。この章では、日常的に使われるアプリケーションをPythonで開発する場合のテストについて、その方法やツールを紹介していきます。

5.1 ソフトウェアテストとは

ソフトウェアのテストとは、簡単に言えばソフトウェアが期待どおりに動くかを検証することです。その規模や検証の範囲はさまざまで、「関数が特定の引数に対して期待する戻り値を返すか」といったものから、「ユーザー数万人が同時利用しても耐えられるか」といったものまでが含まれます。

実際のところ、開発者ならば特に意識せずにテストをしていることでしょう。たとえばWebサイトの開発中なら、サーバをローカルで動かし、コードを変更するたびにブラウザで確認します。これもテストの一種と言えます。

コードの検証に時間をかけると、その分開発にかける時間が減ることになります。短期的な視点で見ればそのとおりです。テストに関連するツールや手法に詳しくなれば、その思いはさらに強くなるかもしれません。ここで必要なのは長期的な視点です。テストをすればバグやパフォーマンス面の問題箇所を限定でき、将来のリファクタリングに必要な情報も得られます。結果的に時間の節約になるのです。システムにクリティカルなコードが多ければ多いほど、より徹底したテストが求められます。

5.1.1 テストの目的

ソフトウェアのある部分に関してテストを行う理由（の1つ）は、その部分が想定どおりの動作をしているかを確認することです。「名は体を表す」関数は名前によって自分がなすべき仕事を伝えますが、名前だけでは本当にその仕事をしているという保証にはなりません（筆者自身も、自分で書いた関数が意図した動作をしなかったために、何度も大変な思いをしました）。

バグが簡単に見つかる場合もあります。タイプミスやなじみの例外などは簡単に把握できるでしょう。これに対して、最初は順調に動いているように見えて、しばらくしてから突然現れるバグを見つけるのは簡単ではありません。テストをしっかりしておけば、比較的初期の段階で問題が見つかり、将来同じような問題が起きないように予防手段を講じられます。

テストにはさまざまな種類があり、それぞれが独自の目的をもっています。この章では、そのうちの代表的なものを取り上げます※1。

※1　テストの分類については、ウィキペディアの「ソフトウェアテスト」の項などが参考になります。

5.1.2 機能テストの手順

機能テストとは、その名のとおり、特定のコードが正しく「機能」するか、つまり「指定の入力に対して正しい結果を出すか」を確認します。

規模やアプローチによって機能テストの内容は変わりますが、その基本は共通で、図5.1のような一連のタスクを行います。

図5.1 機能テストの基本的な流れ

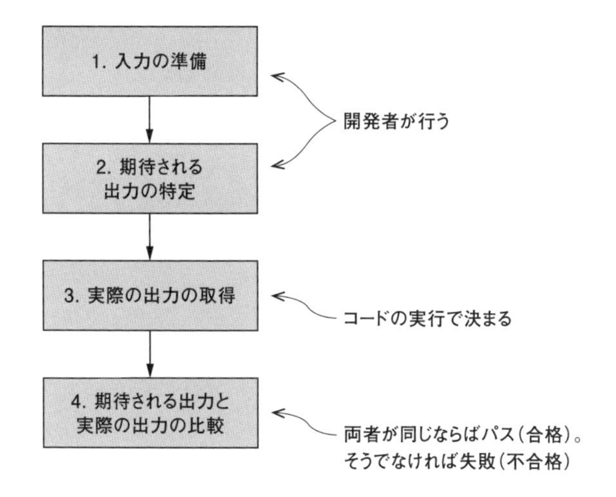

テスト作成時の開発者の仕事は「入力の準備」と「予想される結果の特定」です。実際の結果を得て、予想される結果と比較する作業は、コードを実行すれば済む話です。

このようなテスト構築の過程を経ることで副次的な効果も得られます。テストを、コードが「どのように動作するべきか」の仕様と考えることができるのです。テストが、だいぶ前に（筆者なら1週間前に！）書いたコードの意図を思い出すきっかけになってくれます。

`calculate_mean`（平均を計算）という関数なら、テスト内容を文章にすると、たとえば次のようになるでしょう。

> 整数からなるリスト`[1, 2, 3, 4]`が与えられたとき、
> `calculate_mean`の出力は`2.5`となることが期待される。
> 実際の出力結果と比較して検証せよ。

より大きな関数についても同じ手順になります。eコマースシステムならば、入力は、たとえ

ば「商品を選択してから［カートに入れる］を選択する」となります。期待される出力は、「商品がカートに追加される」動作ということになります。この場合のテストのワークフローは、次のように記述できるでしょう。

> 商品53-DE-232のページを表示して［カートに入れる］のボタンをクリックすると、53-DE-232がカートに入る。

テストが検証の役目だけでなく、ドキュメントの役目も果たしてくれれば理想的です。

5.2 テストの種類

機能テストは実践ではさまざまな形態を取ります。開発者がいつも行っているちょっとしたチェックから、デプロイの前に行う全自動型のテストまで、さまざまなプラクティスや効能があります。代表的なものを紹介していきましょう。

5.2.1 手動テスト

手動テストは、自分のプログラムを実行して何らかの入力を与え、その結果が想定と合っているかを自分の目で確認するものです。Webサイトへの登録処理を開発しているのなら、ユーザー名とパスワードを入力して新しいユーザーが登録されるかをチェックします。設定した基準を満たさないパスワードを入れた場合、ユーザーを登録しないことを確認します。すでに同じ名前のユーザーが存在している場合も同様です。

登録はWebシステムの中では小さな部分ですが、これだけでもいくつかの検証が必要です。何かがうまくいかなかった場合、ユーザーは登録ができなかったり、アカウント情報が上書きされてしまったりするかもしれません。登録はとても重要な操作ですから、手動テストだけに頼っていると、そのうち大きな問題が生じることになるでしょう。手動でテストを行うこと自体は価値のある作業ですが、これから紹介するような他のテストの補助的な手段と考えるべきです。

5.2.2 自動テスト

自動テストは、手動テストよりも一度に多くの項目をテストでき、繰り返し実行することも容易です。テストの実行を見守っている必要もありません。ですから金曜日の夕方に開始して月曜日の朝に結果を確認するといったことも可能になります（実は、筆者はこのようなテストをよくやります）。

自動テストはフィードバックループの中に組み込むことで、変更による不具合の発生を素早くチェックできます。そして手動テストに比べて手間がかからないため、アプリケーションについて、より創造的で探索的なテストを行うことができます。修正が必要な事柄が見つかったら、自動テストに組み込んでおけば同じ（ような）バグの再発を防げます。この後この章で紹介するテストは、基本的にはすべて自動的に実行可能なテストです。

5.2.3 検収テスト

上でみたeコマースシステムのワークフローのテストにもっとも近いと言えるのが、検収テスト※2でしょう。このテストにパス（合格）したシステムは、指定された仕様を満たし発注側が受理できる水準に達していることになります。図5.2にあるように、検収テストでは「ユーザーは購入のワークフローを経由して自分が求める製品を購入できるか」といった事柄をチェックします。他組織から依頼を受けたソフトウェア開発の場合ならば、このテストがシステムの完成を判断するものとなります。

図5.2 検収テストではユーザーの立場からワークフローを検証する

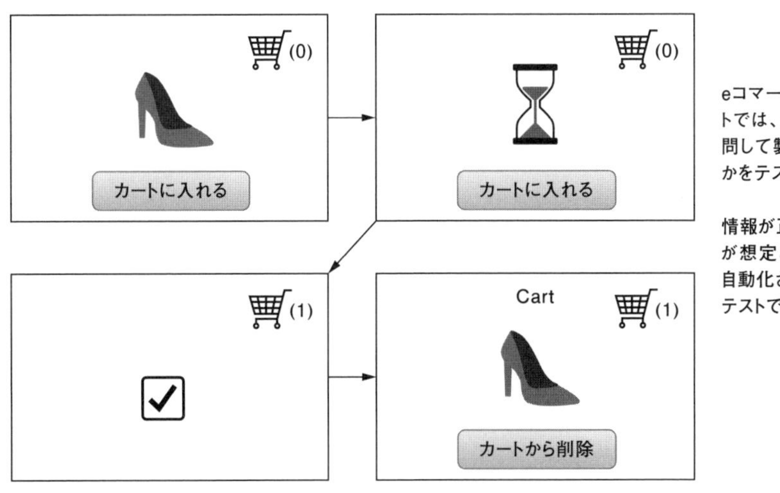

eコマースWebサイトの検収テストでは、たとえば製品ページを訪問して製品をカートに入れられるかをテストする

情報が正しく伝搬されて各ページが想定どおり表示されることを、自動化されたE2E（end-to-end）テストで確認することもできる

検収テストは発注者側が手動で行う場合が多いのですが、E2E（end-to-end）テストを自動的に行うこともあります。E2Eテストでは、一連のアクションが実行されるに伴って必要なデータが適切に伝搬するか確認します。

※2 「アクセプタンステスト」「受け入れテスト」などとも呼ばれます。

ビヘイビア駆動開発

Cucumber（https://cucumber.io）などのライブラリを使うとE2Eテストを英語（自然言語）のように表現できます。たとえば「click the Submit button（送信ボタンをクリック）」といったように、多くの人にとってはプログラミングコードを書くよりも簡単に記述できます。こうした方法で各ステップを記述することで、組織内のほとんどの人が理解できるドキュメントも完成します。

この方式はビヘイビア駆動開発（BDD: behavior-driven development）と呼ばれ、ソフトウェア開発の経験がない人と共同でE2Eテストを行えるため、多くの組織で使われています。まず望まれる結果を定義し、テストでそれを満たすのに必要なコードのみを実装していきます。

E2Eテストはハイレベルな検証をするために使われるのが一般的です。たとえばカートがうまく動作しないとユーザーは製品を買うことができず、販売者側はそれだけ売上が減ってしまいます。対象の領域が非常に広いので、途中で失敗してしまうケースが多いテストでもあります。ワークフローの1つのステップがうまく行かなければE2Eテスト全体が失敗に終わります。

粒度に違いがある複数のテストを用意できれば、全体のワークフローだけでなく、具体的に問題のあるステップの特定も（比較的）容易に行えます（粒度という観点から見ると、E2Eテストが最大です）。

5.2.4 単体テスト

E2Eテストの対極にあるのが単体テスト（ユニットテスト）です。初心者にとっては、このテストがもっとも重要でしょう。単体テストは、システムを構成する細かな部分のそれぞれが、きちんと動作しているかを確認するもので、E2Eテストなど、より大規模なテストのベースとなるものです（「5.4 unittestを用いたテスト」でPythonを使った単体テストについて説明します）。

単体（ユニット）テストの単体（ユニット）とは、テスト用に分離できる「コードの部分」、単独で何らかの機能をもつものを意味します。たとえば、関数は適切な入力を指定して呼び出せば単独で実行できるのでユニットとみなされます。関数内のコードの一部だけを切り離してしまうと（通常は）機能を果たせなくなるので、こうしたものはユニットとは呼びません。これに対して、複数のメソッドをもつクラスは単機能ではありませんが、（複数の機能をもつ）ユニットとして扱われる場合もあります。

単体テストの狙いは、システム内の各ユニットの検証です。開発者が行うもっとも基本的なテストで、ソフトウェアテストの第1歩となるものです。

一般的には、（入力と出力をもつ）関数が単体テストのターゲットとなります。これまでの章で説明した、関心（コンサーン）の分離、抽象化、疎結合などの原則に従ってコードを作成してあれば、テストも簡単になります。

テストは概して単純な操作の繰り返しになりがちなので、テストがしやすいコードは歓迎されます。コードのテストを簡単にしたければ、テストのことを考慮に入れて（あるいはまずテストを書いてから）コードを書くようにします。この結果、コードの信頼性も上がることになります。ここまでの章で説明したプラクティスに従っていれば、ユニットは自然に小さなものになっているはずです。

Pythonの単体テストでは、期待する出力と実際の出力を比較するのに単純な等式を使います。簡単なものを試してみましょう。PythonのREPL（ターミナルのコマンド）で、次のように平均を計算する関数`calculate_mean`を定義してください。

```
>>> def calculate_mean(numbers):
...     return sum(numbers) / len(numbers)
...
```

次のように入力すれば、この関数のテストを記述したことになります。

```
>>> 2.5 == calculate_mean([1, 2, 3, 4])
True
>>> 5.5 == calculate_mean([5, 5, 5, 6, 6, 6])
True
```

関数の動作のテストになりそうな数字のリストをいくつか考えて、あといくつかREPLでテストしてみてください。たとえば、次のようなケースはどうでしょうか。

- 負数が入っている
- 0が入っていている
- リストが空

テストを書くことで、それまで想定していなかったケースに気づく場合もあるでしょう。そうすれば、テスト（品質管理）担当者の手を煩わせずに、問題点を解決したことになります。

```
>>> 0.0 == calculate_mean([-1, 0, 1])
True
>>> 0.0 == calculate_mean([])  ← 想定していなかったケースで例外が発生
Traceback (most recent call last):
File "<stdin>", line 1, in <module>
File "<stdin>", line 2, in calculate_mean
ZeroDivisionError: division by zero  ← 0による割り算
```

リストが空のときは0を返すことにすればエラーは発生しなくなります。

```
>>> def calculate_mean(numbers):
...     if not numbers:
...         return 0
...     return sum(numbers) / len(numbers)
...
>>> 0.0 == calculate_mean([])
True
```

これで、`calculate_mean`はこれまで見た全ケースでテストにパスします。

5.2.5 統合テスト

単体テストがコードの部分（ユニット）の動作を確認するのに対して、統合テスト（インテグレーションテスト）は、各ユニットが全体として想定どおりに動作するかを確認します（図5.3）。機能テストをパスしたユニットが10個あっても、全体として期待する結果を得られなければ役には立ちません。E2Eテストがユーザーの立場から行うテストであるのに対して、統合テストではコードレベルの挙動に焦点を当てます。

図5.3 統合テストでは全体がうまく動作するかに焦点をあてる

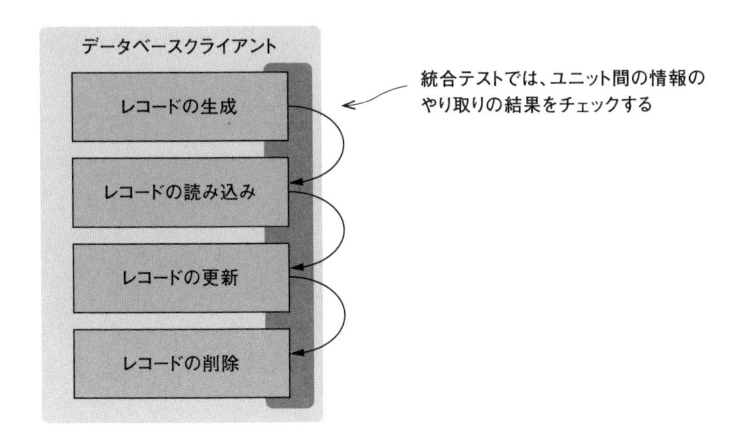

統合テストに関して留意すべき点があります。複数のコードをまとめてテストするため、テストの構造が、テストするコードの構造と類似してしまいがちになります。この結果、コードとテストの間の結合が強くなりすぎ、たとえばバグを修正したときに、テストが構造に依存した形で記述されていたために、テストに失敗してしまうといったケースがあるのです。

統合テストの実行には単体テストよりも時間がかかります。単にいくつかの関数を実行してみるだけではなく、データベースを作成して多数のレコードを操作したり、といったことも行います。テストされる内容が複雑になり実行時間も増加するので、実施する回数は単体テストよりも少なくなります。

5.2.6 テストピラミッド

ここまで、手動テスト、単体テスト、統合テストが登場しました。これらの関係を見てみましょう。図5.4は「テストピラミッド」と呼ばれるもので、各テストの面積が実施回数の頻度を表しています。単体テストや統合テストなどの機能テストは好きなときに行ってもよいが、時間のかかる、手動のテストは控えめにするべきなのです※3。開発するシステムや利用可能なリソースを考慮して、それぞれの長所を生かして各テストを行うように決めますが、このピラミッドが包括的なルールを表しています。

プログラムの小さな部分がうまく動作していることの確認から始めて、最終的に全体の動作を確認するのがよいでしょう。テストの自動化により、より多くの時間をより本質的な問題点

※3 テストピラミッドという概念は、Mike Cohnが『Succeeding with Agile』(Addison-Wesley Professional, 2009) で最初に使ったものです。

の洗い出しに充てられるようになります。

図5.4 テストピラミッド

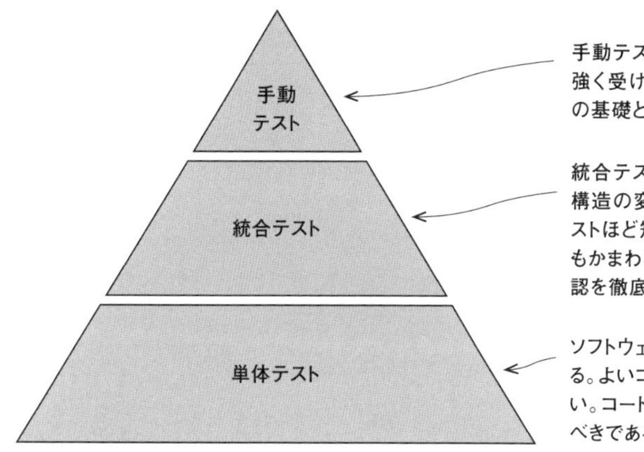

5.2.7 リグレッションテスト

リグレッションテスト※4は、「テスト」と言うよりも「システム開発時に必ず従うべきプロセス」と捉えたほうがよいかもしれません。あるテスト項目を記述するという作業は、「コードがこのテストをパスする状態にあることを常に確認したい」という意思表示でもあります。コードに変更を加えた際に、テスト結果が変わってしまったらリグレッション（改悪）になります。リグレッションは望んでいない（少なくとも予期していない）状態への遷移です。

リグレッションテストは、コードの変更ごとに「テストスイート」と呼ばれるテストの集合を実行するプラクティスです。これまで徐々に蓄積してきた単体テストや統合テストによって、あるいは手動テストによって見つかった「不具合の修正確認用のテストの集合」です。多くの開発チームはこうしたテストスイートを継続的インテグレーション（CI：continuous integration）環境で実行し、システムへの変更はリリースの前に統合されテストされます。この本ではCIに関する詳しい説明はしませんが、すべての変更に対して、すべてのテストを再実行して確認するというアイデアを実践するものです。より詳しくは、Travis CI（https://docs.travis-ci.com/user/for-beginners/）あるいはCircleCI（https://circleci.com/ docs/2.0/about-circleci/）などを参照してください。

※4　回帰テストあるいは退行テストなどとも呼ばれます。

バージョンコントロールの「フック」

ソースコントロールシステムを使っている場合は、「プレコミットフック」を使って単体テストが自動化できます。コードのコミットをきっかけ（トリガー）としてテストを起動します。テストが失敗するとコミットも失敗し、コミットの前に修正するよう警告されます。ほとんどの単体テストツールで、このような「フック」が利用可能です。コードがデプロイされる直前に必ずテストが行われ、パスしなければ先には進みません。

新しい機能が追加されるたびにテストスイートに新しい項目が追加されます。リグレッションテストにおいても、以前からあるテストスイートの項目はずっと固定されます。新たに見つけられたバグに対するテストも追加されるので、以前のバグが再現しても確実に捕捉されることになります。完璧なコードがないように、完璧なテストスイートはありません。しかし間違った方向に行ってしまったことを示してくれる確かなテストスイートを構築していけば、バグとの格闘に終始せず、新機能やパフォーマンスの改善など、ほかの事柄に焦点をあてることができます。

では次の節から、Pythonにおけるテストの書き方を見ていきましょう。

5.3 アサーション

テストは「アサーション」の集まりです。アサーションは期待する結果と実際の結果との比較で、この真偽によりテスト結果を判定します。

（一般的な意味の）アサーションは「事実の言明」です。「毎朝、太陽が東の空に現れる」というアサーションを作れば、それは多くの場合は真になります。しかし空が雲で覆われていれば、このアサーションは真にはなりません。アサーションに「雲がなければ」という条件を加えれば、再度真になります。

ソフトウェアにおけるアサーションも同様で、何らかの式が真になることを言明し、それが真でなければアサーションが失敗（fail）することになります。Pythonにおいてアサーションは、キーワード`assert`を使って書かれます。アサーションが失敗すると`AssertionError`が発生します。

上で見た関数`calculate_mean`（平均の計算）にアサーションを付加して、テストしてみましょう。アサーションを追加しても新たな出力があるわけではありません。失敗すると次の例のように`AssertionError`のトレースバックが表示されます。

```
>>> assert 10.0 == calculate_mean([0, 10, 20])
>>> assert 1.0 == calculate_mean([1000, 3500, 7_000_000])
Traceback (most recent call last):
  File "<stdin>", line 1, in <module>
AssertionError
```

Python用のテストツールが提供する機能も基本的には同じです。こうしたツールは、機能テストのレシピ（入力の準備、期待される出力の特定、出力の取得、比較）に従い、アサーションが失敗したときにはデバッグの参考になる実行の状況を出力してくれます。

それではPythonの2つのテスト用ツール（unittestおよびpytest）を見ていきましょう。どちらのツールでもコードにアサーションを入れていきます。

5.4 unittestを用いたテスト

unittestはPythonに組み込まれているテストフレームワークです。名前はunittestですが単体テスト（ユニットテスト）だけでなく統合テストにも利用できます。この節では、テストの構成方法と実行方法を説明するとともに、テストを書く際に役に立つプラクティスを紹介します。

5.4.1 unittestを用いたテストの構成

assert文の書き方は上で説明しましたが、unittestには`TestCase`というクラスがあり、出力をカスタマイズできるので、このクラスを継承してアサーションを作ります。

`TestCase`を使うことでテストをグループ化できます。1つのクラスに対して複数のテストを記述するなら、それらを`TestCase`（のサブクラス）でまとめるとよいでしょう。クラス内の1つのメソッドに多くのテストがあるのならば、こうしたテスト専用のクラスを作ることも可能です。凝集度、ネームスペース、関心（コンサーン）の分離などといったこれまでに紹介した概念をテストにも適用してください。

5.4.2 unittestを使ったテストの実行

unittestには「テストランナー」があり、ターミナルでpython -m unittestを入力することで実行できます。unittestのテストランナーを実行すると、次の手順でテストを探してくれます。

1. カレントディレクトリ(およびサブディレクトリ)を見てtest_*あるいは*_testという名前のモジュールを探す
2. 該当するモジュールの中でunittest.TestCaseを継承するクラスを探す
3. test_で始まるメソッドを探す

テストするファイルの近くに置いたほうが、簡単に見つかりますが、すべてのテストをコードとは別のディレクトリtests/の中にまとめておくといった手法もあります。チームで決まっていればそれに従うことになるでしょうが、自分で決められる場合はファイル構成などを見て好みで決めてかまいません。

5.4.3 unittestを使ったテストの記述

それでは実際にテストをしてみましょう。次のクラスを例題に用います。

リスト5.1 eコマースシステムの製品を表すクラス

```
# ch05/02unittest1/product.py
class Product:
    def __init__(self, name, size, color): ➡①
        self.name = name
        self.size = size
        self.color = color

    def transform_name_for_sku(self):  # 名前→SKUの名前部分
        return self.name.upper()

    def transform_color_for_sku(self):  # 色→SKUの色部分
        return self.color.upper()

    def generate_sku(self): ➡②
        '''
        この製品のSKU (stock keeping unit: 最小管理単位) を生成する
```

```
        例：
            >>> small_black_shoes = Product('shoes', 'S', 'black')
            >>> small_black_shoes.generate_sku()
            'SHOES-S-BLACK'
        '''
        name = self.transform_name_for_sku()
        color = self.transform_color_for_sku()
        return f'{name}-{self.size}-{color}' # 名前、サイズ、色を連結
```

①インスタンス生成時に商品の属性が指定される
②SKUによって商品の属性が特定される

クラスProductは、eコマースシステムにおける購入対象の商品を表しています。製品には名前（name）があり、サイズ（size）と色（color）のバリエーションがあります。この3つが決まることで最小管理単位（SKU: stock keeping unit）が決まります。SKUは大文字アルファベットと「-」からなるIDで、価格や在庫の管理に使われます。このクラスの定義をモジュールのproduct.pyに書きます。

次にテストを書きましょう。モジュールのtest_product.pyをproduct.pyと同じディレクトリに作成します。unittestをインポートし、TestCaseのサブクラスとしてProductTestCaseを作成します。

```
# ch05/02unittest1/test_product.py
import unittest

class ProductTestCase(unittest.TestCase):
    pass
```

ここでpython -m unittestを実行すると次のように表示されます。

```
$ python -m unittest

----------------------------------------------------------------------
Ran 0 tests in 0.000s    ← 0個のテストを0.000秒で実行

OK
```

モジュールtest_productとクラスProductTestCaseはありますが、まだテストが記述されていません。空のメソッドtest_workingを加えてみましょう。

```
# ch05/03unittest2/test_product.py
import unittest


class ProductTestCase(unittest.TestCase):
    def test_working(self):
        pass
```

テストランナーを再度実行すると次のように変化します。

```
$ python -m unittest
.
----------------------------------------------------------------------
Ran 1 test in 0.000s

OK
```

これで準備完了です。機能テストの手順をもう一度思い出してください。

1. 入力の準備
2. 期待される出力の特定
3. 実際の出力の取得
4. 期待される出力と実際の出力の比較

メソッドtransform_name_for_skuをテストするなら次のようにします。

1. Productのインスタンスを生成する（name、size、colorを指定）
2. transform_name_for_skuはname.upper()の値を返す。期待される出力は大文字に変換された名前
3. Productのインスタンスのtransform_name_for_skuを呼び出し、結果を変数に保存
4. 期待された結果と実際に保存された結果を比較

このうちステップ1からステップ3は普通のコードで記述します。Productのインスタンスを生成して、transform_name_for_skuの値を得ます。ステップ4はassert文を使っても可能ですが、デフォルトのAssertionErrorだけでは不親切です。そこでunittestのメソッドを使います。2つ値の比較にはassertEqualが便利で、期待される値と実際の値を渡します。このメソッドは失敗時に2つの値の差や文字列の相違部分（diff）などの情報も出力してくれるので、問題点を見つけやすくなります。

次のようなコードになります。

```
# ch05/04unittest3/test_product.py
import unittest

from product import Product

class ProductTestCase(unittest.TestCase):
    def test_transform_name_for_sku(self):
        small_black_shoes = Product('shoes', 'S', 'black') ➡①
        expected_value = 'SHOES' ➡②
        actual_value = small_black_shoes.transform_name_for_sku() ➡③
        self.assertEqual(expected_value, actual_value) ➡④
```

①属性を指定してProductを生成
②generate_skuの期待される結果を変数に記憶
③generate_skuの実際の値を取得
④2つの値を比較する

テストランナーを実行してみると次のような結果が表示され、成功したことがわかります。

```
$ python -m unittest
.
----------------------------------------------------------------------
Ran 1 test in 0.000s

OK
```

次は、故意に失敗させてみましょう。たとえば'SHOES'を'SHOEZ'に変えて実行してみます（ch05/05unittest4/test_product.py）。結果は次のようになるはずです。

```
python -m unittest
F
======================================================================
FAIL: test_transform_name_for_sku (test_product.ProductTestCase)
----------------------------------------------------------------------
Traceback (most recent call last):
  File "/Users/...<中略>.../ch05/05unittest4/test_product.py", line 11, in test_
transform_name_for_sku
    self.assertEqual(expected_value, actual_value)
AssertionError: 'SHOEZ' != 'SHOES'
- SHOEZ
?     ^
+ SHOES
?     ^



----------------------------------------------------------------------
Ran 1 test in 0.000s

FAILED (failures=1)
```

きちんと監視してくれていることが確認できたら、コードを元に戻して次のテストに進みましょう。

5.4.4 unittestを使った統合テストの記述

単体テスト（ユニットテスト）の方法がわかったので、複数のユニットをまとめて検査する統合テストを記述してみましょう。単体テストはユニットの動作テストなので、それが図5.5のように集まったとき全体として正しく動作するかはまた別に確認する必要があります。

図5.5 単体テストと統合テスト

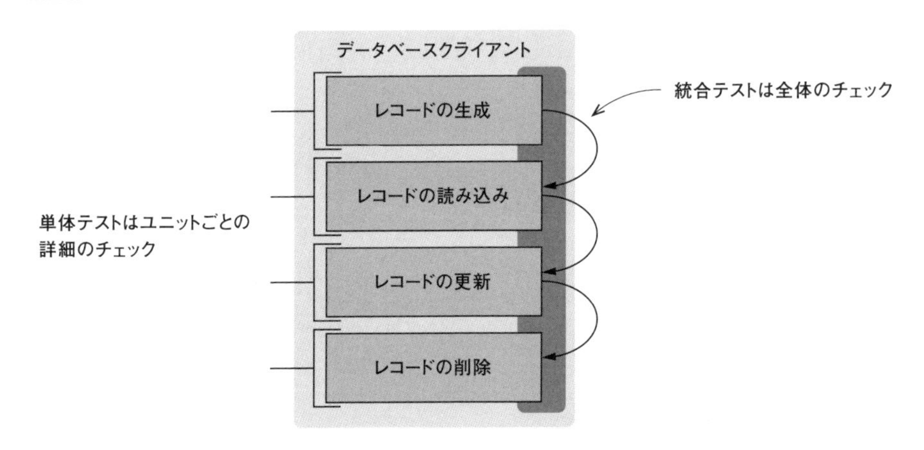

商品在庫をSKUで管理できるようになったので、商品の購入が試せます。買い物を入れるカートを表すクラスShoppingCartを作り、ユーザーが商品をカートに入れたり出したりできるようにしましょう。カートに入った商品の記憶には次のような辞書を使います。

```
{
    'SHOES-S-BLACK': { ➡①
        'quantity': 2,  # 個数: 2 ➡②
        ...
    },
    'SHOES-M-BLUE': {
        'quantity': 1,  # 個数: 1
        ...
    },
}
```

①キーは商品のSKU
②カートに入った商品の情報（個数など）を入れ子になった辞書で記憶

クラスShoppingCartには商品の追加および削除用のメソッドがあり、先ほどの辞書を操作します。

```
# ch05/06unittest5/cart.py list1
from collections import defaultdict

class ShoppingCart:
    def __init__(self):
        self.products = defaultdict(lambda: defaultdict(int)) ➡①

    def add_product(self, product, quantity=1): ➡②
        self.products[product.generate_sku()]['quantity'] += quantity

    def remove_product(self, product, quantity=1): ➡③
        sku = product.generate_sku()
        self.products[sku]['quantity'] -= quantity
        if self.products[sku]['quantity'] == 0:
            del self.products[sku]
```

①defaultdictを使うことでカート用の辞書にすでに商品が入っているかのチェックが単純になる（第4章参照）
②quantityに指定された個数の商品productをカートに追加
③quantityに指定された個数の商品productをカートから削除

ShoppingCartに関しては次のような事柄がテスト対象になります。

- カートとProductのメソッドgenerate_skuの関係
- 製品の追加と削除がうまく機能するかどうか（追加したものが必ず削除できるかどうか）

単体テストとさほど違いはないように見えますが、実行されるコードの範囲が異なります。統合テストでは複数のメソッドを実行し複数のアサーションを確認するのが一般的です。

ShoppingCartの場合、「カートの初期化」「1つの製品の追加と削除」「その時点でカートが空になっていることの確認」といったテストが考えられます。

リスト5.2 クラスShoppingCartのための統合テストの例

```
# ch05/06unittest5/test_cart.py
import unittest

from cart import ShoppingCart
from product import Product

class ShoppingCartTestCase(unittest.TestCase): ➡①
    def test_add_and_remove_product(self):
        cart = ShoppingCart() ➡②
        product = Product('shoes', 'S', 'blue') ➡③

        cart.add_product(product) ➡④
        cart.remove_product(product) ➡⑤

        self.assertDictEqual({}, cart.products) ➡⑥
```

①準備は単体テストのときと同様
②カートを生成
③Sサイズの青の靴を生成
④靴をカートに追加
⑤カートから靴を削除
⑥カートは空になっているはず

このテストではcartのメソッド__init__、productのgenerate_sku、それにcartのadd_productが呼び出されます。このように、統合テストでは多くのメソッドが呼び出され、その結果、実行時間も長くなる傾向があります。

5.4.5 テストダブル（テスト代替）

データベースやAPIの呼び出しなど、ほかのシステムとやり取りするコードをテストする場合、実際のシステムを呼び出してしまうとデータを壊してしまったり、テストスイートが複数回コードを実行するため時間がかかりすぎたりしてしまいます。また、ほかのシステムを自分でコントロールできないため、テストがやりにくいといった場合もあるでしょう。このような状況においては、本番システムを模倣するためにテストダブル（テスト代替）を使う方法があります。

テストダブルには次のような種類があります。

- **フェイク**——実際のシステムとほぼ同じように動作するが、コストのかからない、また破壊的な動作をしないもので代替する
- **スタブ**——応答として実際のシステムから値を取得せずに、あらかじめ用意していた値を返す
- **モック**——実際のシステムと同じインターフェイスを使うが、やり取りやアサーションの真偽を記録して後で確認できるようにする

フェイクやスタブを使う場合、Pythonでは同じような値を返す関数あるいはクラスを作成します。モックを使う場合は、モジュール`unittest.mock`を使うのが一般的です。

ここまで見てきた例（の本番環境）では、税金に関する情報を得るのにAPIを呼び出すとしてみましょう。このAPIの呼び出しには時間がかかりますし、動的なデータが返されるため、初期のテスト段階ではどのようなアサーションにすればよいのか確定できません。そこでモックで代用することにします。

呼び出し側のコードは次のようなものだと仮定しましょう。

```
# ch05/07testdouble/tax.py
from urllib.request import urlopen

def add_sales_tax(original_amount, country, region):
    sales_tax_rate = urlopen(f'https://tax-api.com/{country}/{region}').read().decode()
    return original_amount * float(sales_tax_rate)
```

モックを用いた単体テストは次のようになります。

```
# ch05/07testdouble/test_tax.py
import io
import unittest
from unittest import mock
from tax import add_sales_tax

class SalesTaxTestCase(unittest.TestCase):
    @mock.patch('tax.urlopen') ➡①
    def test_get_sales_tax_returns_proper_value_from_api(
            self,
            mock_urlopen ➡②
    ):
        test_tax_rate = 1.06
        mock_urlopen.return_value = io.BytesIO( ➡③
            str(test_tax_rate).encode('utf-8')
        )

        self.assertEqual( ➡④
            5 * test_tax_rate,
            add_sales_tax(5, 'USA', 'MI')
        )
```

①デコレータmock.patchが指定のオブジェクトあるいはメソッドを真似る
②テスト関数がモックされたオブジェクトあるいはメソッドを受け取る
③モックされた`urlopen`の呼び出しが、モックされた応答（テスト用の税率）を返す
④`add_sales_tax`がAPIから返された税率から新しい値を計算すると仮定してアサーションを作る

このようにテストを行うことで、「私が書いているコードはこうした仮定（テストダブルに記述された仮定）に基づき、このように振る舞う」と宣言していることになります。テストダブルを用いておけば、将来異なるHTTPクライアントライブラリを使う必要が生じたり、税金に関する情報を取得するAPIを変更する必要が生じても、このテストは必ずしも変更する必要はありません。

ただし、テストダブルにはそれに頼りすぎてしまう危険性もあります。通常は速度やコスト、破壊的な動作といった理由でテストダブルを使いますが、そういった状況になくても、単にテスト対象のユニットを他から切り離すという目的のためだけにモックを使ってしまいがちです。これにより、コード変更時に頻繁に失敗してしまうようなテストになり、その結果、実装の変更のたびにテストも変更しなければなりません。

本来検証するべきことを検証し、実装に変更があっても柔軟に対応できるテストを書きましょう。これを実現する鍵は「疎結合」です。実装のコードだけでなく、テスト用コードにも「疎結合」が求められるのです。

5.4.6 実践課題

ProductやShoppingCartの残りのメソッドはどのようにテストすればよいか考えてみましょう。テストスイートには、各メソッドに対するアサーションと、各メソッドから返される（異なる）出力に関するアサーションが含まれることになります（これを考える段階で、バグが見つかるかもしれません！）。たとえば、カートに入っている個数以上を削除しようとしたらどうなるかチェックしてみてください。

辞書の値もテストします。unittestには特別なメソッドassertDictEqualがあり、テストが失敗したときに辞書専用の情報を提供してくれます。

なお、これまでに見たような短いテストの場合は、必ずしも期待する値と実際の値を変数に保存する必要はなく、次のようにassertEqualの引数として直接式を指定できます。

```
# ch05/08tryitout1/test_cart.py list1
    def test_transform_name_for_sku(self):
        small_black_shoes = Product('shoes', 'S', 'black')
        self.assertEqual(
            'SHOES',
            small_black_shoes.transform_name_for_sku(),
        )
```

自分でやってみたら、下のリストと比べてみてください。テストを書いたら（変更したら）、テストランナーのunittestを使ってテストが（相変わらず）パスするか確認しましょう。

リスト5.3 ProductおよびShoppingCart用のテストスイート

```
# ch05/08tryitout1/test_cart.py
import unittest

from cart import ShoppingCart
from product import Product

# Full test suite for product and shopping cart
class ProductTestCase(unittest.TestCase):
    def test_transform_name_for_sku(self):
        small_black_shoes = Product('shoes', 'S', 'black')
        self.assertEqual(
            'SHOES',
```

```
            small_black_shoes.transform_name_for_sku(),
        )
    def test_transform_color_for_sku(self):
        small_black_shoes = Product('shoes', 'S', 'black')
        self.assertEqual(
            'BLACK',
            small_black_shoes.transform_color_for_sku(),
        )

    def test_generate_sku(self):
        small_black_shoes = Product('shoes', 'S', 'black')
        self.assertEqual(
            'SHOES-S-BLACK',
            small_black_shoes.generate_sku(),
        )


class ShoppingCartTestCase(unittest.TestCase):
    def test_cart_initially_empty(self):
        cart = ShoppingCart()
        self.assertDictEqual({}, cart.products)

    def test_add_product(self):
        cart = ShoppingCart()
        product = Product('shoes', 'S', 'blue')

        cart.add_product(product)

        self.assertDictEqual({'SHOES-S-BLUE': {'quantity': 1}}, cart.products)

    def test_add_two_of_a_product(self): # 同じものを2つ入れる
        cart = ShoppingCart()
        product = Product('shoes', 'S', 'blue')

        cart.add_product(product, quantity=2)

        self.assertDictEqual({'SHOES-S-BLUE': {'quantity': 2}}, cart.products)

    def test_add_two_different_products(self): # 2つの違うものを入れる
        cart = ShoppingCart()
        product_one = Product('shoes', 'S', 'blue')
        product_two = Product('shirt', 'M', 'gray')
```

```
        cart.add_product(product_one)
        cart.add_product(product_two)

        self.assertDictEqual(
            {
                'SHOES-S-BLUE': {'quantity': 1},
                'SHIRT-M-GRAY': {'quantity': 1}
            },
            cart.products
        )

    def test_add_and_remove_product(self):  # 入れてから削除
        cart = ShoppingCart()
        product = Product('shoes', 'S', 'blue')

        cart.add_product(product)
        cart.remove_product(product)

        self.assertDictEqual({}, cart.products)

    def test_remove_too_many_products(self):  # 余分に削除
        cart = ShoppingCart()
        product = Product('shoes', 'S', 'blue')

        cart.add_product(product)
        cart.remove_product(product, quantity=2)  # ←失敗する

        self.assertDictEqual({}, cart.products)
```

ショッピングカートの個数が0以下の場合にカートから商品を削除するときのバグはremove_productを修正します（ch05/09tryitout2/cart.py）。

```
# ch05/09tryitout2/cart.py list1
        if self.products[sku]['quantity'] <= 0:
            del self.products[sku]
```

5.4.7 よいテスト

テスト中のメソッドの動作に影響する（バグを見つける）ような入力を試すのは、「よいテスト」と言えるでしょう。SKUは通常大文字で書かれ、スペースは含まれません。英数字と「-」だけが使われます。しかし、製品名にスペースが含まれていたらどうなるでしょうか。SKUに入れられる前にスペースを削除したほうがよいでしょう。たとえば「tank top」はSKUでは'TANKTOP'とするべきです。

これは新しい仕様なので、このためのテストを加えましょう。

```
def test_transform_name_for_sku(self):
    medium_pink_tank_top = Product('tank top', 'M', 'pink')
    self.assertEqual(
        'TANKTOP',
        medium_pink_tank_top.transform_name_for_sku(),
    )
```

これを加えるとテストが失敗してしまいます。なぜなら、現在のコードは`'TANK TOP'`を返すからです（スペースを含む名前には対応していないので、これは当然です）。

よいテスト（意味のあるテスト）を考え出すことは、開発プロセスの初期段階で問題を浮かび上がらせることにつながります。発注側に「製品名の形式としてサポートする必要のあるものを挙げてください」と依頼して、ほかの形式も拾い出す必要もあるでしょう。その答えに新しい情報が入っていたら、対応するコードを開発して、テストを行います。

5.5 pytestを使ったテスト

上で見たunittestは機能豊富なフレームワークですが、いくつか不満に感じる点もあります。1つは「Python的でない」点です。たとえばPythonでよく使われるスネークケース※5ではなく、キャメルケースでメソッド名が書かれています（JUnitの名残りです）。また、unittestには決まり文句的なものがあり、最初は少し理解が難しい点も挙げられます。

※5 `snake_case`のように単語を「_」でつなぐ書き方のこと。「_」が蛇（snake）のように見えることから。これに対して、camelCaseのように、2語目以降の単語の先頭を大文字にする書き方は「キャメルケース」。こちらは間に入る大文字がラクダ（camel）のコブのように見えることから。

Python的なコード

Pythonのスタイルのガイドラインに則ったコードは、Python的なコード（Pythonic code）と呼ばれます。変数やメソッド名にスネークケースを用い、ループには（他の言語でも用いられる単純なforループではなく）リストを用いるなどの特徴があります。

unittestに比べて、簡潔かつ直感的なのがpytest※6です。pytestでは、（生の）assert文を使います。舞台裏で特別な処理をしてくれているのですが、使う側が特に意識する必要はありません。

pytestをコマンドラインで実行すると、下のようにデフォルトの状態でも読みやすい出力（システムに関する情報、見つかったテストの数、各テストの結果、テスト全般のサマリーなど）を表示してくれます。

```
$ pytest
============================ test session starts =============================
platform darwin -- Python 3.8.3, pytest-6.2.1, py-1.10.0, pluggy-0.13.1 ➡①
rootdir: /Users/...<中略>.../ch05/12pytest1
collected 11 items ➡②

test_cart.py .........                                          [ 81%]  ➡③
test_product.py .                                               [ 90%]
test_tax.py .                                                   [100%]

============================= 11 passed in 0.07s ============================= ➡④
```

①システムに関する情報
②pytestが見つけたテストの数
③各モジュールからの各テストのステータス（進行状況の表示もあり）
④このテストスイートのサマリー

※6　https://docs.pytest.org/en/stable/getting-started.html。多くの環境では「pip install -U pytest」でインストールできます。

5.5.1 pytest実行時の構成

unittestと同様、pytestも自動的にテストを見つけてくれます。さらにunittestのテストも見つけてくれます。1つ大きな違いがあります。クラスがTest*という名前になっていればよく、ベースクラス（unittest.TestCase）を継承する必要がありません。また、pytestコマンドを引数なしで実行するだけでテストが簡単に行えます。

ベースクラスの継承が必要でないため、必ずしもテスト用のクラスを作る必要はありません。そうは言っても、整理のためにテスト用のクラスを作るほうがよいでしょう。pytestはテストクラスの名前を失敗時の出力に含めてくれるので、そのテストについて知るのに役立ちます。pytestはunittestと同じような構成でも実行できるようになっています。

5.5.2 unittestからpytestへの変換

pytestは既存のunittestのテストを見つけてくれるので、少しずつpytestの形式に移行できます。上で書いたテストスイートは次のような手順で変換できます。

- test_product.pyからunittestのimportを削除
- クラスProductTestCaseをTestProductに変更し、unittest.TestCaseからの継承を削除
- 「self.assertEqual(＜期待する値＞, ＜実際の値＞)」を「assert ＜期待する値＞ == ＜実際の値＞」で置換

たとえば、TestProductは次のようになります。

リスト5.4 pytestのテストの記述

```
# ch05/13pytest2/test_product.py
from product import Product

class TestProduct: ➡①
    def test_transform_name_for_sku(self):
        small_black_shoes = Product('shoes', 'S', 'black')
        assert small_black_shoes.transform_name_for_sku() == 'SHOES' ➡②

    def test_transform_color_for_sku(self):
        small_black_shoes = Product('shoes', 'S', 'black')
        assert small_black_shoes.transform_color_for_sku() == 'BLACK'
```

```
    def test_generate_sku(self):
        small_black_shoes = Product('shoes', 'S', 'black')
        assert small_black_shoes.generate_sku() == 'SHOES-S-BLACK'
```

①ベースクラスから継承する必要なし
②`self.assertEqual`の代わりに生の`assert`を使う

pytestのほうがテストコードは短くなり、(議論の余地はありますが) 読みやすくなります。このほかにも環境のセットアップや依存関係の記述が簡単になっています。pytestの詳しい解説はBrian Okken著『Python Testing with pytest: Simple, Rapid, Effective, and Scalable』(Pragmatic Bookshelf, 2017) などを参照してください。

5.6 機能テストを超えて

この章ではここまで機能テストについて説明してきました。動作するコードを書き、その質を高めることは、高速化よりも優先されるべきです。したがって、機能テストが高速化のためのテストよりも先に行われるのは当然ですが、コードがきちんと動くようになったら、パフォーマンスについて検討するときです。

5.6.1 パフォーマンステスト

パフォーマンステストによって、コードの変更が、メモリ、CPU、ディスクの使用量などにどう影響するかを確認します。第4章でパフォーマンステスト用に使えるツールをいくつか紹介しました。モジュール`timeit`を使うことで関数など「コードの部分」の速度を計測できます。こうした計測は、通常は自動的に行うものではありません。「どちらの実装方法が速いか確認したい」といったケースで用いるのが一般的です。ただし、業務の遂行に必要不可欠で高速な実行が求められる大規模システムを開発する場合は、(手動ではなく) 自動的なパフォーマンステストの組み込みが必要となるでしょう。

自動パフォーマンステストは、実際上リグレッションテストとよく似ています。何らかの変更を行ったところ、メモリを2割多く使うようになってしまったら調査が必要です。一方、足を引っ張っていそうな部分を改良したところ、アプリケーションの実行速度が目に見えて上がったら、それは喜ぶべきことでしょう。

単体テストでは「パス」あるいは「失敗」のいずれかの結果が出ますが、パフォーマンステストは質的なものです。たとえば、更新のたびにシステムが少しずつ遅くなったり、デプロイ直後に突然遅くなってしまったりしたら、調査が必要です。このようなテストの性格上、自動化は簡単ではありませんが、いくつかソリューションがあります。

5.6.2 ロードテスト

ロードテストはパフォーマンステストの一種ですが、どの程度の負荷に耐えられるかをテストするものです。CPU、メモリ、ネットワーク等に大きな負荷をかけるので、遅すぎてユーザーがまともに使えない状態になるかもしれません。ロードテストの目的は、リソースをチューニングするための情報の取得です。場合によっては、より効率的なアーキテクチャの必要性が明らかになり、システム全体のデザイン変更のきっかけになるかもしれません。

ロードテストの実施には、インフラ面での投資や、より広い視野に立った戦略が必要になるケースもあるでしょう。パフォーマンスに関してきちんとした情報を得るためには、アーキテクチャ面でもユーザーの振る舞いについても運用環境を再現できる必要があります。ロードテストは複雑なものになるため、（筆者の考えでは）テストピラミッドにおいて統合テストの上に位置します（図5.6）。

図5.6 テストピラミッドにおけるロードテスト

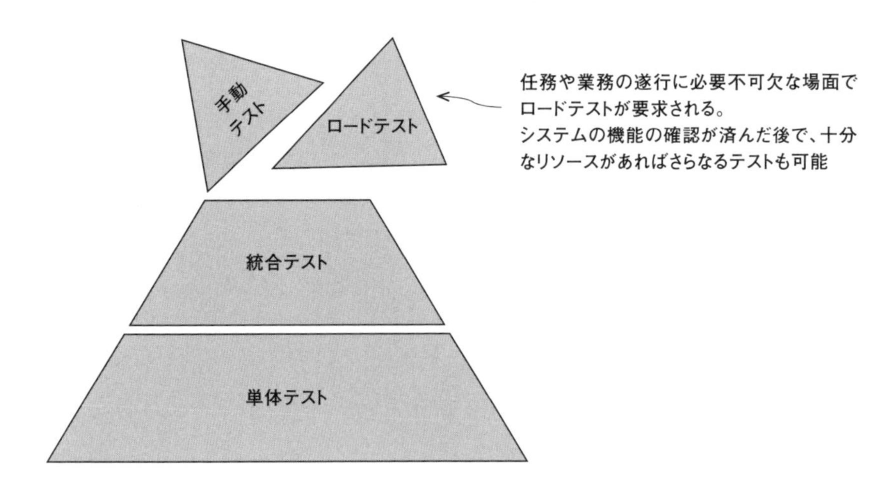

ロードテストでは実際のユーザーの振る舞いをできるだけ忠実に再現して、パフォーマンスをテストします。

5.7　テスト駆動開発

ソフトウェア開発において、単体テストと統合テストを開発の推進役として利用するプラクティスはいくつか存在しており、一般的にはテスト駆動開発（TDD：test-driven development）と呼ばれます。TDDにおいては、ここまで紹介してきたテストの長所を生かした開発が行われます。

5.7.1　心構えの大切さ

筆者にとって、TDDの効用の最たるものは心構えです。ソフトウェアの品質管理担当者は、コードの中に問題点を見つけようと必死に努力をします。開発者の側からは、ある意味嫌われる役回りということになりますが、システムの不具合をさまざまな面からチェックすることは非常に重要です。

Netflixではこのような考え方をさらに推し進め、「カオスエンジニアリング」という手法を導入しています。システム障害の発生状況について検討を重ねるだけでなく、故意に予期しない障害を発生させ、非常事態に備えるものです[※7]。これは障害対応の革新的な手法と言えるでしょう。

「カオスエンジニア」になったつもりでテストを書き、意識的に極限的な状況を考え出し、そうした条件の下でテストしましょう。もちろん限界はあります。すべてのコードがどんな入力が来ても予想したように反応するというのは無理な話です。しかしPythonでは、例外処理によって予期しない状況への対応も可能です。

5.7.2　TDDの「哲学」

TDDの推進者の中にもさまざまな「サブカルチャー」が存在しており、その主張もまちまちです。芸術に対する考え方がさまざまで、さまざまなスタイルや主張があるのと同様です。

筆者自身は自らの経験から、いろいろなチームのテストに対する姿勢を学ぶのは意味があると考えています。そうした学びの中から、自分自身が有効だと考えるプラクティスを見つけ出し、自分たちの手法に取り入れればよいでしょう。

TDDについて記した文献には「すべてのコードがテストによってカバーされなければならない」と主張しているものがあります。テストが広い範囲をカバーするのは好ましいことですが、カバー範囲を広げることのみに注力すると、全体の収益に悪影響を及ぼすことになります。「残

※7　Netflixのカオスエンジニアリングについては、次のブログを参照してください――https://medium.com/netflix-techblog/tagged/chaos-engineering

された最後の数行」をカバーするために、テストと実装の「密結合」を招いてしまっては逆効果です。

関数の振る舞いのある側面をテストすることが不自然、あるいは困難であることがわかったら、コードの関心（コンサーン）がうまく分離されていないのではないか、あるいはそもそもそのテスト自体が意味のあるものなのかを確認してみてください。何らかの役割があるのならば、実践のコードではなくテストの中に置いておくのがよいでしょう。テストを簡単にするためだけに、あるいはテストのカバー範囲を広げるためだけに、コードをリファクタリングしないでください。リファクタリングは、コードをより明瞭にする（その結果としてテストを簡単にする）ために行うものです。

5.8 まとめ

- 機能テストでは指定された入力に対して期待した出力が生成されることを確認する
- テストは長期的には時間の節約につながる。バグを捕捉し、コードのリファクタリングを促進してくれるものである
- 手動テストはスケーラブルではないため、自動テストの補助的手段として利用するべきである
- Pythonの単体テストおよび統合テスト用のフレームワークとしてunittestとpytestがよく使われる
- テスト駆動開発は「まずテストありき」で進める開発手法で、仕様に基づいた実装のガイド役としてテストを用いる

第3部

Nailing down large systems
大規模システムへの応用

第2部ではソフトウェアデザインにおける主要な概念を学びました。第3部ではそれを適用する方法を学びます。アプリケーションをゼロから作ることによって、開発ライフサイクルのさまざまな局面で、第2部で説明した概念がどのように適用できるかを学んでいきます。
まずは、十分な速度できちんと動作するソフトウェアをデザインしなければなりません。しかし、もう1つクリアするべき目標があります。ほかの開発者も容易に理解ができ、保守できるソフトウェアでなければなりません。
第3部では、ソフトウェアのデザインが反復的な過程であること、そして決まりきった型がある作業ではなく、さまざまな点で選択の余地がある作業であることを示します。「正しい」とか「間違いだ」と一概に決められないことも多く、「終わり」も明確でない場合も多いのです。そしてまた、コードの問題部分を特定する方法も学びます。最小限の労力で、最大限の成果を得るために必須のテクニックです。

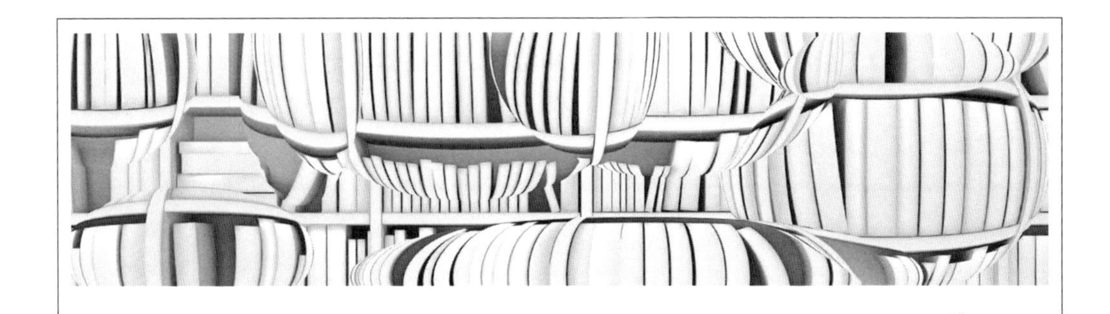

第6章

Separation of concerns in practice

「関心(コンサーン)の分離」の実践

■この章の内容

アプリケーション開発における「関心(コンサーン)の分離」の実践

カプセル化と疎結合の実践

将来の拡張を見据えたソフトウェアデザイン

第2章で「関心(コンサーン)の分離」に関連するベストプラクティスを紹介しました。関心(コンサーン)の分離は、コードを理解しやすくための手法であり、なすべき仕事によってコードを明確に分割することを意味します。Pythonにおいては、関数、クラス、モジュール、パッケージといった機能を用いて、コードを明確にわかりやすく分割して関心(コンサーン)の分離を実現していきます。第2章でも関心(コンサーン)の分離のためのいくつかのツールを紹介しましたが、この章では実際の例に応用していきます。

多くの人にあてはまることだと思いますが、筆者自身も「手を動かすこと」、つまり「コードを書いてみること」で、多くのことを学んできました。実際のプロジェクトに参加することで、いろいろな概念の本当の意味を実感できるようになります。

この章では、実際に動作するアプリケーションの構築を通して、「関心(コンサーン)の分離」について説明していきます。このアプリケーションは、第7章以降でさらに改良していきます。最終的には、自分がいつも使うツールを作るつもりで読み進めてください。

> この章以降ではデータベース用の言語であるSQLを使います。SQLを使った経験がない場合は、基本的な事柄を身につけておくことを推奨します（ついていけなくなったところで、参考資料にあたってもよいかもしれません）。

6.1 コマンドベースのブックマークアプリケーション

この章ではブックマークの管理を行うアプリケーションを開発します。

筆者はメモをとるのがあまり得意ではありません。学校でも就職してからも、何か覚えておきたいときに、うまくメモをする方法が見つかりませんでした。素晴らしい情報を見つけたときでも、なかなか時間をとって内容を確認することはできません。いつかそのうち全部に目を通したいと思って入るのですが...。

ほとんどのブラウザのブックマークでは機能が足りません。フォルダを入れ子にしたり、タイトルを付けたりはできます。しかし、そもそもなぜ、どんな理由があって保存したのかを思い出すのがとても難しいのです。筆者のブックマークの多くはプログラミングに関連する記事で、トピックとしてはソフトウェアのテストやパフォーマンス、新しいプログラミング言語といったものがほとんどです。GitHubで面白そうなレポジトリを見つけたときは、GitHubのスター機能を使います。しかし、これも機能が限られています。この本の執筆時点では、項目がリストされ、プログラミング言語で絞り込みができるだけです。世の中のブックマークは、みな似たような機能しかもっていないのです。

ブックマークは「CRUD（クラッド）アプリケーション」です。何らかのデータを管理するツールの多くは、図6.1に示す4つの基本操作で構成されています。

図6.1 CRUD操作がユーザーのデータを管理する多くのアプリケーションのベースとなる

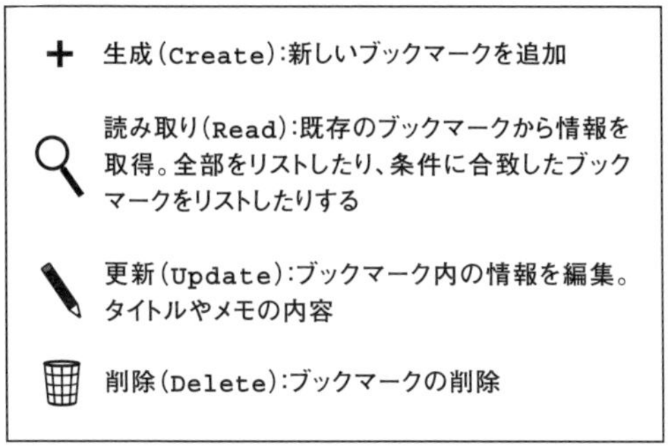

ブックマークアプリならば、まず役に立ちそうなページを見つけたらタイトルを考えてブックマークを作成し、後で確認したくなったら探し出して、URLを頼りに情報を表示します。オリジナルのタイトルが紛らわしいと思ったときには、ブックマークのタイトルを変えたくなります。用済みになれば削除したくなるでしょう。まずは、こんな基本的な機能から始めてみましょう。

既存のブックマークツールの多くは、「詳しい説明をつけられない」という欠点をもっているので、この機能は最初から含めることにします。この後の章で新しい機能を追加していきます。そして、読者の皆さんも自分がほしいと思う機能を簡単に追加できるようにしておきましょう。

6.2 概要

これから作るコマンドラインのブックマークアプリのことをBark(バーク)(Bookmark)と呼ぶことにしましょう。Barkが管理するブックマークは(当面)次の情報をもつものとします。

- **ID**——ブックマークを識別するためのユニークな整数値
- **タイトル**——短いテキストからなる文字列(たとえば「GitHub」)
- **URL**——記事あるいはWebサイトへのリンク
- **メモ**——ブックマークのある程度長い説明(オプション)
- **追加日時**——追加(登録)された時点のタイムスタンプ

また、Barkには次のような機能もあります。

- すべてのブックマークのリスト
- IDで指定されたブックマークの削除

このほか次のような特徴をもつものとしましょう。

- コマンドラインインターフェイス（CLI）で管理される
- 起動時にはメニュー（選択肢のリスト）を表示する。ユーザーの選択がトリガー（きっかけ）となってデータベースのデータの読み取りや変更が行われる

> 更新機能については第7章で実装します。

6.2.1 分離の効用（再確認）

Barkのもつ機能はごく一般的なものですが、それでもかなりの処理が必要になります。この規模のアプリケーションになると、「関心の分離」が重要です。この章の課題に取り組む際に、このことの意味を再度確認しておきましょう。

- **重複の削減**――各部分が1つのことをしていると、2つのものが同じであることが簡単にわかる。同じようなコードを分析して、まとめるべきかを簡単に判断できる
- **保守性の向上**――コードは書かれる回数よりも、読まれる回数のほうがずっと多い。各部分の働きがわかりやすいと、現在関心がある事柄について、どの部分を見ればよいのかすぐにわかる
- **一般化と拡張性**――コードの部分が1つのことだけをしていると、その操作がいくつものユースケースに対して一般化できるかどうか、あるいは分割してバリエーションに対処したほうがよいかが簡単に判断できる。1つのユニット（関数など）が多数の機能をもっていると、どの部分を修正すれば効果が上がるのかを判定するのが難しく、柔軟性をもたせることが難しくなる

6.3　コードの構造

筆者はBarkのようなアプリケーションを作る場合、まず、何をどのようにするかを簡単に書き出してみます。こうすることで初期のアーキテクチャを検討するのです。

Barkはどのように動作するのでしょうか。1文で機能を書き出してみましょう。

コマンドラインインターフェイス（CLI）を使って、データベースに記憶されたブックマークに対して、ユーザーが「追加」「削除」「リスト」といったオプションを選択する

もう少し細かくしてみましょう。

- **CLI（コマンドラインインターフェイス）**——オプションをユーザーに提示する
- **オプションの選択**——オプションが選択されることで、何らかのアクション（ビジネスロジック≒システムが実際に行う仕事）が起こる
- **データベースへの保存**——行われた操作とデータの間の整合性をとり、以後の利用に備える

この3つをベースにBarkを構成する3つの抽象レイヤーを設けます。

- CLIはプレゼンテーション層
- データベースはパーシスタンス層（永続層）
- ビジネスロジック層（アクション）はプレゼンテーション層とパーシスタンス層をつなぐ糊（のり）のような役目をする

図6.2に示すように、それぞれの層（レイヤー）は本来的に分離しています。このような多層構成のアーキテクチャは多くのアプリケーションで採用されています。それぞれの層を比較的自由に進化させて（拡張できて）、各層ごとにチームを割り当てたり、ある層を他のアプリケーションで再利用したりといったことが比較的簡単にできるのです。

図6.2 多層構造のアーキテクチャはWebやデスクトップアプリで頻繁に利用される

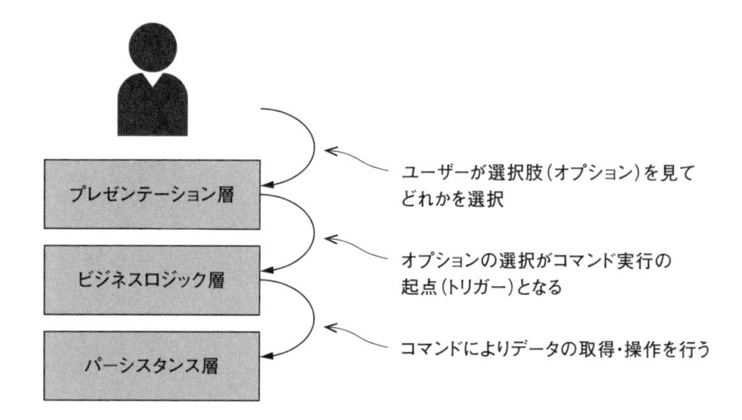

Barkの各層を開発していきましょう。それぞれの関心(コンサーン)は本来的に分離しているので、それぞれをPythonのモジュールとするのが自然でしょう。

- **モジュール`database`**――パーシスタンス層
- **モジュール`commands`**――ビジネスロジック層
- **モジュール`bark`**――プレゼンテーション層（Barkを起動するコードを含む）

まずパーシスタンス層から始めて、徐々に上がっていくことにしましょう。

アーキテクチャのパターン

アプリケーションをプレゼンテーション、パーシスタンス、そしてアクション（あるいはルール）の3つの層に分けるのは一般的なパターンです。このパターンにもいくつかバリエーションがあり、よく使われるものには名前がついています。

- MVC (model-view-controller) は、永続的なデータのモデル (model) を中心にして、ユーザーにデータのビュー (view) を提供し、データの変更を所定のアクション (controller) によってコントロールするパターンです
- MVVM (model-view-viewmodel) では、ビューとデータモデルが自由に情報をやり取りすることが強調されるモデルです

こうした多層アーキテクチャは、いずれも「関心(コンサーン)の分離」を実現するための具体的な手法として広く用いられています。

6.3.1 パーシスタンス層

パーシスタンス層はBarkの最下層です（図6.3）。このレイヤーの仕事は、情報を受理してデータベースとやり取りすることです。

この章ではSQLite（https://www.sqlite.org/）を用いてパーシスタンス層を構築します。SQLiteはポータブルなデータベースで、デフォルトではデータのすべてを1ファイルに保存します。何かがうまくいかなくなったら、ファイルを削除してゼロから始められるので、複雑なデータベースシステムに比べて気軽に使えます。

図6.3 パーシスタンス層はデータの保存を処理する最下層を担当

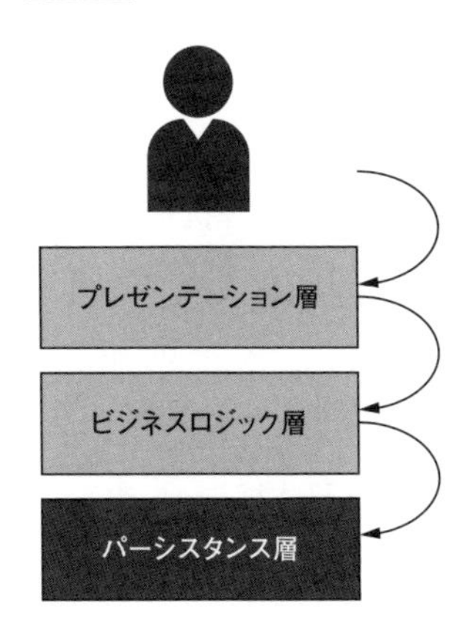

> SQLiteは広く使われているデータベースですが、OSによってはインストールが必要です。あらかじめコンパイルされたバイナリ（precompiled binary）をダウンロードするのがおすすめです（https://sqlite.org/download.html）。

モジュール`database`では、クラス`DatabaseManager`を使ってデータベース内のデータを操作します。Pythonには組み込みのモジュールsqlite3があり、データベースへの接続やクエリを簡単に行えます。SQLiteのデータベースは、拡張子`.db`をもつ1つのファイルに保存され、データベースファイルが存在していない場合は、接続時に自動的に生成されます。

モジュール`database`を使って、ブックマークの管理に必要な次のような操作を行います。

- テーブルの生成（データベースの初期化）
- レコードの追加および削除
- レコードのリスト
- レコードの選択やソート（属性を指定して行う）
- レコードのカウント

こうしたタスクをさらに細かく分割するにはどうしたらよいでしょうか。ビジネスロジックの観点から見ると、それぞれはある程度分離しているように思われますが、パーシスタンス層の観点から見た場合はどうでしょうか。ほとんどの操作は、SQL文を構築して実行することで実現できます。実行にはデータベースへの接続が必要で、それにはファイルへのパスが必要になります。

パーシスタンス（永続性）の管理はハイレベルな関心（コンサーン）ですが、上に挙げたような個々の関心（コンサーン）は、パーシスタンス層を一皮剥いたところで現れます。そして、そうした個々の関心（コンサーン）もそれぞれ分離されるべきです。

データベースの操作

Pythonでデータベース操作を簡単に行える堅牢なパッケージがいくつか公開されています。SQLAlchemy（https://www.sqlalchemy.org）は広く使われているツールで、データベースとのやり取りだけでなく、オブジェクト・リレーショナル・マッピング（ORM）によるデータモデルの抽象化用のツールも提供してくれます。ORMによりデータベースのレコードをPythonなどの言語のオブジェクトとして扱えるようになり、データベースの詳細を知る必要がなくなります。このほか、WebフレームワークのDjangoもORMを提供します。

この章では（こうしたパッケージは使わずに）データベースとのやり取りをPythonで記述することにします。直接説明するのはBarkに関係する範囲内のみですが、同じようにしてほかの機能も追加できるでしょう。今後プロジェクトでデータベースを使う必要が生じた場合、今回のようにデータベースのコードをゼロから書いてもよいですし、SQLAlchemyなどのパッケージを利用してもよいでしょう。

6.3.1.1　データベースへの接続とクローズ

Barkの実行中はデータベースに対して1つの「接続」が必要で、すべての操作に対してこの接続を用いることができます。接続を確立するためにはメソッド`sqlite3.connect`にデータベースファイルへのパスを指定します（上で説明したように、ファイルが存在しない場合は作成されます）。

`DatabaseManager`に対する`__init__`では次を行います。

1. データベースファイルへのパスを含む引数を受け取る（ハードコードしてはなりません。関心（コンサーン）の分離を徹底してください）
2. データベースファイルのパスを用いてSQLiteの接続を生成。`sqlite3.connect`を呼び出し、結果はインスタンスの属性として保存

プログラム終了時にはSQLiteデータベースへの接続を閉じるほうが安全です（データが壊れる可能性が減ります）。すべてが終わったら、`DatabaseManager`の`__del__`がメソッド`close()`を使って接続を閉じます。

コードを見てみましょう。データベースのステートメントの実行にこの接続が使われます。

```
# ch06/bark1/database.py list1
import sqlite3

class DatabaseManager:
    def __init__(self, database_filename):
        self.connection = sqlite3.connect(database_filename) ➡①

    def __del__(self):
        self.connection.close() ➡②
```

①データベースへの接続を生成して記憶
②接続のクリーンアップ。これがあったほうが安全

6.3.1.2　ステートメントの実行

`DatabaseManager`の準備はできましたが、実行しないことにはデータベースには何も起こりません。実行するステートメント（文）には共通する部分があるので、共通部分の管理はメソッドに任せて、必要な部分だけを指定すれば済むようにしましょう。

SQLステートメントによってはデータを返すものがあります。この種のステートメントはクエ

リと呼ばれます。Sqlite3はクエリから返される値（結果）を「カーソル（cursor）」という概念で管理します。カーソルを使ってステートメントを実行することで、返される結果に関してイテレーション（繰り返し処理）を行えます。クエリではないステートメント（INSERT、DELETEなど）は結果を返しませんが、この場合カーソルは空のリストを返すことになっています。

DatabaseManagerに関して、メソッド_executeを書いて、カーソルを使うすべてのステートメントの実行に使うことにし、このメソッドが返す結果を（必要に応じて）利用します。つまり、_executeは次を実行することになります。

1. 文字列引数としてステートメントを受理
2. データベース接続からカーソルを取得
3. カーソルを使ってステートメントを実行
4. カーソルを戻す（returnする）。実行された結果（があればそれ）はカーソルが記憶している

```
def _execute(self, statement):
    cursor = self.connection.cursor() ➡①
    cursor.execute(statement) ➡②
    return cursor ➡③
```

①カーソルを生成
②指定されたSQLステートメントを、カーソルを使って実行
③カーソルを戻す。結果を記憶している

クエリでないステートメントは通常、データの操作を行います。実行時に問題が起きた場合は、データが壊れてしまう可能性があります。データベースではこういったことに対処するために「トランザクション」という概念を使っています。1つのトランザクション内で実行されたステートメントが失敗したり、何らかの原因で割り込みが起こったりすると、データベースは直前の正常な状態に「ロールバック」してくれます。

Sqlite3では、「コンテキストマネジャー」を介してトランザクションを生成するために「コネクションオブジェクト」を使うのが便利です。キーワードwithを指定したブロックを使うことで、このブロック内にあるときに特別な振る舞いをしてくれるようになります。これを考慮して_executeを変更し、カーソルの生成、実行、値の戻しを1つのトランザクション内に収めます。

```
def _execute(self, statement):
    with self.connection: ➡①
        cursor = self.connection.cursor()
        cursor.execute(statement) ➡②
        return cursor
```

①データベースのトランザクションコンテキストを生成
②1つのトランザクションの中で実行される

executeをトランザクションの中で使うことで、機能的には十分です。しかし、セキュリティ面を考慮すると、SQLステートメント内で実際の値のための「プレースホルダー」を使うのがよいのです。これによって、クエリを使った悪意をもったコードの実行を防止できます※1。

_executeを、次の2つを受け取るように変更します。

- **statement**――文字列のSQL文。プレースホルダーを含む場合もある
- **values**――値のリスト。ステートメント内のプレースホルダーを埋めるためのもの

```
    # ch06/bark1/database.py list2
    def _execute(self, statement, values=None): ➡①
        with self.connection:
            cursor = self.connection.cursor()
            cursor.execute(statement, values or []) ➡②
            return cursor
```

①valuesはオプション。ステートメントによっては値を埋める必要のある
プレースホルダーがないものもある（具体例は後ほど）
②ステートメントを実行。プレースホルダーに渡された値を入れる

これでデータベース接続が確立されました。その接続に対して任意のステートメントを実行できます。DatabaseManagerのインスタンスを生成すると自動的に接続の管理が始まります。したがって、接続のオープンやクローズなどを意識する必要はありません（自分でそうしたい場合は別ですが）。さらに、ステートメントの実行はメソッド_executeで管理されるので、どのように実行されるのかを考える必要はありません。単に、実行するステートメントを伝えればよいのです。関心（コンサーン）の分離を行ったおかげです。

※1　詳しくはウィキペディアの「SQLインジェクション」の項を参照してください。Pythonの公式ドキュメント（https://docs.python.org/ja/3/library/sqlite3.html（プレースホルダの使い方についての説明もあり）も参考になります。

準備ができたので、実際にデータベースとやり取りするコードを開発しましょう。

6.3.1.3 テーブルの生成

まずデータベースの「テーブル」を作る必要があります。ここにブックマークのデータを保存しましょう。SQLステートメントでテーブルを作るわけですが、すでにステートメントの抽象化は終わっているので、次を実行します。

1. テーブルのカラム名を決める
2. 各カラムのデータ型を決める
3. SQL文を構築して、上記のカラムをもつテーブルを生成する

すでに決めたようにブックマークのデータはID、タイトル、URL、メモ（オプション）、追加日時からなり、それぞれのデータの型と制約は次のようになります。

- **ID**――テーブルの各レコードを識別するプライマリキー（主キー）。キーワード`AUTOINCREMENT`を指定することで、新しいレコードを追加したら自動的に1だけ増やす。このカラムの型は`INTEGER`（整数）。ほかのカラムは`TEXT`
- **タイトル**――（URLだけでは識別が大変なので）タイトルを必須項目とする。このため、キーワード`NOT NULL`を使って、空（くう）にはできないように指定
- **URL**――URLも必須とするので`NOT NULL`を指定
- **メモ**――オプションなので、`TEXT`だけを指定
- **日時**――追加された日時にも`NOT NULL`を指定

SQLiteのテーブル生成ステートメントではキーワード`CREATE TABLE`を使います。このキーワードに続いて、テーブル名、各カラムのリストとデータ型を指定します。すでに存在していない場合のみ生成する必要があるので、`CREATE TABLE IF NOT EXISTS`を使います。

すでに経験のある人は、上の記述からブックマーク用のテーブル生成のSQLステートメントを作成してみてください。完成したら、次のリストと比べてみましょう。

リスト6.1 ブックマークのテーブルを生成するステートメント

```
CREATE TABLE IF NOT EXISTS bookmarks
(
    id INTEGER PRIMARY KEY AUTOINCREMENT, ➡①
    タイトル TEXT NOT NULL, ➡②
    url TEXT NOT NULL,
    メモ TEXT,
    追加日時 TEXT NOT NULL
);
```

①メインID。レコードが追加されるたびに自動的に1増える
②`NOT NULL`によって、値が必須であることを示す

それでは、このステートメントを構築してテーブルを生成するメソッドを書きましょう。各カラムを記憶するのに辞書を使うのがよさそうです。このメソッドは次を実行することになります。

1. 2つの引数を受け取る。1つはテーブルの名称。もう1つは辞書で、「各カラムの名称」→「データ型と制約（constraint）」のマップ（対応）
2. SQLステートメント `CREATE TABLE` を構築（リスト6.1で作ったようなもの）
3. `DatabaseManager._execute`を使ってステートメントを実行

では`create_table`を書いてみてください（書き上がったら下のリストと比べましょう）。

リスト6.2 SQLiteのテーブルの生成

```
# ch06/bark1/database.py list3
    def create_table(self, table_name, columns):
        columns_with_types = [ ➡①
            f'{column_name} {data_type}'
            for column_name, data_type in columns.items()
        ]
        self._execute( ➡②
            f'''
            CREATE TABLE IF NOT EXISTS {table_name}
            ({', '.join(columns_with_types)});
            '''
        )
```

①カラムの定義を構築。データ型と制約を指定
②`CREATE TABLE`ステートメント全体の構築と実行

一般化に関する注意

前に書いたように「早すぎる最適化は避けるべき」ですが、これは「一般化」についても当てはまります。上のコードはそれに反しているようにも見えます。なぜ`create_table`を一般化したのでしょうか。

筆者がハードコードした値でこうしたメソッドを作るときには、引数に変えるのにどの程度の労力がかかるかを検討します。たとえば、引数文字列`'bookmarks'`を`table_name`に変えてもあまり手間はかかりません。カラムやそのデータ型についても同様です。このように考えれば、`create_table`がほとんどのテーブルの生成に利用できるように一般化してもよいでしょう。

後でこのメソッドを呼び出して、ブックマーク管理用のテーブルを作ります。

6.3.1.4 レコードの追加

テーブルを生成したので、ブックマークのレコードを追加しましょう。CRUDの「C」です（図6.4）。

図6.4 生成はCRUDの基本中の基本となる操作

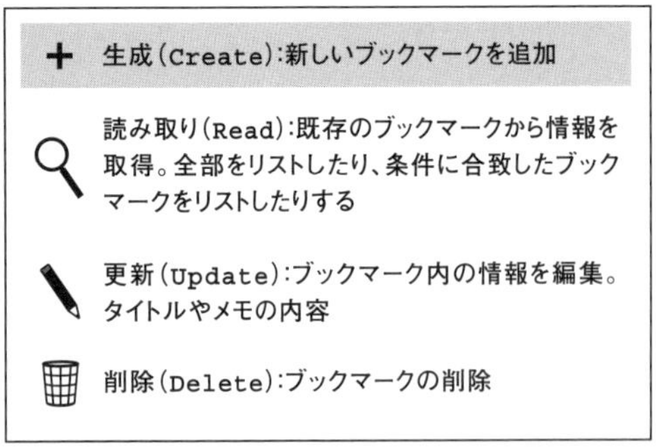

SQLiteで新しいレコードをテーブルに加える際には次の項目を順に指定します。

- キーワード `INSERT INTO`
- テーブル名

■ 値を指定する各カラム名(括弧に入れる)
■ キーワードVALUES
■ 具体的な値(カラム名に対応する順番で括弧に入れる)

ステートメントの例を挙げてみましょう。

```
INSERT INTO bookmarks
(title, url, notes, date_added)
VALUES ('GitHub', 'https://github.com', 'コードのレポジトリを保存する場所', '2021-02-
08T04:57:05.584055');
```

上で見たメソッド_executeと同様、具体的な値ではなくプレースホルダーを使うのが「グッドプラクティス」です。

ステートメントでリテラル値が入ることができる場所にプレースホルダーを使うので、VALUESの後に指定する値('GitHub'、'https://github.com'など)の代わりに「?」を書きます。これで、INSERTステートメント(プレースホルダー付き)は次のようになります。

```
INSERT INTO bookmarks
(title, url, notes, date_added)
VALUES (?, ?, ?, ?);
```

このステートメントを構築するために、DatabaseManagerに次のようなメソッドaddを追加します。

1. 引数は2個。テーブル名と辞書。辞書は「カラム名」→「値」のマップ
2. プレースホルダーの文字列を構築(指定されたカラムに対して「?」を指定)
3. カラム名の文字列を構築
4. カラムの値をタプルとして得る(dict.values()はオブジェクトdict_valuesを返す。これはsqlite3のメソッドexecuteでは動作しない)
5. _executeを使ってSQLステートメントを渡して実行する。プレースホルダーとカラムの値は別の引数として渡す

メソッドaddを自分で書いてみてから、次のリストと比較してください。

リスト6.3 SQLiteのテーブルへのレコードの追加

```
# ch06/bark1/database.py list4
    def add(self, table_name, data):
        placeholders = ', '.join('?' * len(data))
        column_names = ', '.join(data.keys()) ➡①
        column_values = tuple(data.values()) ➡②

        self._execute(
            f'''
            INSERT INTO {table_name}
            ({column_names})
            VALUES ({placeholders});
            ''',
            column_values, ➡③
        )
```

①`data.keys()`はカラムの名前
②`.values()`はオブジェクト`dict_values`を返すが、`execute`にはリストあるいはタプルが必要
③`_execute`にオプションの値を渡す

6.3.1.5 アクションのスコープを限定するための節

データベースにレコードを挿入するのに必要なのは対象の情報だけですが、ステートメントによっては付加的な節（clause。「句」と言われる場合もあり）を一緒に指定します。節はステートメントが操作を行う対象のレコードを限定します。たとえば、節を指定せずにDELETEステートメントを実行するとテーブル内のすべてのレコードを削除してしまいます。通常は、これは望まない結果でしょう。

`WHERE`節はいくつかのステートメントに付加されて、対象のレコードを限定します。`AND`や`OR`を使って、条件を複数指定できます。たとえば、BarkでIDが3のレコードに限定したい場合は、「`WHERE id = 3`」を指定します。

この種の限定はクエリ（特定レコードの検索）に対しても一般のステートメントに対しても有用です。

6.3.1.6 レコードの削除

ブックマークの項目が役に立たなくなったら、それを削除する必要があります（図6.5）。削除するにはDELETEステートメントを使い、IDをWHERE節に指定します。

図6.5 削除は生成の反対の操作なので、これまた基本

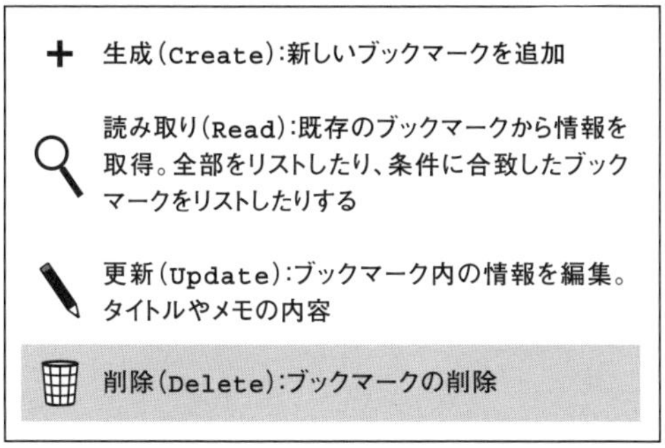

＋ 生成(Create):新しいブックマークを追加

読み取り(Read):既存のブックマークから情報を取得。全部をリストしたり、条件に合致したブックマークをリストしたりする

更新(Update):ブックマーク内の情報を編集。タイトルやメモの内容

削除(Delete):ブックマークの削除

たとえば、IDが3のブックマークを削除するには次のステートメントを使うことになります。

```
DELETE FROM bookmarks
WHERE ID = 3;
```

create_tableやaddと同様に、削除の基準（criteria）は辞書（「マッチしたいカラム名」→「値」のマップ）として表現します。

次のような条件を満たすメソッドdeleteを書いてみてください。

1. 引数は2個。1つはレコードを削除するテーブルの名前、もう1つは辞書（カラム名→値のマップ）。すべてのレコードを削除したいことはないはずなので、辞書は必須とする
2. WHERE節用のプレースホルダーの文字列を構築
3. DELETE FROMのクエリ全体を構築し_executeで実行

できあがったら、次のリストと比較してみましょう。

リスト6.4 レコードの削除

```
# ch06/bark1/database.py list5
    def delete(self, table_name, criteria): ➡①
        placeholders = [f'{column} = ?' for column in criteria.keys()]
        delete_criteria = ' AND '.join(placeholders)
        self._execute(
            f'''
            DELETE FROM {table_name}
            WHERE {delete_criteria};
            ''',
            tuple(criteria.values()), ➡②
        )
```

①引数引数criteria（削除の基準）は必須。指定しないと全レコードが削除される
②_executeの引数にvaluesを指定して、マッチ対象を指定

6.3.1.7 レコードの選択とソート

テーブルに対するレコードの追加（登録）と削除ができるようになったので、次はデータの検索（抽出）です。追加されたものを表示できるようにしましょう（図6.6）。

図6.6 読み取りもCRUDアプリにおいてはほぼ必須

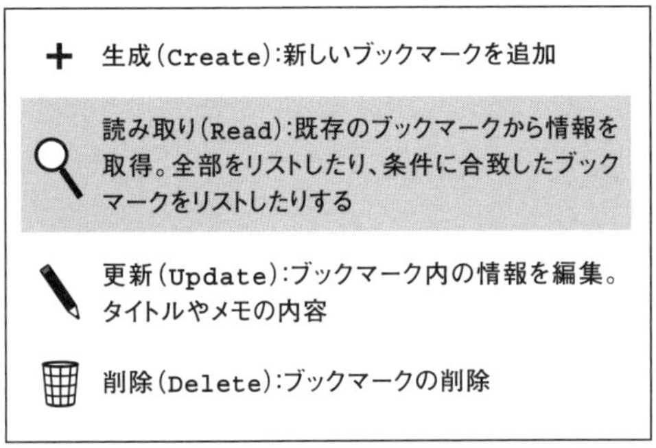

＋ 生成（Create）：新しいブックマークを追加

読み取り（Read）：既存のブックマークから情報を取得。全部をリストしたり、条件に合致したブックマークをリストしたりする

更新（Update）：ブックマーク内の情報を編集。タイトルやメモの内容

削除（Delete）：ブックマークの削除

SELECT * FROM bookmarksに選択の基準を付加してクエリを作成します（「*」は「すべてのカラム」の意味）。

```
SELECT * FROM bookmarks
WHERE ID = 3;
```

また、ORDER BY節を使って特定のカラムを基準にソート（並べ替え）することもできます（ここでも、クエリの中にリテラル値があるところでは、プレースホルダーを使います）。

```
SELECT * FROM bookmarks
ORDER BY title; ←カラムtitleを基準に、結果を昇順にソートする
```

メソッドselectはdeleteと似たようになりますが、引数criteriaはオプションになります（デフォルトでは全レコードが対象）。オプションの引数order_byを指定することができ、これによってソート対象のカラムを指定します（デフォルトはテーブルのプライマリキー。この場合はID）

deleteを参考に、selectも書いてみてください。

リスト6.5　レコードの選択

```
# ch06/bark1/database.py list6
    def select(self, table_name, criteria=None, order_by=None):
        criteria = criteria or {} ➡①

        query = f'SELECT * FROM {table_name}'

        if criteria:
            placeholders = [f'{column} = ?' for column in criteria.keys()]
            select_criteria = ' AND '.join(placeholders)
            query += f' WHERE {select_criteria}' ➡②

        if order_by: ➡③
            query += f' ORDER BY {order_by}'

        return self._execute( ➡④
            query,
            tuple(criteria.values()),
        )
```

①基準（criteria）はデフォルトでは空（全レコードを選択）
②WHERE節を構築して結果を限定
③ORDER BY節を構築して、結果をソート
④_executeからの戻り値をそのまま戻す。呼び出し側ではこの結果に対して繰り返し処理を行う（リスト6.8を参照）

これで、データベースに関して次の操作を行うコードが完成しました。

1. データベース接続の確立
2. メソッド_executeにより任意のSQLステートメントを実行（プレースホルダーを指定）
3. レコードの追加、削除、および検索のためのメソッド

100行にも満たないコードですが、当面これだけあれば十分です。

6.3.2 ビジネスロジック層

次は、パーシスタンス層とやり取りをするビジネスロジック層の開発です。パーシスタンス層に何を入れ、そこから何を取り出すかを考えましょう（図6.7）。ユーザーがプレゼンテーション層で何かをすると、ビジネスロジックにおいて（それに続いてパーシスタンス層において）何かを行うことになります。この際のトリガー（きっかけ）が必要です。

図6.7 ビジネスロジック層は、いつ、どのようにパーシスタンス層とデータのやり取り（読み込みや書き込み）を行うかを決める

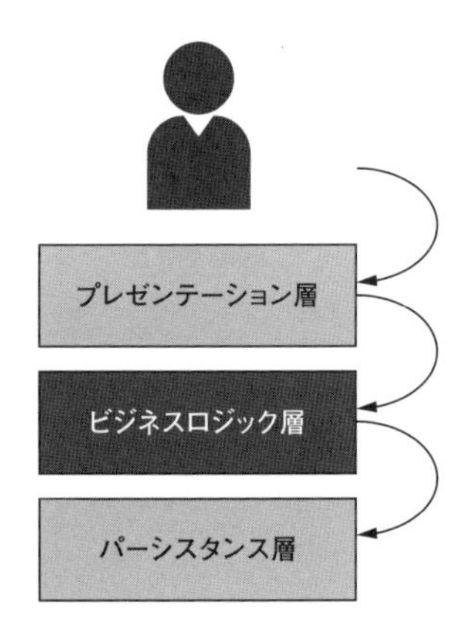

たとえば、次のようなコードを書くのはどうでしょうか。

```
if user_input == 'add bookmark':
    # ブックマークを追加
elif user_input == 'delete bookmark #4':
    # ブックマークの4番を削除
```

このようにするとユーザーに提示される「テキスト」と、トリガーされる「アクション」が

結び付けられてしまいます。メニュー項目に対して新しい条件が必要になるかもしれませんし、同じコマンドをトリガーするのに複数のオプションを指定したくなる場合もあるかもしれません。さらには、テキストを変更したくなるかもしれません。ユーザーに表示されるメニューオプションのテキストについて知っているのは、プレゼンテーション層だけにするほうが好ましいのです。

各アクションは、メニュー項目に対応して実行される「コマンド」になっています。各アクションのロジックをコマンドオブジェクトとしてカプセル化し、実行のためのメソッドを経由してコマンドをトリガーすれば、アクションをプレゼンテーション層から分離できます。プレゼンテーション層はメニュー項目とコマンドを対応させるだけで、コマンドがどう実行されるかは感知しません。このような構成方法を「Command(コマンド)パターン」と呼びます※2。

というわけで、CRUDアクションのそれぞれ、およびいくつかの関連機能をビジネスロジック層のコマンドとして開発します。

6.3.2.1 ブックマークテーブルの生成

モジュール`commands`を作って、各コマンドをここに入れることにしましょう。ほとんどのコマンドは`DatabaseManager`を使う必要があるので、これをインポートし、そのインスタンスを`db`という名前で生成し、このモジュールで利用します。

`__init__`メソッドはSQLiteデータベースファイルのパスが必要になります。それは`bookmarks.db`という名前にしましょう。Barkのコードと同じディレクトリに置くことにするので、ディレクトリのパスは指定しません。

データベースファイルが存在しない場合、データベースのテーブルを初期化するので、クラス`CreateBookmarksTableCommand`から始めましょう。このメソッド`execute`でブックマーク用のテーブルを生成します。先に書いたメソッド`db.create_table`を使うことができます。あとで、Barkの起動時にこのコマンドを呼び出すことになります。

まず自分でコードを作成してみてから、次のリストと比較してください。

リスト6.6 テーブル生成のコマンド

```
# ch06/bark1/commands.py list1
db = DatabaseManager('bookmarks.db') ➡①


class CreateBookmarksTableCommand:
```

※2 詳しくはウィキペディアの「Commandパターン」の項を参照してください。

```
    def execute(self): ➡②
        db.create_table('bookmarks', { ➡③
            'id': 'integer primary key autoincrement',
            'タイトル': 'text not null',
            'url': 'text not null',
            'メモ': 'text',
            '追加日時': 'text not null',
        })
```

①sqlite3では、データベースファイルが存在しない場合は自動的に作成する
②Barkの起動時に呼び出されることになる(db.create_tableには"CREATE TABLE IF NOT EXISTS"があるので、すでにテーブルがあれば何もしない)
③ブックマークのテーブルを生成する。必要なカラム、型と制約を指定

このメソッドが知っているのは自分の仕事に関係すること(DatabaseManager.create_tableの呼び出し方)だけです。パーシスタンス層のロジックとプレゼンテーション層のロジックを分離したことで「疎結合」になっています(これから登場するほかのメソッド等についても同様です)。

6.3.2.2 ブックマークの追加

ビジネスロジック層でブックマークを追加するコードを書きましょう。プレゼンテーション層から受け取ったデータ(「カラム名→値」のマップになっている辞書)をパーシスタンス層に渡す必要があります。特定の実装に依存する形にはせずに、規定されたインターフェイスにのみ依存するコードにします(パーシスタンス層とビジネスロジック層がデータ形式に関して合意してさえいれば、それ以外の事柄については互いに気にする必要はありません)。

この操作を行うクラスAddBookmarkCommandを書いてください。次のような手順になるでしょう。

1. ブックマークのタイトル、URL、メモ(オプション)の情報をもつ辞書を受け取る
2. 辞書のdate_addedに現在時刻を追加する。UTCで現在時刻を得るには、互換性のことを考えるとdatetime.datetime.utcnow().isoformat()[※3]を使うのがよい
3. データをブックマークのテーブルに追加する。DatabaseManager.addを用いる
4. プレゼンテーション層によって表示されることになる成功を示すメッセージを戻す

※3 この形式についてはウィキペディアの「ISO 8601」の項を参照してください。

自作のコードと次のリストと比較してみてください。

リスト6.7 ブックマークを追加するコマンド

```
from datetime import datetime
...
# ch06/bark1/commands.py list2
class AddBookmarkCommand:
    def execute(self, data):
        data['date_added'] = datetime.utcnow().isoformat() ➡①
        db.add('bookmarks', data) ➡②
        return 'ブックマークを追加しました。' ➡③
```


①日時を得る
②DatabaseManager.addを使うことで簡単にレコードを追加できる
③あとでこのメッセージをプレゼンテーション層で使う

これでブックマークの生成に必要なビジネスロジックを書き終えたことになります。

6.3.2.3 ブックマークのリスト

次はブックマークのリスト（一覧表示）です（登録したものをあとで見られなければ意味がありません）。ListBookmarksCommandを書いて、データベース内のブックマークを表示するロジックを提供しましょう。

メソッドDatabaseManager.selectを使うことで、データベースからブックマークを取得できます。SQLiteは、デフォルトでは生成された順（つまりプライマリキーであるIDの順）にレコードを並べます。このほか登録順やタイトル順も考えられますが、Barkでは、登録順にIDが増えていくため、ID順と登録順は同じことになります。将来の拡張に備えて、明示的にこういったカラムを指定してソートできるようにしてもよいでしょう。

ListBookmarksCommandは以下を実行します。

- ソートのキーにするカラムを受け取り、インスタンス属性に保存する。ここではデフォルトのソート対象のカラムをdate_added（登録順）とする
- メソッドexecuteでこの情報をdb.selectに渡す
- selectはクエリなので（カーソルのfetchallを使って）結果を戻す

ブックマークをリストするコマンドを書いて、次のリストと比較してください。

リスト6.8 既存のブックマークをリストするコマンド

```
# ch06/bark1/commands.py list3
class ListBookmarksCommand:
    def __init__(self, order_by='date_added'): ➡①
        self.order_by = order_by

    def execute(self):
        return db.select('bookmarks', order_by=self.order_by).fetchall() ➡②
```

①登録順（date_added）あるいはタイトル順（title）にソートするためのコマンドを生成する
②db.selectがカーソルを戻す。これを繰り返し処理に使ってレコードを取得できる

6.3.2.4 ブックマークの削除

最後はブックマークの削除です。追加と同様、ブックマークの削除もプレゼンテーション層からデータを受け取る必要があります。ただし、今度受け取るのは削除するブックマークのIDを表す整数値です。

削除するコマンドDeleteBookmarkCommandを書いてください。メソッドexecuteで整数値を受け取り、DatabaseManager.deleteに渡します。deleteは辞書（カラム名→値のマップ）を受け取り、カラムidに指定された値にマッチするレコードを削除対象とします。レコードが削除されたら、プレゼンテーション層は利用するメッセージを戻します。

リスト6.9 ブックマークを削除するコマンド

```
# ch06/bark1/commands.py list4
class DeleteBookmarkCommand:
    def execute(self, data):
        db.delete('bookmarks', {'id': data}) ➡①
        return 'ブックマークを削除しました。'
```

①deleteは辞書（カラム名→値のマップ）を受け取る

6.3.2.5 Barkの終了

あと1つ、Barkを終了するコマンドが残っています。Ctrl-Cを入力してPython自体を終了してしまうこともできますが、もう少しきれいな終わり方も提供しましょう。

関数sys.exitを使うとプログラムを停止できます。プログラムを終了するexecuteメソッドをもつQuitCommandを書きましょう。

リスト6.10 Barkを終了するコマンド

```
import sys
...
# ch06/bark1/commands.py list5
class QuitCommand:
    def execute(self):
        sys.exit() ← Barkを終了する
```

「お疲れさまでした」と言いたいところですが、終わったのはビジネスロジック層だけで、まだプレゼンテーション層が残っています。

6.3.3 プレゼンテーション層

Barkでは CLI（コマンドラインインターフェイス）を使います。プレゼンテーション層（ユーザーが目にするもの）はターミナルの文字列です（図6.8参照）。アプリケーションによっては、CLIが特定の処理を完了すれば終了するものもありますが、上でQuitCommandを書いたのでユーザーに明示的に終了を指定してもらいましょう。

図6.8 プレゼンテーション層はユーザーにどのようなアクションが可能であるか、それをどう起動するのかを示す

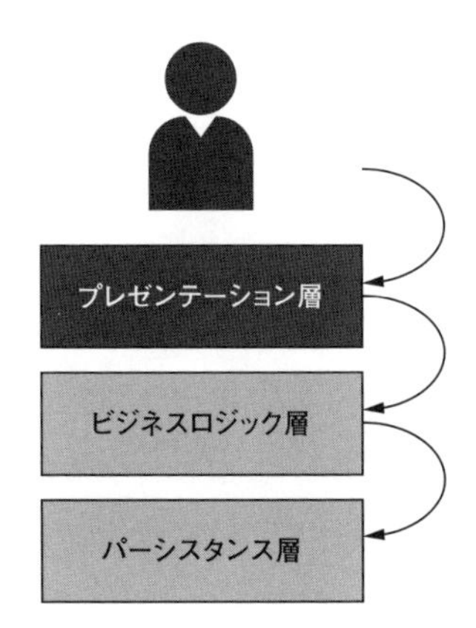

Barkのプレゼンテーション層は次の処理を行う無限ループです。

1. 画面のクリア
2. メニュー項目の表示
3. ユーザーの選択を取得
4. 画面をクリアし、ユーザーが選択した項目に対応するコマンドを実行
5. 内容を確認したらユーザーにEnterキーを押してもらう

モジュールbarkの次の処理から始めましょう。

```
if __name__ == '__main__':
    print("ブックマーク管理アプリ Bark")
```

これでbark.pyを実行すると、「ブックマーク管理アプリ Bark」という文字列が表示されます。では、プレゼンテーション層とビジネスロジックとを結びつけていきましょう。

6.3.3.1 データベースの初期化

前に触れたようにBarkはデータベースの初期化をする必要はありません。すでになければ自動的に生成されます。モジュールcommandsをインポートし、CreateBookmarksTableCommandを実行するようにコードを更新してください。この変更を行ってbark.pyを実行すると、まだテキスト出力はありませんが、ファイルbookmarks.dbができるはずです。

```
import commands

if __name__ == '__main__':
    commands.CreateBookmarksTableCommand().execute()
```

これで、初期化関連のものだけではありますが、多層構成のアーキテクチャのすべての層のコードを書き終えたことになります。プレゼンテーション層（bark.pyの実行）がビジネスロジック層のコマンドをトリガーし、それがパーシスタンス層でブックマーク用のテーブルをセットアップします。各層はそれぞれが自分の仕事をするために必要十分なことだけを知っています。すべては分離されており、疎結合になっています。Barkに、ほかのコマンドをトリガーするメニュー項目を追加するときも同じような仕組みになります。

6.3.3.2　メニューの表示

Barkの起動時には、次のようなメニュー（オプション）を表示することになります。

```
(A) 追加
(B) 日付順にリスト
(T) タイトル順にリスト
(D) 削除
(Q) 終了
```

各オプションにはキーボードショートカットとタイトルがついており、それぞれの選択肢には、先にコードを書いたコマンドが1つずつ対応しています。Commandパターンを用いたので、各コマンドはメソッドexecuteによって起動されます。各コマンドの呼び出し方はほとんど同じですが、必要な引数は異なります。

カプセル化について学んだことに基づき、プレゼンテーション層の項目とビジネスロジックをどう結びつければよいでしょうか。次のどちらを選びますか。

1. ユーザーの入力より、条件分岐を使って必要なコマンドのexecuteを呼び出す
2. 「ユーザーに表示されるテキスト」と「選択されたものによってトリガーされるコマンド」を結びつけるクラスを作る

筆者のおすすめは2.です。メニュー項目とそれがトリガーするコマンドとを結びつけるために、クラスOptionを作ります。このクラスの__init__メソッドは、(1) メニューの名前、(2) ユーザーによって選択されたコマンドのインスタンス、そして (3) 前処理に必要な操作（たとえばユーザーから追加の入力の取得。必須ではなくオプション）の3つを受け取ります。すべては、インスタンス属性として記憶します。

ユーザーがメニュー項目を選択すると、Optionのインスタンスが次の処理を行います。

1. 必要に応じて、前処理を実行
2. executeを実行。前処理からの戻り値がある場合はそれを渡す
3. 結果（ビジネスロジックから戻された成功のメッセージ、あるいはブックマークに関する情報）を出力

Optionのインスタンスは、ユーザーに提示されるときにはテキストで内容が説明されます。`__str__`を書いてデフォルトの振る舞いを上書きできます。

クラス`Option`を書いて次のコードと比較してください。

リスト6.11 メニューのテキストをビジネスロジックのコマンドに接続

```
# ch06/bark1/bark.py list1
class Option:
    def __init__(self, name, command, prep_call=None):
        self.name = name ➡①
        self.command = command ➡②
        self.prep_call = prep_call ➡③

    def _handle_message(self, message):
        if isinstance(message, list):
            print_bookmarks(message)
        else:
            print(message)

    def choose(self): ➡④
        data = self.prep_call() if self.prep_call else None ➡⑤
        message = self.command.execute(data) if data else self.command.execute() ➡⑥
        self._handle_message(message)

    def __str__(self): ➡⑦
        return self.name
```

①メニューに表示される名前
②実行するコマンドのインスタンス
③コマンド実行前の前処理（オプション）
④option（選択肢）がユーザーによって選ばれたときに`choose`が呼び出される
⑤インスタンス生成時に`prep_call`が指定されていた場合、前処理が実行される
⑥コマンドを実行。あれば前処理から返されたデータを渡す
⑦Pythonのデフォルトではなく、選択肢を名前（「追加」「削除」など）で戻す

クラスOptionができたら、すでに作成したビジネスロジックと結びつけましょう。各オプションについて以下が必要になります。

1. このメニュー項目を選択するためのキー
2. 選択肢を表すテキスト
3. オプションがユーザーの入力とマッチするか確認し、マッチしたらそれを選択

オプションを保持するのにどのデータ構造がよいでしょうか。

1. リスト（list）
2. セット（set）
3. 辞書（dict）

キーボードから入力された文字でメニューを選ぶので、どこかに対応表を記憶しておく必要があります。したがって、正解は3.です。辞書のメソッドitems()を使えば、オプションのテキストを取得できます。ただし、辞書は辞書でもcollections.OrderedDictを利用したほうがよいでしょう。これを使えば表示の順番を固定できます。

CreateBookmarksTableCommandの下にオプションの辞書を追加して、メニューの各選択肢に対応して項目を追加してください。続いて、関数print_optionsを作成して、オプションの各項目を表示できるようにしてください。

```
(A) 追加
(B) 登録順にリスト
(T) タイトル順にリスト
(D) 削除
(Q) 終了
```

まだ実行はできませんが、できあがったらBarkを実行するとメニュー項目が表示されるはずです。

リスト6.12 表示メニューのオプションの指定

```
# ch06/bark1/bark.py list2
def print_options(options):
    for shortcut, option in options.items():
        print(f'({shortcut}) {option}')
```

```
    print()
    ...
    if __name__ == '__main__':
        ...
    options = OrderedDict({
        'A': Option('追加', commands.AddBookmarkCommand(), prep_call=get_new_bookmark_
data),
        'B': Option('登録順にリスト', commands.ListBookmarksCommand()),
        'T': Option('タイトル順にリスト', commands.ListBookmarksCommand(order_by='title')),
        'D': Option('削除', commands.DeleteBookmarkCommand(), prep_call=get_bookmark_id_
for_deletion),
        'Q': Option('終了', commands.QuitCommand()),
    })
    print_options(options)
```

6.3.3.3 ユーザーからの入力

あとは、ユーザーからの入力を受け取る仕組みが必要です。プレゼンテーション層からビジネスロジックを経由してパーシスタンス層に結びつけるのが目標です。次の手順でユーザーからの入力を取得します。

1. Pythonの関数`input`を使い、ユーザーに選択肢の入力を促す
2. ユーザーの選択肢が用意したものにマッチした場合、該当するメソッドを呼び出す
3. マッチしない場合は、再度メニューを表示

繰り返すのにはどうしたらよいでしょうか。

1. whileループ
2. forループ
3. 関数の再帰呼び出し

ユーザーの入力を取得するのに決定的な状態はないため（無効な選択肢の入力を何度繰り返すかわかりません）1.のwhileループがよいでしょう。ユーザーからの入力が無効な場合はひたすら入力を促します。なお、大文字でも小文字でもOKにしてあげたほうがよいでしょう。

関数`get_option_choice`を書いて、メニューを出力した後に呼び出しましょう。

リスト6.13　メニューオプションのうちからユーザーが選択したものを取得

```
# ch06/bark1/bark.py list4
def option_choice_is_valid(choice, options): ➡①
    return choice in options or choice.upper() in options


def get_option_choice(options):
    choice = input('操作を選択してください: ') ➡②
    while not option_choice_is_valid(choice, options): ➡③
        print('A, B, T, D, Qのいずれかを入力してください（小文字でもOK。ただし半角文字）')
        choice = input('操作を選択してください: ')
    return options[choice.upper()] ➡④

if __name__ == '__main__':
    ...
    chosen_option = get_option_choice(options)
    chosen_option.choose()
```

①提示された選択肢のいずれかにマッチしていればOK（小文字でもOK）
②ユーザーからの入力を取得
③ユーザーの選択が不正ならばプロンプトを出し続ける
④正しい入力が得られたら、そのオプションを戻す

ここでBarkを実行していくつかのコマンドを実行してみてください。たとえば、ブックマークのリストや、Barkの終了などです。ただし、まだ必要な前処理が残っている選択肢もあります。ブックマークの追加には、タイトルやメモなどを指定する必要がありますし、ブックマークを削除するにはどれを削除するかIDの指定が必要です。選択項目の入力と同様、こういったデータをユーザーから取得する必要があります。

ここでもカプセル化が必要です。各情報に対して以下を行いましょう。

1.「タイトル」「メモ」などのラベルを表示してユーザーに入力を促す
2. その情報が必須のものならば、ユーザーが入力するまでプロンプトを表示し続ける

次の3つの関数を書いてください。

1. 追加のための情報（URL、メモなど）を取得
2. 削除のための情報（ID）を取得
3. 必須項目が入力されない場合にプロンプトを表示し続ける

各Optionのインスタンスに付加して前処理を担当する関数prep_callを書いて、情報を取得してください。

できたら、次のリストと比べてください。

リスト6.14 ユーザーから前処理に必要な情報を取得

```
# ch06/bark1/bark.py list5
def get_user_input(label, required=True): ➡①
    value = input(f'{label}: ') or None ➡②
    while required and not value: ➡③
        value = input(f'{label}: ') or None
    return value


def get_new_bookmark_data(): ➡④
    return {
        'title': get_user_input('タイトル'),
        'url': get_user_input('URL'),
        'notes': get_user_input('メモ', required=False), ➡⑤
    }


def get_bookmark_id_for_deletion(): ➡⑥
    return get_user_input('削除するブックマークのIDを指定')

if __name__ == '__main__':
    ...
    'A': Option('追加', commands.AddBookmarkCommand(), prep_call=get_new_bookmark_data),
    ...
    'D': Option('削除', commands.DeleteBookmarkCommand(), prep_call=get_bookmark_id_for_
deletion),
```

①ユーザーからの入力を促すための関数。下の2つの関数から呼ばれる
②ユーザーからの入力を取得
③必須項目の場合、入力が空である限りプロンプトを表示し続ける
④新しいブックマークを追加するために必要なデータを入手する関数

⑤ブックマークの「メモ」はオプションなので、`required`は`False`にする
⑥ブックマークを削除するために必要なデータ（つまりID）を入手する関数

> ここまでうまくいっていれば、Barkを実行してブックマークの追加、リスト、削除ができるはずです。このようにBarkを作ったことで、新しい機能を追加したくなったら次のようにすればよいでしょう。
>
> 1. `database.py`にデータベースに対して必要な操作をするメソッドを追加
> 2. `commands.py`に、必要なビジネスロジックを実行するコマンドのクラスを追加
> 3. `bark.py`に新しいメニュー項目を追加し、ビジネスロジックのコマンドに結びつける
>
> どうでしょうか。関心（コンサーン）を分離しておくことで、新しい機能を追加したいと思ったときに、どのあたりにコードを追加すればよいのかが明確です。

では最後の仕上げです。

6.3.3.4　画面のクリア

メニューを表示する前にターミナルウィンドウをクリアしておいたほうが見やすいでしょう。そのためにはOSが提供しているコマンドを実行します。多くのコンピュータではコマンド`clear`がこの役目をしてくれますが、Windowsでは`cls`を使います。`os.name`が`nt`ならばWindowsです。

これを使って画面をクリアする関数`clear_screen`を書きます。

```
import os

# ch06/bark1/bark.py list6
def clear_screen():
    clear = 'cls' if os.name == 'nt' else 'clear'
    os.system(clear)
```

`print_options`やメソッド`choose()`を呼び出す前に`clear_screen`を呼び出して、画面をクリアしてからメニューを表示します。

```
if __name__ == '__main__':
    ...
```

```
    clear_screen()
    print_options(options)
    chosen_option = get_option_choice(options)
    clear_screen()
    chosen_option.choose()
```

6.3.3.5 アプリケーションループ

最後のステップはアプリケーション全体のループです。何か操作をしたらトップメニューに戻り、続けてほかの操作をできるようにします。このためには、メソッド`loop`を作り、`if __name__ == '__main__'` のブロックからデータベースの初期化以外の部分をこのメソッド内に移動します。

```
def loop(): ➡①
    # メニューの表示と選択
    ...
    _ = input('Enter (return) キーを押すとメニューに戻ります') ➡②

if __name__ == '__main__':
    commands.CreateBookmarksTableCommand().execute()

    while True: ➡③
        loop()
```

①アプリケーション全体のループ
②ユーザーにEnterキーを押して次に進むことを促す（「_」には使われない値を代入する）
③無限ループ（「終了」を選ぶと、`QuitCommand`が実行され終了する）

これで、「メニューを表示→操作を選択→操作の実行→Enterキーの入力」のループを繰り返すことになります。これで基本機能は完成です。いかがでしたか。しばらくBarkを使ってみてください。

6.4　まとめ

- 関心（コンサーン）の分離は、読みやすく保守しやすいコードを実現するためのツールである
- パーシスタンス層、ビジネスロジック層、プレゼンテーション層の3つで構成されるエンドユーザー・アプリケーションが多い
- 関心（コンサーン）の分離は、カプセル化、抽象化、疎結合に関連する概念である
- 関心（コンサーン）の分離を効果的に行うことで、周囲のコードへの影響を最小限に抑えたままで機能の追加、変更、削除が可能になる

Memo

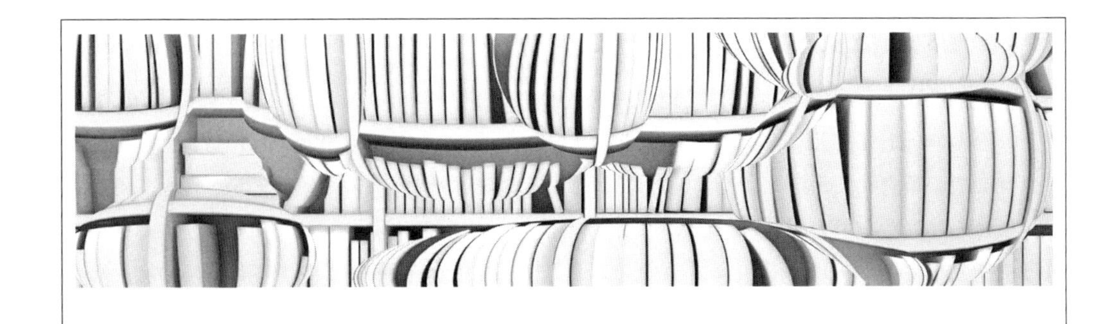

第 7 章

Extensibility and flexibility
拡張性と柔軟性

■この章の内容

コードの柔軟性と制御の反転

コードの拡張性とインターフェイス

Barkへの新規機能の追加

開発者の仕事は新しいアプリケーションの開発だけではありません。アプリケーションに新しい機能を追加するアップデートも重要な仕事です。

アプリケーションによって、仕様の変化にスムーズに対応ができるものと、スムーズにはいかないものがあります。柔軟性と拡張性を兼ね備えたアプリケーションは、変更に強く、また機能の追加も比較的容易にできます。この章では、柔軟性と拡張性を備えたソフトウェアを開発するための戦略を学び、その戦略に基づいてBarkに「GitHubのスターのインポート機能」を追加します。

7.1 拡張性の高いコードとは

コードに新たな機能を追加しても既存の機能への影響がない（あるいはごく限られている）場合、そのコードは拡張性が高いと言えます。Google ChromeやMozilla FirefoxなどのWebブラウザについて考えてみましょう。Webブラウザのユーザーは「プラグイン」を利用することで、もともとブラウザには備わっていなかった機能を利用できるようになります。よく利用される機能としては「広告のブロック」や「メモアプリ（Evernoteなど）への記事の追加」などがあります。Firefoxでは「アドオン（add-on）」、Chromeでは「拡張機能（extension）」と呼ばれますが、名前はともあれ、ブラウザ本体にまったく変更を加えずに機能を追加できるようになっています。

世界的に利用されるWebブラウザのような大きなプロジェクトが成功するためには、できるだけ多くのユーザーの要求に応える必要があります。あらかじめどのような要求が生じるかを予測するのは困難ですから、拡張性を備えたシステムにしておくことで、市場投入後であってもユーザーの新たなニーズに応えられます。アプリケーションに類似の仕組みを備えることはより良いソフトウェアの開発につながります。

（ソフトウェアの他の側面にも当てはまることですが）拡張性にも「程度」があり、関心（コンサーン）の分離や疎結合などの実践により、拡張性を徐々に増していくことができます。コードの拡張性が増すにつれ、その新機能（だけ）に神経を集中できるようになり、素早い機能追加が可能になります。拡張性の高いコードは周囲のコードへの影響を気にかける必要がありません。拡張性の高さは、保守作業やテストにもよい影響を与えます。機能が分離されているため、いろいろな部分が関連する「見つけにくいバグ」が生じる可能性が小さくなるのです。

7.1.1 新機能の追加

第6章でアプリケーションBark（の第1版）を作成しました。多層アーキテクチャを採用し、プレゼンテーション層、ビジネスロジック層、パーシスタンス層に関心（コンサーン）を分離し、それぞれの層で、小さな機能を実装しそれを合わせることでBark全体の機能を実現しました。

Barkに新しい機能を追加することを考えてみましょう。理想的な拡張性を有するシステムにおいては新しい機能の追加が、既存のコードを変更せずに、新機能に関連するクラス、メソッド、関数およびデータの追加だけで行えます（図7.1）。

図7.1 拡張性のあるコードへの新しい振る舞いの追加

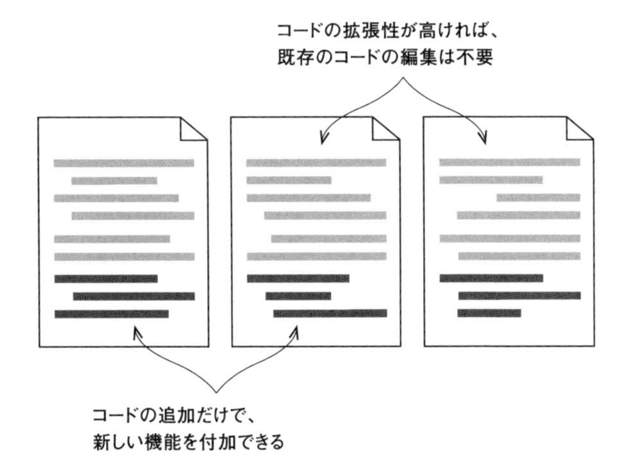

これを拡張性の高くないシステムと比較してみましょう。新しい機能の追加は、関数やメソッドなどに新たな条件文を追加して行われることが多くなります（図7.2）。このような変更は「散弾銃手術（ショットガン）」と呼ばれます。散弾銃から飛び出す球のように変更箇所があちこちに散らばるためです[※1]。これは関心（コンサーン）の分離とは正反対の状況であり、異なる方法での抽象化あるいはカプセル化を行うべきときであることを示唆する状況です。こうした変更を伴うコードの拡張性は低く、新しい機能の追加は単純明快には行えず、どのあたりを変更すればよいのか、コード中を探し回らなければなりません。

※1 「散弾銃手術」や関連する話題については次のページに詳しい解説があります――"An Investigation of Bad Smells in Object-Oriented Design," Third International Conference on Information Technology: New Generations (2006), https://ieeexplore.ieee.org/document/1611587

図7.2 拡張性の低いコードへの新機能の追加

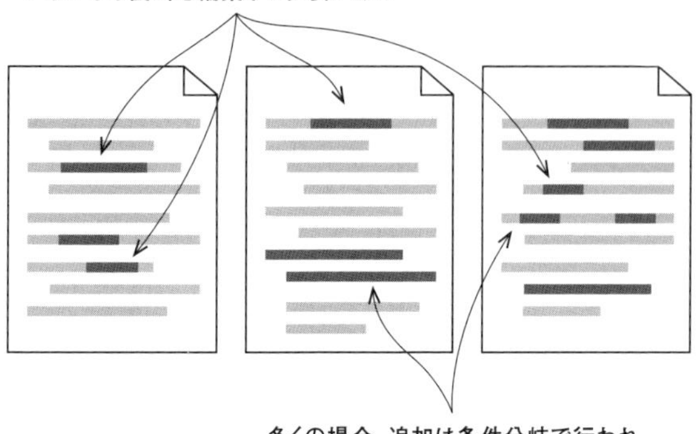

前の章の最後で、Barkへの新しい機能の追加は次のようにすればよく、比較的単純に行えると説明しました。

- database.pyにデータベースに対して必要な操作をするメソッドを追加
- commands.pyに、必要なビジネスロジックを実行するコマンドのクラスを追加
- bark.pyに新しいメニュー項目を追加し、ビジネスロジックのコマンドに結びつける

> 機能の拡張の際に、コードの一部を複製しそれを更新してみるのは、有効なアプローチです。筆者はオリジナルのコードの拡張性を上げるためにこのアプローチをよく採用します。たとえば、異なる目的をもつ2個の関数をいったん作成し、それらの関数を複数の目的を実現する単独の関数にまとめ上げる（リファクタリングする）ことができたりするのです。今までの使われ方に関して十分理解しないうちに複数の機能をまとめ上げようとするのは、コードの拡張性を低くするリスクを負うことになります。間違った抽象化をするよりは複写のほうが好ましいのです。このことを頭に入れておいてください。

Barkが理想的な拡張性をもつよう実装されているとすると、既存のコードを変更せずに、コードの追加だけで新しい機能が追加できるはずです。この後で、新機能を追加する際にBarkのこれまでの実装がこのケースに当てはまるか検討してみましょう。ただ、実際のシステムが理想的なものである可能性はかなり低いので、既存のコードに対しても何らかの変更が必要になる

のが普通です（図7.3）。

図7.3　現場における拡張性の現実

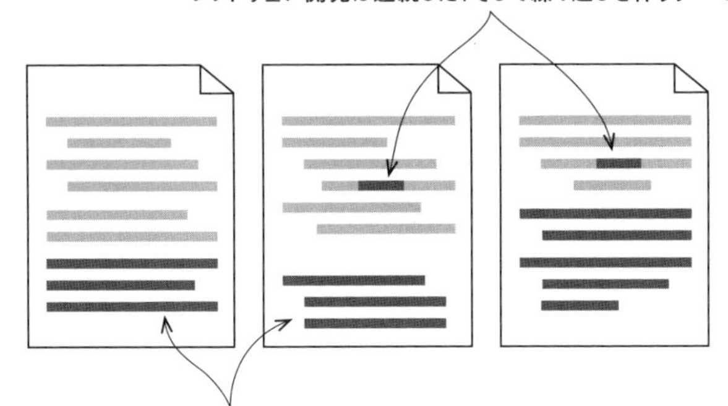

7.1.2　既存の機能の変更

自分自身が書いた、あるいは他人が書いたコードを修正しなければならない理由としてはさまざまなものが考えられます。バグの修正や仕様の変更に対応するためかもしれません。コードを明解にするために、（機能を保ちつつ）リファクタリングが必要になる場合もあるでしょう。後者は、新しい機能の追加ではありませんが、コードの柔軟性が高ければ短時間で修正が完了します。

コードの柔軟性は、「コードの変更に対する抵抗値」の指標としても使えます。理想的な柔軟性を持ち合わせているコードは、どの部分をとっても、ほかの実装に置換が可能です。これに対して「散弾銃手術（ショットガン）」を要求するようなコードは、変更に対して大きな抵抗を示す硬直化したものになります。

Kent Beckは、これについて次のように（面白く）表現しています。

> 要望されているすべての変更に対して、まずは関連するコードを「簡単に変更できるようなコード」に書き換えよ（警告：これには困難が伴うかもしれない）。それができたら、すべての要望を満たすよう、簡単に変更を施せ※2」。

※2　2012年9月25日のKent BeckのTwitterメッセージより――https://twitter.com/kentbeck/status/250733358307500032

まずは、分割やカプセル化などのプラクティスによって、コードの「抵抗値」を下げる必要があります。最初に意図していた変更ができるよう、その準備を整える必要があるのです。

筆者自身は、自分が取りかかっているコードを少しずつ連続的にリファクタリングしています。たとえば、皆さんが取り組んでいるコードに、リスト7.1のような`if/elif/else`の連続があったとします。この一連の条件分岐で何かを変更しなければなりません。そうすると、どこを変更しなければならないかを探すために分岐のほとんどを読まなければなりません。そして、条件分岐の本体に対しても変更が必要だとすると、類似の処理をするコードを何箇所も変更しなければなりません。

リスト7.1 条件分岐の例

```
if choice == 'A': ➡①
    print('appleのA') ➡②
elif choice == 'B':
    print('batのB')
elif choice == 'C':
    print('catのC')
elif choice == 'D':
    print('dogのD')
...
```

①各選択肢に対して更新を行わなければならない
②「オプション」→「メッセージ」の対応と、メッセージの出力が混在している。

これをどのように改良できるでしょうか。

1. 条件のチェックと条件分岐の本体から情報を抽出して、辞書を作成する
2. `for`ループを使って、各選択肢をチェックする

各選択肢が特定の出力に対応しているので、動作の対応表を抽出し「辞書」を作成するのが正しいアプローチです。条件分岐に`elif`文を追加し続ける必要はありません。リスト7.2のように、辞書のデータを1組加えるだけでよいのです。選択肢からメッセージへの対応（マップ）は実行方法を決定するためにプログラムが使う「コンフィギュレーション・ファイル」（あるいは単に「コンフィギュレーション」）のような役目を果たします。このように「コンフィギュレーション」を用いたほうが、条件分岐よりも多くの場合わかりやすくなります。

リスト7.2　条件と出力を結びつけるより柔軟な方法

```
//emlist{
choices = {  ➡①
    'A': 'apple',
    'B': 'bat',
    'C': 'cat',
    'D': 'dog',
    ...
}

print(f'{choices[choice]}の{choice}')  ➡②
```

①対応を保持している辞書を作ることで新しい項目を簡単に追加できる
②結果の出力は1行にまとめられる

このバージョンのコードのほうが読みやすいでしょう。リスト7.1の例では、各分岐の「条件」と「本体部分」で何が行われるかを理解する必要があります。それに対してリスト7.2では、選択肢を記憶する部分と、選択された場合に出力される情報が明確に分かれています。新しい選択肢を追加し、新しい出力を追加するのはとても簡単です。これは疎結合を追求した結果です。

7.1.3　疎結合

拡張性を確保するためにもっとも効果的なのは、システムを疎結合の状態に保つことです。疎結合になっていないと、ほとんどの変更に「散弾銃手術」が必要になります。Barkをデータベースとビジネスロジックの抽象化のレイヤーなしで書いたとしましょう。たとえば次のリストのようなコードです。入れ子（ネスト）が深く、分岐でいろいろなことが処理されるため、理解するのが難しいコードになります。

リスト7.3 Barkを手続き的アプローチで実装

```
//emlist{
if __name__ == '__main__':
    options = [...]

    while True:
        for option in options:
            print(option) ➡①

    choice = input('操作を選択してください: ')

    if choice == 'A': ➡②
        ...
        sqlite3.connect(...).execute(...)➡③
    elif choice == 'D':
        ...
        sqlite3.connect(...).execute(...)
```

①深い入れ子は関心（コンサーン）の分離の必要性を強く示唆する
②if/elif/elseは理解が簡単ではない
③同じようなデータベースの処理が繰り返され、しかもユーザーのインタラクションと混在している

このコードも動作します。しかしデータベース接続に関係する変更を行おうとするとかなりの手間になります。さらにはデータベースを丸ごと交換するとなると大変な作業になるでしょう。このコードは相互に依存する数多くの部分から形成されているため、新しい機能を追加しようとすると、もう1つ`elif`を追加する場所を探し出したり、生のSQLを書いたりしなければなりません。新しい機能を追加するたびに、こうしたコストをかけなければならず、システムをスムーズにスケールアップするのは困難です。

鉄が固体の状態のときの様子を考えてみましょう。原子が互いに固く結びついています。この結果、鉄は固く、曲げたり形を変えたりするのにかなりの力が必要です。鍛冶屋は鉄を溶かすことで、これに対応しています。溶かせば原子の結合は緩み、自由に形を変えられるようになります。冷めてきてもハンマーで鍛えることができ、折らずに曲げられます。

コードについても同じです。図7.4の左側のような状態が望まれます。それぞれが疎結合になっていれば、結合を壊さずに自由に動き回ることができます。コードが互いに深く結びついていると、融通がきかず変形は容易にはできません。

図7.4 柔軟な構成と硬直化した構成の比較

コードの疎結合の部分は、
液体の分子のように、
移動したり変形したりが自由にできる

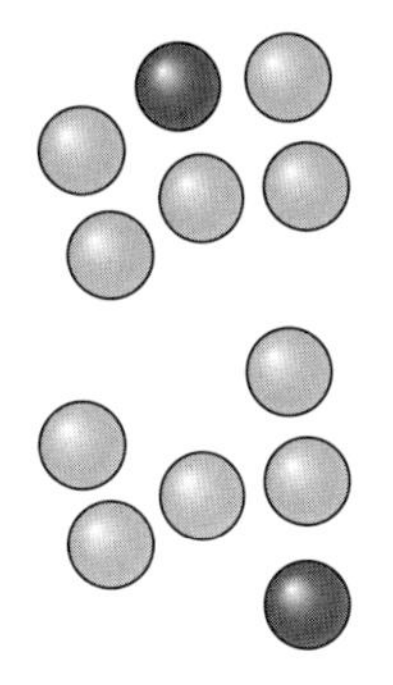

コードが密結合になっていると、
それを取り巻く部分に依存する。
その結果、1 つの部分を動かそうとすると
他の部分も変えなければならない

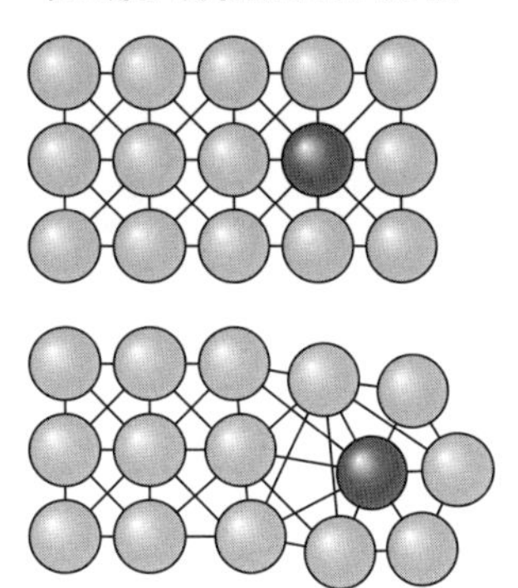

Barkでは、クラスDatabaseManagerに新しいメソッドを追加することで、データベースの機能を追加できます。これはコードが疎結合になっているためです。クラスCommandに新しいビジネスロジックを追加することも容易で、メニューへの追加は、モジュールbarkの辞書optionsに新しいオプションを追加し、それをコマンドと結びつけるだけですみます。こういった仕組みはこの章の冒頭で見たWebブラウザのプラグインと共通点をもっています。Barkは特定の新機能を想定して開発はされていませんが、新しい機能を追加したければ、それにどの程度の時間が必要になるのか簡単に見積もれます。柔軟性のあるコードを書くには、疎結合であることが重要です。

7.2 柔軟性を確保するためのソリューション

硬直化したコードは、硬い関節のようなものです。ソフトウェアが古くなるにつれて、使われていないコードのほうが硬直化が進みやすいので、特にこうしたコードを疎結合にするための方策が必要になります。コードを定期的にリファクタリングすることで、柔軟性を保つようにしましょう。

次の節で、柔軟性を取り戻すための具体的な方法を見ていきます。

7.2.1 制御の反転

第3章で、最近では多くの開発者が「合成は継承に勝る」と考えていることを説明しました。数多くの小さなクラスに関心（コンサーン）を分離し、必要に応じてビヘイビアを合成することで、ほかのクラスの機能を利用する別のクラスを作成できます。

この節の説明では、自転車とそのパーツ（部品）を扱うモジュールを書くと仮定しましょう。自転車のモジュールを開いてみると、次のようなリストが書かれていたとします。まず、コードを読んで、カプセル化や抽象化の度合いを評価してみてください。

リスト7.4 ほかの小さなクラスに依存するクラス

```
# ch07/01bicycle1/bicycle.py
class Tire:  ➡①
    def __repr__(self):
        return 'ゴムのタイヤ'


class Frame:
    def __repr__(self):
        return 'アルミのフレーム'


class Bicycle:
    def __init__(self):  ➡②
        self.front_tire = Tire()
        self.back_tire = Tire()
        self.frame = Frame()

    def print_specs(self):  ➡③
        print(f'フレーム: {self.frame}')
        print(f'前のタイヤ: {self.front_tire}。後ろのタイヤ: {self.back_tire}')
```

```
if __name__ == '__main__':  ➡④
    bike = Bicycle()
    bike.print_specs()
```

①合成に使われる小さなクラス
②Bicycleは自転車の組み立てに必要なパーツを生成する
③自転車のスペック（すべてのパーツ）を表示するメソッド
④自転車を生成しそのスペックを表示

このコードを実行すると次のような自転車の仕様が出力されます。

```
フレーム: アルミのフレーム
前のタイヤ: ゴムのタイヤ。後ろのタイヤ: ゴムのタイヤ
```


このコードで自転車が組み立てられますし、カプセル化はうまく機能しているように見えます。自転車の各パーツは独自のクラスであり、抽象化のレベルも納得できます。トップレベルに自転車（Bicycle）があり、各パーツが1レベル下にあります。さて、このコードの構造に何か問題があるでしょうか。次のような変更をすると、どうなるでしょうか。

1. 新しいパーツを追加する
2. パーツをアップグレードする

1.の新しいパーツの追加は難しくはありません。`__init__`メソッドで、新しいパーツのインスタンスを生成して、`Bicycle`のインスタンスに保存します（ほかのパーツと同じです）。

これに対して、2.の`Bicycle`のインスタンスのパーツのアップグレードを動的に行うのは、この構造では難しくなります。なぜなら、パーツのクラスが初期化部分にハードコードされているからです。

`Bicycle`は`Tire`、`Frame`などのパーツに依存しています。必要なパーツがなければ自転車はうまく動きません。ただ、今のコードでは、カーボンファイバー製のフレーム`CarbonFiberFrame`が欲しくなったとき、クラス`Bicycle`のコードを開いてアップデートする必要があります。このため、現状では`Bicycle`は`Tire`に対する強い依存性をもっています。

「制御の反転（IoC: Inversion of Control）」を採用すると、クラスの中で依存するインスタンスを生成する代わりに、インスタンスを使うクラスにすでに生成したインスタンスを渡します（図7.5）。依存関係の制御が逆転するわけです。これは強力な枠組みです。

図7.5 柔軟性を獲得するために制御の反転を使う

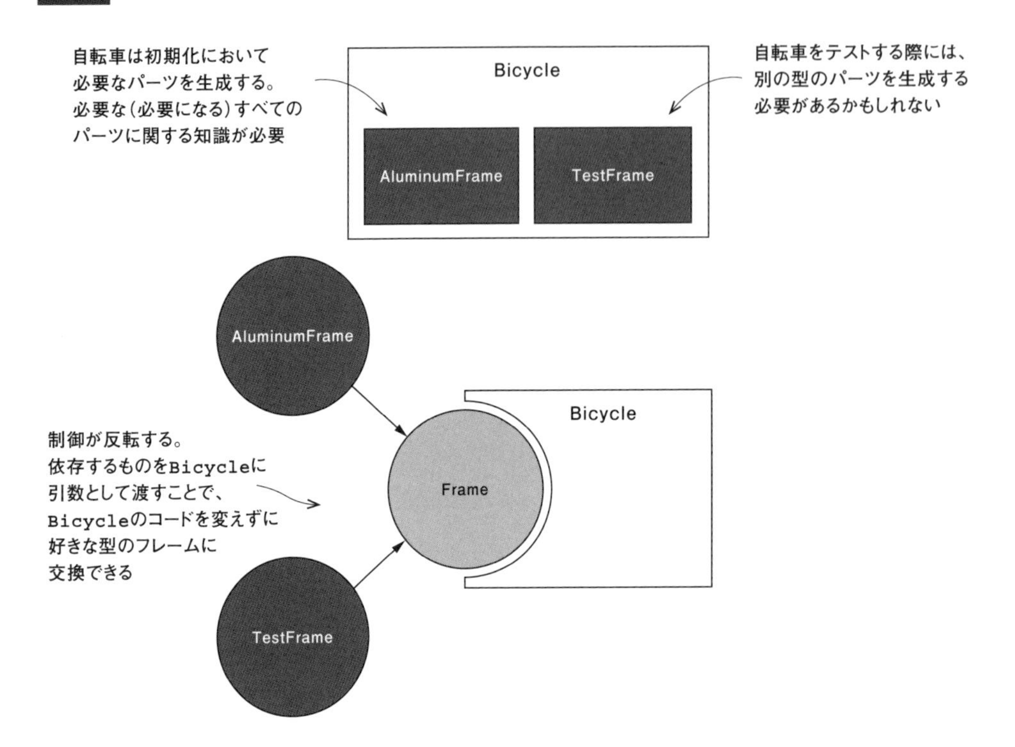

メソッドBicycle.__init__を更新して、制御を反転してみましょう。

リスト7.5 制御を反転したコード

```
# ch07/02bicycle2/bicycle.py
class Tire:
    def __repr__(self):
        return 'ゴムのタイヤ'


class Frame:
    def __repr__(self):
        return 'アルミのフレーム'


class Bicycle:
    def __init__(self, front_tire, back_tire, frame):  ➡①
        self.front_tire = front_tire
```

```
        self.back_tire = back_tire
        self.frame = frame

    def print_specs(self):
        print(f'フレーム: {self.frame}')
        print(f'前のタイヤ: {self.front_tire}。後ろのタイヤ: {self.back_tire}')


if __name__ == '__main__':
    bike = Bicycle(Tire(), Tire(), Frame())  ➡②
    bike.print_specs()
```

①依存するものは、初期化時にクラスに渡される
②Bicycleを生成するコードに、必要なパーツのインスタンスを渡す

結果は変わりません。単に処理する場所を移動しただけと思えるかもしれませんが、自転車を組み立てる際の自由度が上がっています。このバージョンでは、基本バージョンの代わりに、タイヤやフレームを変えたバージョンを簡単に作れるようになっています。たとえば、Frameの代わりに、カーボンファイバーでできたCarbonFiberFrameを使いたければ、同じメソッドと属性をもってさえいればよいのです。Bicycleは引数に渡されたものを使って自転車を組み立ててくれます。

では、CarbonFiberFrameを作って、これを使った自転車を組み立ててみましょう。

リスト7.6 新しいフレームを使う

```
# ch07/03bicycle3/bicycle.py list1
class CarbonFiberFrame:
    def __repr__(self):
        return 'カーボンファイバーのフレーム'
...
# ch07/03bicycle3/bicycle.py list2
    bike = Bicycle(Tire(), Tire(), CarbonFiberFrame())  ➡①
    bike.print_specs()  ➡②
```

①カーボンファイバーのフレームも普通のフレームと同じように簡単に使える
②出力するとカーボンファイバーのフレームが使われていることがわかる

依存するものを最小限の努力で交換できるのは、テストの際にとても有効です。Tireに依存性があると、Bicycleをテストする際に、クラスTireのモックを作らなくてはなりません。制御の反転を用いればこうした制約から逃れることができ、たとえばMockTireのインスタンスを渡すだけですみます。生成したBicycleのインスタンスに何らかのタイヤを必ず渡さなければならないので、何かをモックするのを忘れるといったこともありません。

「テストが簡単になる」というのは、プログラミングに関する「原則」や「プラクティス」採用の判断基準の1つです。テストが難しいコードは、理解するのが難しい傾向があります。絶対にそうだとは言い切れませんが、両者に相関があることは間違いありません。

7.2.2 インターフェイスの重視

Bicycleは Tireをはじめとするパーツからできており、ある意味これらのパーツに依存しています。このような依存性は避けられないものです。しかし、ハイレベルのコードがローレベルの依存関係の詳細に強く依存している場合には、本来的には不要な硬直性が出現します。

別のタイヤFancyTireは、基本的なタイヤTireと同じメソッドと属性をもてば、Bicycleに取り付けられます。このことを「FancyTireはTireと同じインターフェイスをもつ」と表現します。

Bicycleは特定のタイヤの詳細に関する知識をもってはいません。タイヤは所定の情報をもち所定のビヘイビアをしてくれればよいのです。それ以外の事柄については何も要求されません。

このように、上位レベルと下位レベルのコードでインターフェイスに合意してさえいれば、実装を自由に交換することができます。Pythonにおいては、「ダックタイピング」が可能で、コード上で厳密な規定は要求されません。あるインターフェイスを構成するメソッドや属性の条件は開発者が決定します。クラスが利用者が期待するインターフェイスになっていることを確認するのは開発者の役目なのです。

Barkにおいてはビジネスロジックのクラス Commandがインターフェイスとしてexecuteメソッドを提供します。プレゼンテーション層はユーザーがオプションを選択したときにこのインターフェイスを使います。特定のコマンドの実装は必要に応じて変更が可能です。インターフェイスが同じならばプレゼンテーション層には変更の必要はありません。プレゼンテーション層の変更が必要になるのは、たとえばCommandのメソッドexecuteに追加の引数が必要になったときです。

「凝集度」も関係します。関係の深いコードはインターフェイスに依存する必要がありません。十分近いので、改めてインターフェイスを決めなくても情報は共有されています。これに対して異なるクラスやモジュールにあるコードは物理的に分離されています。したがって、ほかのクラスの中身を見たりはせずに、インターフェイスを共有する方向に進むべきでしょう。

7.2.3　堅牢性原則

プログラミングコードは、小さく明解な状態から始まりますが、時とともに複雑化する傾向をもっています。これが起こる1つの理由は、別の入力に対応できるよう成長していくことが多いからです。

堅牢性原則（別名「ポステルの法則」）は「送信するものに関しては厳密に、受信するものに関しては寛容に」という通信における設計原則を表現したものです。希望する結果に必要なビヘイビアだけを提供すること、そして不完全なあるいは予想外の入力にも対応するということを意味します。これはどんな入力でも受理せよと言っているわけではなく、柔軟性をもたせれば利用者の開発が容易になるということです。幅広い入力を小さな出力範囲にマップすることで、情報のフローをより制限された、期待された範囲に絞ることができます（図7.6）。

図7.6　入力から出力への変換時に情報を整理する

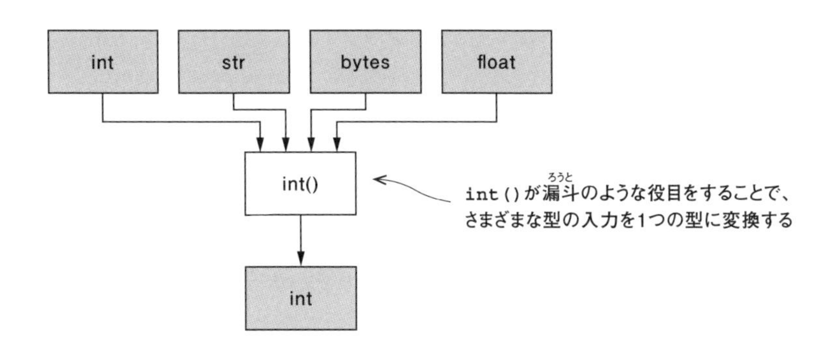

Pythonの関数`int()`を考えてみてください。この関数は入力が整数のものに対しては同じ整数の値を返します。

```
>>> int(3)
3
```

文字列が引数でも同じ値を返します。

```
>>> int('3')
3
```

そして、浮動小数点数が引数でも、整数値（整数部分）を返します。

```
>>> int(6.5)
6
```

intは整数に変換できない場合は例外を発生させますが、それ以外の場合は整数型を返します。

```
>>> int('デンマーク人')
Traceback (most recent call last):
  File "<stdin>", line 1, in <module>
ValueError: invalid literal for int() with base 10: 'デンマーク人'
```

ユーザーが入力する可能性がありそうなものの範囲についてある程度の時間を費やして理解をしましょう。そして、その入力を開発中のシステムの他の部分が対応できる範囲に抑えましょう。ユーザーに対しては入力時には柔軟な対応を心がけ、システム側ではそれを必要な結果に導きます。

7.3 Barkの拡張

では拡張性と柔軟性に留意してBarkに新しい機能を追加してみましょう。前の章で作ったBarkではユーザーがURLや説明などすべて自分で登録しました。ここでは、すでに登録されているブックマークをインポートすることで、この手間を省けるようにしてみましょう。

GitHubのスター（がついたページ情報）をインポートする機能をBarkに追加します（図7.7）。プレゼンテーション層について見ると、次を行うことになります。

1. スターをインポートするGitHubのユーザー名をユーザーに入力してもらう
2. オリジナルのタイムスタンプをそのまま使うかどうかをユーザーに尋ねる
3. インポートするコマンドを起動する

図7.7 GitHubのスターをインポートするためのフロー

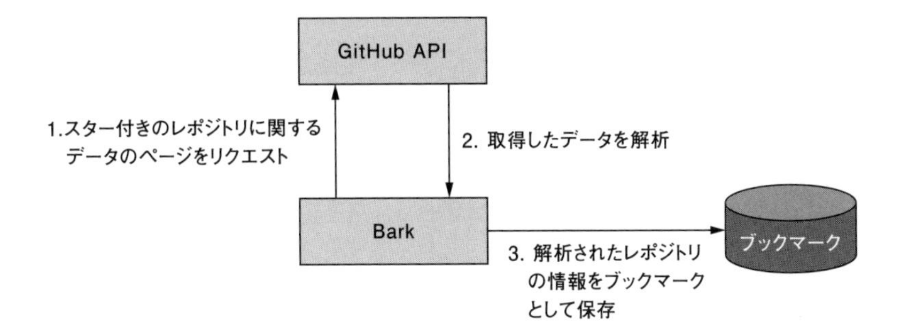

スターのデータはGitHubのAPIを使って取得します※3。パッケージ`requests`（https://github.com/psf/requests）をインストールして使うのがおすすめです※4。スターに関するデータはページに分かれているので、この処理は次のようになります。

1. スターの結果の最初のページを取得する（`https://api.github.com/users/`<ユーザー名>`/starred`）
2. 結果のデータを解析し、それを使ってスター付きのレポジトリの各々に対して`AddBookmarkCommand`を実行
3. 「`Link: <...>; rel=next`」のヘッダを取得（このヘッダがある場合）
4. 次のページがあればそれを処理。なければストップ

> GitHubのスターのタイムスタンプを得るには、APIリクエストでヘッダ「`Accept:application/vnd.github.v3.star+json`」を渡す必要があります。

最終的なコマンドは、たとえば次のように実行されます。

※3　GitHubのスター付きのレポジトリに関するAPIの説明は次を参照してください――https://mng.bz/lony

※4　多くの環境では「`pip install requests`」でインストールできます。

```
$ ./bark.py
ブックマーク管理アプリ Bark
(A) 追加
(B) 登録順にリスト
(T) タイトル順にリスト
(D) 削除
(G) GitHubのスターをインポート
(Q) 終了

操作を選択してください: G
GitHubのユーザー名: daneah
タイムスタンプを維持しますか [Y/n]: Y
270のブックマークをインポートしました。
```

タイムスタンプについても改良の必要があるでしょう。Barkではブックマークが作られた時刻（`datetime.datetime.utcnow().isoformat()`）をタイムスタンプとして用いていますが、GitHubでスターを付けた日時をそのまま使いたい人のほうが多いでしょうから、そのためのオプションを付けます。制御の反転を利用することで、わかりやすく実装できます。

`AddBookmarkCommand`を更新して、タイムスタンプに関するオプションを受け付けるようにしてください。今までと同じ方式も選択できるものとします。完成したら次のリストと比較してみてください。

リスト7.7 ブックマークのタイムスタンプに関する制御の反転

```
# ch07/04bark2/commands.py list1
class AddBookmarkCommand:
    def execute(self, data, timestamp=None):  ➡①
        data['date_added'] = timestamp or datetime.utcnow().isoformat()  ➡②
        db.add('bookmarks', data)
        return 'ブックマークを追加しました。'
```

①オプションの引数`timestamp`を追加
②渡されたtimestampを使うが、指定されない場合は現在時刻にする

この変更で`AddBookmarkCommand`の柔軟性が少し向上し、GitHubのスターのインポートに必要な拡張性も備えたことになります。パーシスタンス層には機能の追加は必要ないので、この新機能に関してはプレゼンテーション層とビジネスロジック層だけの変更で対応できます。全体を完成させて、次のリストと比較してください。

リスト7.8 GitHubのスターをインポートするコマンド

```
# ch07/04bark2/commands.py list2
class ImportGitHubStarsCommand:
    def _extract_bookmark_info(self, repo):  ➡①
        return {
            'タイトル': repo['name'],
            'URL': repo['html_url'],
            'メモ': repo['description'],
        }

    def execute(self, data):
        bookmarks_imported = 0

        github_username = data['github_username']
        next_page_of_results = \
            f'https://api.github.com/users/{github_username}/starred'  ➡②

        while next_page_of_results:  ➡③
            stars_response = requests.get(  ➡④
                next_page_of_results,
                headers={'Accept': 'application/vnd.github.v3.star+json'},
            )
            next_page_of_results = stars_response.links.get('next', {}).get('url')  ➡⑤

            for repo_info in stars_response.json(): # スターごとの繰り返し
                repo = repo_info['repo']  ➡⑥

                if data['preserve_timestamps']:
                    timestamp = datetime.strptime(
                        repo_info['starred_at'],  ➡⑦
                        '%Y-%m-%dT%H:%M:%SZ'  ➡⑧
                    )
                else:
                    timestamp = None

                bookmarks_imported += 1
                AddBookmarkCommand().execute(  ➡⑨
                    self._extract_bookmark_info(repo),
                    timestamp=timestamp,
                )

        return f'{bookmarks_imported}個のブックマークをインポートしました。'  ➡⑩
```

①レポジトリに関する辞書データを受け取って、ブックマークの作成に必要なものを取り出す
②最初のページのURL
③ページがある限り、次のページの内容を取得する
④次のページの結果を取得。APIに対して、タイムスタンプを返すようヘッダを指定
⑤次のページへのリンクがあればそのURLを記憶
⑥スター付きのレポジトリに関する情報
⑦スターが付けられたときのタイムスタンプ
⑧Barkの形式でタイムスタンプをフォーマット
⑨レポジトリのデータを渡して`AddBookmarkCommand`を実行
⑩インポートされたスターの個数を示すメッセージを戻す

リスト7.9 GitHubのスターをインポートするオプション

```
# ch07/04bark2/bark.py list1
def get_github_import_options():  ➡①
    return {
        'github_username': get_user_input('GitHubのユーザー名'),
        'preserve_timestamps':  ➡②
            get_user_input(
                'タイムスタンプを維持しますか [Y/n]',
                required=False
            ) in {'Y', 'y', None},  ➡③
    }
...
def loop():
   ...
    options = OrderedDict({
        ...
# ch07/04bark2/bark.py list2
        'G': Option(  ➡④
            'GitHubのスターをインポート',
            commands.ImportGitHubStarsCommand(),
            prep_call=get_github_import_options
        ),
        'Q': Option('終了', commands.QuitCommand()),
    })
```

①スターをインポートするGitHubのユーザー名を取得する関数
②タイムスタンプを維持するかどうか
③「Y」あるいは「y」を入力するかEnterキーを押すとタイムスタンプを維持する
④メニューにGitHubからのインポートを行う選択肢を追加。該当するコマンドや関数を指定

さらなる機能追加

Barkをさらに拡張したいと思ったら、既存のブックマークの編集機能を実装してください。`DatabaseManager`に更新のためのメソッドの追加が必要です。更新対象のブックマークの指定（削除と同じ）と、カラム名（タイトル、URL、メモのいずれか）とそのカラムの新しい内容の指定が必要です。追加、選択、削除のコードを参考にしてください。
更新対象のID、更新対象のカラム、そして新しい内容の指定が必要になります。ビジネスロジック層にはクラス`EditBookmarkCommand`を追加しましょう。
これまでの説明でできるはずなのでやってみてください。実装例は例題の`ch07/05bark3`の下に入っています。

このように、拡張性の高いシステムにおいては、機能を追加しても周囲への影響を最小限に抑えられます。希望する機能についてのみ考えればよいのです。

開発者として、ごく稀にですが、オーケストラの指揮者のような気分を味わうときがあるかもしれません。弦楽器、木管楽器、打楽器、と加わっていき、素晴らしいハーモニーが奏でられます。不協和音が聞こえることもありますが、落胆する必要はありません。不協和音の原因となっている「硬直性」を探し出し、ここまでの章で学んだことを生かして、その部分を柔軟なコードに書き換えていけばよいのです。

次の章では継承について、いつ、どのように用いるべきかを説明します。

7.4 まとめ

- 新しい機能を追加する際には、できるだけ新しい関数、メソッド、あるいはクラスの追加だけで済むようにコードを構築するのが好ましい。既存の関数などは編集せずに済むのが理想である
- 制御の反転によって、低レベルな実装を変更せずに、コードのビヘイビアをカスタマイズできる
- クラス間で互いの詳細を公開し合うよりも、合意したインターフェイスのみを共有することで、結合度を下げることができる
- 入力に関してはできるだけ幅広く受け付けるよう検討し、逆に出力に関しては厳格にするべきである

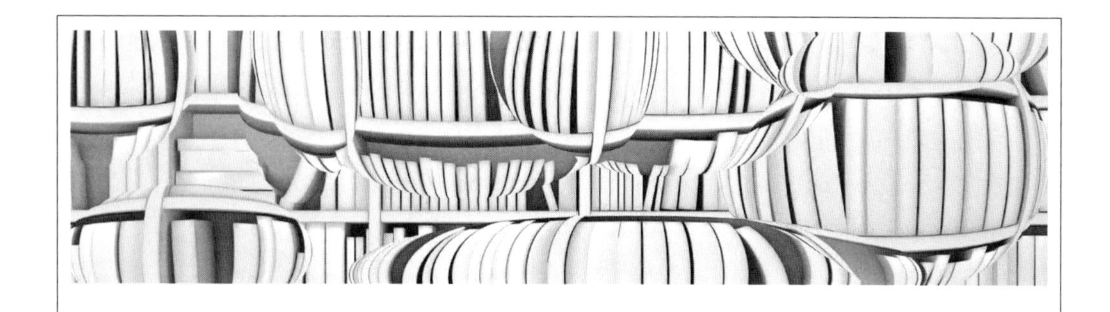

第8章 The rules (and exceptions) of inheritance 継承

■この章の内容

継承と合成の併用

オブジェクトの型の検査

抽象基底クラスを用いた「インターフェイス」の記述

Pythonで自分のクラスを作成した経験、あるいはクラスベースのフレームワークを使った経験があるなら、継承も利用したことがあるでしょう。クラスはほかのクラスから継承でき、親クラスのデータやビヘイビアを利用できます。この章では、Pythonにおける継承について、どういった場面で利用するべきか、あるいは利用するべきではないかを学びます。

8.1 プログラミングにおいて継承の占める位置の変遷

継承という概念がプログラミングの世界に登場したのはだいぶ前のことになりますが、「継承をいつ、どのように利用すべきか」については、いまだに論争が続いています。オブジェクト指向プログラミング（OOP: object-oriented programming）の歴史において、継承という概念は長い間、最重要項目とみなされ、多くのアプリケーションでは、現実世界をオブジェクトの階層でモデル化しようと試みました。わかりやすく明確な構造に結びつくと期待され、オブジェクト指向と継承は切っても切り離せないものとして扱われてきました。

8.1.1 「銀の弾」

継承がピッタリハマるケースも中にはあり、どんなアプリケーションにも役に立つ、いわゆる「銀の弾」のように扱われる場合もあります。しかし、すべての場面でうまくいくわけではありません。すべてのニーズにマッチするパラダイムはフィクションの世界にしか存在しないのです。

OOPにおいてクラスの継承は多くの開発者のフラストレーションの種となりました。そして、OOPを完全に捨ててしまう人も増えてきました。しかし、オブジェクト指向は課題解決のためのメンタルモデルの構築に有用で、うまく階層構造が構築できる場面ではとても役に立つのです。すべての問題を解くのに役に立つ万能のソリューションではありませんが、特定のユースケースにおいては「正解」なのです。

まずはその前に、クラスの継承関係がなぜフラストレーションの種となってしまったのでしょうか。その理由を探り、続いて継承をどのように使えばよいのかを説明します。

8.1.2 階層構造の問題点

オブジェクト指向には、分離、カプセル化、情報とビヘイビアの分類といった概念が登場します。公開されているライブラリの中には、物と物との関係を記述するのに、完全に独自の方法で世界を記述し分類しているものもあります。単純に階層構造を作るのはうまくいくこともありますが、ソフトウェアのビヘイビアが関連すると問題が発生します。ソフトウェアの成長に伴って、クラス間の親子関係を素直に保つのが難しくなってくるのです。

あるクラスはスーパークラス（上位のクラス）の情報およびビヘイビアのすべてを継承するとともに、その一部をオーバーライド（変更）することもできます（図8.1）。この両者の関係はプログラミングにおいてもっとも密な関係と言えるでしょう。デフォルトの状態では、あるクラスが知るすべてのこと（属性）、および行うすべてのこと（メソッド）は、スーパークラスに結び付けられています。

図8.1 サブクラスとスーパークラスの継承関係

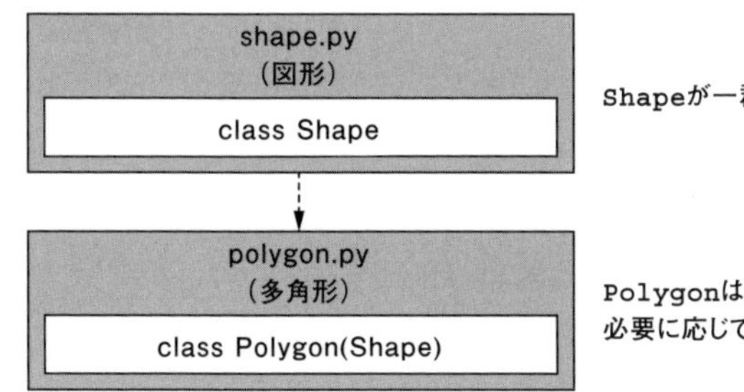

このような結合は、クラスの階層が深くなるに連れて、管理が困難になっていきます。特定のクラスを見たときに、ほかのクラスがそのクラスから継承しているかどうかが簡単にはわかりません。図8.2に示すように、ビヘイビアの意図しない変更がバグにつながります。

量子物理学において「量子もつれ」と呼ばれる現象があります。空間上で、どんなに離れていても、一方に起こった変化が他方に同じような変化を起こすように2つの粒子が関連付けられてしまう現象です。アインシュタインが「不気味な遠隔作用」と呼んだこの現象があると、1つの粒子の状態はそれを見ているだけでは決まらないことになります。対になる粒子の状態が変わると即座に変わってしまうからです。

これは物理学においては面白い現象かもしれませんが、ソフトウェアにおいてはとても危険な状況です。あるクラスに対して変更を施すと、知らないうちに別のサブクラスの機能が変更（運が悪いと破壊）されてしまうのです。いわゆる「バタフライ効果」のようなものです。

継承はコードを再利用するために使われますが、あとになって問題が起こる場合があります。階層構造が深いと、途中にある（異なるレベルにある）複数のクラスがスーパークラスの振る舞いをオーバーライドしたり、機能を追加したりできます。このため、情報のフローを追いかけるために階層構造を上下に行ったり来たりしなければならなくなります。我々開発者は、理解度を上げ、認知的負荷を下げるようプログラムを作るべきです。階層の深い構造はこの目標とは相容れません。

にもかかわらず、なぜまだ継承が使われているのでしょうか。

図8.2 階層の深い継承がバグにつながる理由

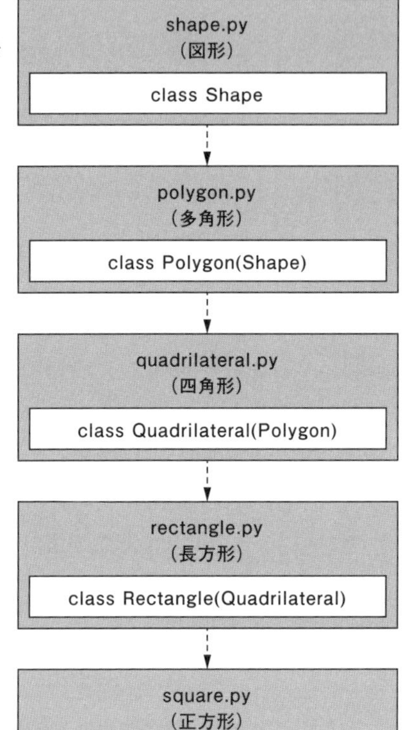

8.2 プログラミングにおける継承の意味

複雑な階層構造から生じた苦痛のため、継承の評判は落ちていきました。しかし、継承が「本質的に悪」というわけではありません。「本来使うべきでないところでも使われてしまっていた」というだけです。

8.2.1 継承は本当は何のためのものか

しかしいまだに継承を使うべきではないところで使っている人が大勢います。継承はビヘイビアの特化に使うべきものです。別の言い方をすると、コードの再利用のためだけにサブクラスを使うのは間違いなのです。メソッドが異なる値を返すようにするために、あるいは異なるビヘイビアをするためにサブクラスを作成するべきなのです。

このような意味で、サブクラスはスーパークラスの「特殊ケース」として扱われるべきなのです。スーパークラスのコードを再利用することにはなりますが、「サブクラスのインスタンスはスーパークラスのインスタンスである」というアイデアの自然な結果としてのみ使うようにするべきなのです。

クラスBがクラスAを継承する場合、BはAである（B "is-an" A）と言います。このとき、Bのインスタンスは実際にAのインスタンスであり、実際にAのように見えなければならないのです。これに対して、クラスCのインスタンスがクラスDのインスタンスを利用する場合、CはDをもつ（C "has-a" D）と言います。これはCはDを構成要素として含むということを強調しています（ほかのものも含まれる可能性があります）。

前の章の自転車（クラス`Bicycle`）についてもう一度考えて見ましょう。自転車を構成する部品にいくつかのタイプがありました。`AluminumFrame`を`CarbonFiberFrame`に、`Tire`を`FancyTire`にアップグレードしました。`CarbonFiberFrame`と`FancyTire`が、それぞれ`Frame`や`Tire`を継承していたとしてみましょう。その場合、継承と合成を使って自転車をモデル化する場合に、次のどれが言えるでしょうか。

1. `Tire`は`Bicycle`をもっている（A `Tire` has-a `Bicycle`）
2. `Bicycle`は`Tire`をもっている（A `Bicycle` has-a `Tire`）
3. `CarbonFiberFrame`は`Frame`である（A `CarbonFiberFrame` is-a `Frame`）
4. `CarbonFiberFrame`は`Frame`をもっている（A `CarbonFiberFrame` has-a `Frame`）

自転車はタイヤの構成要素ではありませんから（逆です）、1.は正しくありません。これに対して、2.は正しいと言えます。カーボンファイバーのフレームはフレームには違いないので、

3.は理屈にあっていますが、4.は正しくありません。そして、3.が継承を表しています。繰り返しますが、継承は特殊化です。これに対して合成はビヘイビアを再利用するために使えるのです（図8.3）。

継承をビヘイビアの特殊化に用いるのは、最初のステップにすぎません。アルミのフレームをカーボンファイバーのフレームと交換できるのはなぜかを考えてみてください。同じ位置で同じように接続できるからです。正しい接続ができないと自転車はばらばらになってしまいます。ソフトウェアについても同じことが言えます。

図8.3 継承と合成

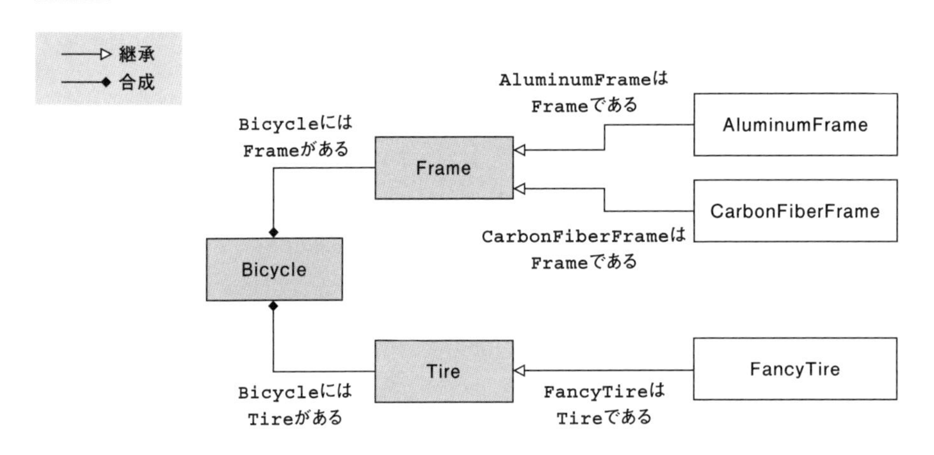

8.2.2 置換可能性

著名なコンピュータ科学者のBarbara Liskovは継承と関連して「置換可能性」という概念を提起しました※1。プログラムの正しさに影響することなく、あるクラスのインスタンスを、そのサブクラスのインスタンスと置換（交換）できなければならないという概念です。ここでいう「正しさ」とは、プログラムにエラーがなく、具体的な結果は違ってしまうかもしれませんが、基本的には同じような出力が得られるという意味です。置換可能性は、サブクラスがスーパークラスのインターフェイスを厳密に守っていないと実現できません。

Pythonにおいてはこの原則から離れてしまうことは難しくありません。次のリストを見てください。ナメクジ（Slug）とカタツムリ（Snail）を記述したPythonのコードです。Pythonのコードとしてはまったく問題がありません。ナメクジ（Slug）とカタツムリ（Snail）は、いず

※1　Barbara Liskovの「置換原則」については、ウィキペディアの「リスコフの置換原則」の項を参照してください。

れも軟体動物のうちの「腹足類」と呼ばれる綱(こう)に属しています。明らかな違いはカタツムリには殻があることです。この意味で、カタツムリ（Snail）はナメクジ（Slug）のサブクラスといってもよいかもしれません。しかしカタツムリ（Snail）は置換可能性を満たしていません。`Slug`を使っているプログラムは、`__init__`メソッドに`shell_size`を追加しない限り、それを`Snail`に置き換えることができません。

リスト8.1　置換可能性を破っているサブクラス

```
# ch08/01gastropods1/gastropods.py
class Slug:  # ナメクジ
    def __init__(self, name):
        self.name = name

    def crawl(self):
        print(f'{self.name}の這い跡ができました')


class Snail(Slug):  ➡①
    def __init__(self, name, shell_size):  ➡②
        super().__init__(name)
        self.name = name
        self.shell_size = shell_size   # 殻の大きさ


def race(gastropod_one, gastropod_two):
    gastropod_one.crawl()
    gastropod_two.crawl()


race(Slug('小次郎'), Slug('小雪'))  ➡③
race(Snail('小次郎'), Snail('小雪'))  ➡④
```

①`Snail`（カタツムリ）は`Slug`（ナメクジ）を継承する
②別のインスタンス生成のシグニチャを使うのは、置換可能性を破るよくあるパターン
③`Slug`のインスタンスを2つ生成して、レースができる
④引数`shell_size`のない`Snail`を使おうとすると例外が発生する

この例をうまく動くように変えられますが、これは合成の例と考えたほうがよいかもしれません。カタツムリはナメクジである（is-a）ではなく、殻をもつ（has-a）のです。

階層中の各サブクラスが要件となっている役割を果たせるのであれば、置換可能性が満たされることになります。特殊化（サブクラス化）の際に、サブクラスがメソッドのシグニチャを変更したり、例外を発生させたりすれば、置換可能性を満たさない可能性が出てきます。このような状況が生じた場合は、サブクラスの階層ではなく他の方法を用いるべきときと言えるでしょう。

8.2.3 継承が使える理想的なケース

Rubyプログラマーであり以前はSmalltalkのコミュニティで活動していたSandi Metzは、いつ継承を使うべきかに関する次のような基本ルールを提案しています※2。

1. 解こうとしている問題が、浅く狭い階層構造をもっている
2. サブクラスはオブジェクトグラフの葉にある（ほかのオブジェクトを利用していない）
3. サブクラスはスーパークラスのすべてのビヘイビアを利用する（あるいは特化している）

上の3点について、もう少し詳しく説明しましょう。

8.2.3.1 浅く狭い階層構造

1.の「浅く狭い階層」はすでに「8.1.2 階層構造の問題点」で見た事柄です。クラスの階層が深いと管理が困難になり、バグの混入を招きがちになります。階層を浅く抑え気味に保つことで、さまざまな判断が容易になります（図8.4）。

階層が狭いとは、サブクラスが多すぎるクラスが階層にないことを意味します。サブクラスの数が増えるにつれて、どのサブクラスがどの特殊化を担当するのかがわかりにくくなります。また、「自分の望むものがない」という理由でほかの開発者がサブクラスをコピーして新しいものを作ってしまうかもしれません。

※2 詳しくは次を参照――Sandi Metz, “All the Little Things,” RailsConf 2014, https://www.youtube.com/watch?v=8bZh5LMaSmE

図8.4 狭く浅い継承の階層が望ましい

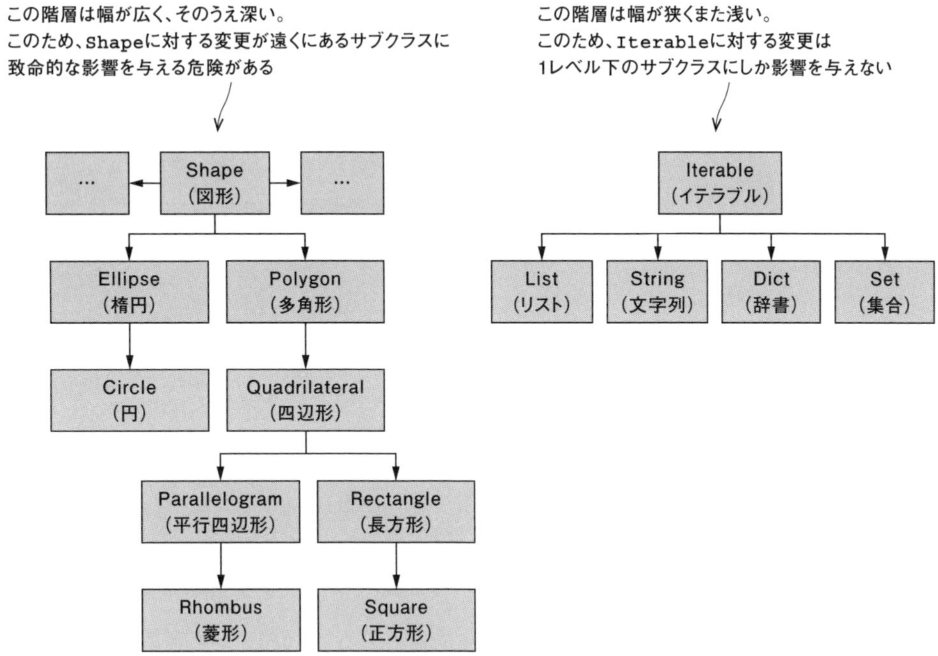

この階層は幅が広く、そのうえ深い。
このため、Shapeに対する変更が遠くにあるサブクラスに
致命的な影響を与える危険がある

この階層は幅が狭くまた浅い。
このため、Iterableに対する変更は
1レベル下のサブクラスにしか影響を与えない

Shape（図形）
Ellipse（楕円）
Polygon（多角形）
Circle（円）
Quadrilateral（四辺形）
Parallelogram（平行四辺形）
Rectangle（長方形）
Rhombus（菱形）
Square（正方形）

Iterable（イテラブル）
List（リスト）
String（文字列）
Dict（辞書）
Set（集合）

8.2.3.2 オブジェクトグラフの末端のサブクラス

プログラム内のすべてのオブジェクトを、継承あるいは合成を介して接続されているグラフのノードと考えることができます。継承を利用すると、1つのクラスがほかのオブジェクトと接続されていることになりますが、そのクラスのサブクラスは一般にはそれ以上の依存性をもつべきではありません。サブクラスはビヘイビアの特殊化のためのものです。あるサブクラスが（スーパークラスあるいはほかのサブクラスがもたない）ユニークな依存性をもっている場合は、合成のほうが適している可能性が高いでしょう。このようなチェックをすることで、サブクラスが新しい結合を導入せずにビヘイビアを特殊化していることを確認できます。

8.2.3.3 サブクラスとスーパークラスのビヘイビアの関係

サブクラスが、上で見たis-aの関係をもつ場合、サブクラスはスーパークラスのすべてのビヘイビアを利用することになります。サブクラスがスーパークラスのすべてのビヘイビアを使わないのなら、本当にスーパークラスのインスタンスであるといえるでしょうか。鳥を表現する次のクラスについて考えてみましょう。

```
class Bird:
    def fly(self):
        print('飛行中！')
```

このクラスのサブクラスを作って、ほかの鳥の飛ぶときの様子を記述してみます。

```
class Hummingbird(Bird):
    def fly(self):
        print('高速に羽ばたき中！')
```

飛べないペンギンやキーウィ、ダチョウなどはどうなるでしょうか。1つの解決策はflyをオーバーライドすることです。

```
class Penguin(Bird):
    def fly(self):
        print('飛べません！')
```

flyでは何もしないようにしたり（pass)、何らかの例外を発生させることも考えられます。しかしこれは、置換可能性の原則に反することになります。Penguinを扱っているコードのすべてが、このビヘイビアが使われないようflyをまったく呼ばないというのは考えにくい話です。合成を使って、飛ぶものに対してだけflyを定義するほうが、よい方法と言えるでしょう。

8.2.3.4 課題

Bicycleの例についても継承と合成のルールを適用してみてください。Bicycleの例は、Sandi Metzが描写した継承のルールにどの程度従っているでしょうか。モジュールbicycleのオブジェクトは各ルールに従っているでしょうか。

- FrameとTireはどちらも狭く浅い階層をもっています。サブクラスは1レベル下にあるだけですし、2つのサブクラスがあるだけです。
- いろいろな型のタイヤやフレームがありますが、いずれもほかのオブジェクトに依存していません。
- どの型のタイヤやフレームも、自分のスーパークラスのすべてのビヘイビアを利用、あるいは特殊化しています。

というわけで、すべてのルールに合致していることがわかります。継承を必要なときに正しく用いており、全体を作るために異なる部品を合成しています。

次の節では、継承に関連するPythonのツールを紹介します。

8.3 Pythonにおける継承

Pythonにはクラスやその継承構造を検査するためのツールがいくつか用意されており、こうしたツールなどを使って、デバッグやテストの際に継承や合成について調査できます。

8.3.1 型の検査

Pythonではダイナミックに型が決まるため、デバッグの際にオブジェクトの型を知りたくなる場合があります。

型チェック

Pythonの最近のバージョンでは「型ヒント」をサポートしており、関数やメソッドの引数に型の「ヒント」を指定できます。呼び出しをチェックするツールではコードを実行せずに、この型を見て検査できます。もっとも、Pythonは実行時に型を強制するわけではなく、開発の手助けとしての役割を果たすだけです。

オブジェクトの型のチェックをする基本的な方法としては組み込みの関数`type()`があります。`type(obj)`とすることで、オブジェクト`obj`がどのクラスのインスタンスかがわかります。

```
>>> type(42)
<class 'int'>
>>> type({'デザート': 'クッキー', 'フレーバー': 'チョコチップ'})
<class 'dict'>
```

これはそれなりに有用ですが、ある「クラスあるいはそのサブクラス」のインスタンスであるかを知りたい場合があります。それには`isinstance()`を使います。

```
>>> isinstance(42, int)
True
>>> isinstance(FancyTire(), Tire) ➡①
True
```

①参照するクラスはネームスペースにインポートされている必要がある

第1引数に指定したクラスが、第2引数に指定したクラスのサブクラスであるかを知りたい場合は、関数`issubclass`を使います。

```
>>> issubclass(int, int)
True
>>> issubclass(FancyTire, Tire)
True
>>> issubclass(dict, float)
False
```

> `issubclass`は少し紛らわしい名前で、自分自身も「サブクラス」に含まれます。したがって、上の`issubclass(int, int)`のように、同じクラスを2つの引数に指定すると`True`になります。

こうした関数も時としては便利ですが、こうした関数の存在は「危険信号」でもあります。なぜなら、データ型に依存して動作が変わることを意味するからです。こうした組み込みの関数は基本的にはオブジェクトを外から検査するためのものです。これに対して、クラス内部で継承を扱うのに便利な機能も備わっています。

8.3.2 スーパークラスへのアクセス

サブクラスから、スーパークラスの動作を利用しつつ一部の動作だけを変更したい場合、組み込みの関数super()を使えます。次のリストを見てください。

リスト8.2 スーパークラスの機能にsuper()を使ってアクセスする

```
# ch08/05banking/banking.py
class Teller:  # 窓口係
    def deposit(self, amount, account):  # 預け入れ
        account.deposit(amount)


class CorruptTeller(Teller):  ➡①
    def __init__(self):
        self.coffers = 0  # 金庫

    def deposit(self, amount, account):  ➡②
        self.coffers += amount * 0.01  ➡③
        super().deposit(amount * 0.99, account)  ➡④
```

①邪悪な窓口係（CorruptTeller）は窓口係（Teller）である（is-a）
②邪悪な窓口係はdepositのデフォルトのビヘイビアをオーバーライドする
③邪悪な窓口係は少し自分のためにピンハネする
④残りの金額はほかの窓口係と同じように扱う

super()を使うコードは、置換可能性が満たされていないと、とてもわかりにくくなります。メソッドをオーバーライドする際に引数の個数を変更し、そのうちのいくつかだけをsuper()を使って渡すことは、混乱を招き、保守性を低下させます。置換可能性は、多重継承を使う場合に特に重要になります。

8.3.3 多重継承とメソッド解決順序

ここまでは単純な（スーパークラスが1つしかない）継承（「単一継承」あるいは「単純継承」）について議論してきました。Pythonでは「多重継承」がサポートされています。図8.5に示すように、クラスは複数のスーパークラスをもてるのです（図中のLigerは、雄のライオンと雌のトラの子供）。

図8.5 単一継承と多重継承

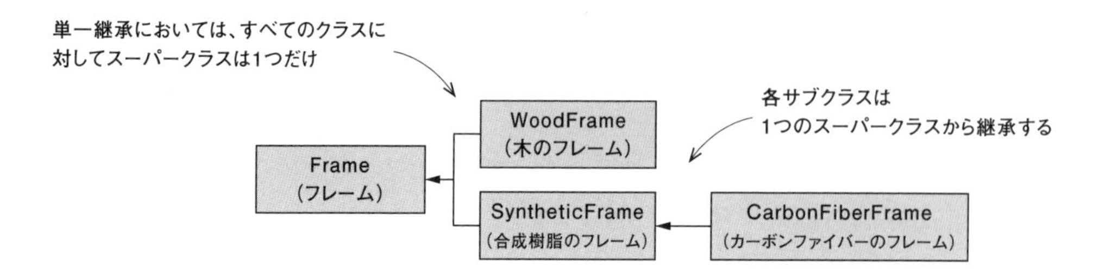

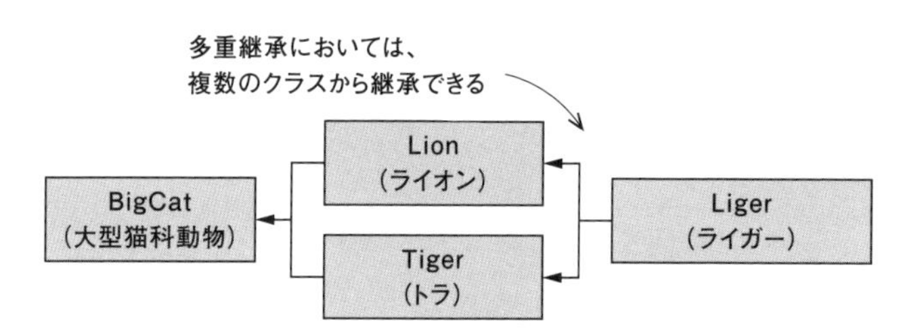

プラグインアーキテクチャを利用する場合や、1つのクラスの中で複数のインターフェイスを実装する場合に、多重継承を利用するとうまくいくかもしれません。たとえば、水陸両用車は船と車の両方のインターフェイスをもっています。

リスト8.3のように、クラス定義で複数のスーパークラスを指定できます。このコードをモジュール`cats`に置き、試してみてください。`print(liger.eats())`が何をするか、実行する前に考えてみてください。

リスト8.3 Pythonにおける多重継承

```
# ch08/06cats1/cats.py
class BigCat:   # 大型猫科動物
    def eats(self):   # 食べる
        return ['齧歯動物']


class Lion(BigCat):  ➡①
    def eats(self):
        return ['ヌー']


class Tiger(BigCat):  ➡②
```

```
    def eats(self):
        return ['水牛']


class Liger(Lion, Tiger):  ➡③
    def eats(self):
        return super().eats() + ['兎', '牛', '豚', '鶏']


if __name__ == '__main__':
    lion = Lion()
    print('ライオンが食べるもの：', lion.eats())
    tiger = Tiger()
    print('トラが食べるもの：', tiger.eats())
    liger = Liger()
    print('ライガーが食べるもの：', liger.eats())
```

①Lion（ライオン）はBigCat（大型猫科動物）である（単一継承）
②Tiger（虎）もBigCat（大型猫科動物）である（単一継承）
③Liger（ライガー）は多重継承を使って定義されている。LionでもTigerでもある

このコードを実行すると次のような結果が出ます。これは予想どおりでしたか。

```
ライガーが食べるもの： ['ヌー', '兎', '牛', '豚', '鶏']
```

LigerはLionとTigerから継承しているので、すべての動物を食べることになるはずだと思ったのではないでしょうか。Pythonではsuper()はそのようには動作しません。super().eats()が呼ばれると、Pythonの処理系は呼び出すべきeats()の定義を探し始めます。Pythonは「メソッド解決順序（method resolution order）」に従って、呼び出すメソッドを決定します。

メソッド解決順序は次のように決まります。

1. スーパークラスを深さ優先で、左から右に順位付けする。Ligerの場合は先頭（左）に書かれているLion、BigCat（Lionの唯一の親）、object（BigCatの暗黙の親）、Tiger（Ligerの2番目の親）、BigCat、そしてobjectとなる（図8.6）
2. 重複を削除する。この結果Liger、Lion、BigCat、object、Tigerとなる
3. 自分のスーパークラスより後ろにあるクラスを、そのスーパークラスの前に移動する。その結果、最終的なリストはLiger、Lion、Tiger、BigCat、objectの順になる

図8.6 クラスの継承の階層に対する深さ優先の順序付け

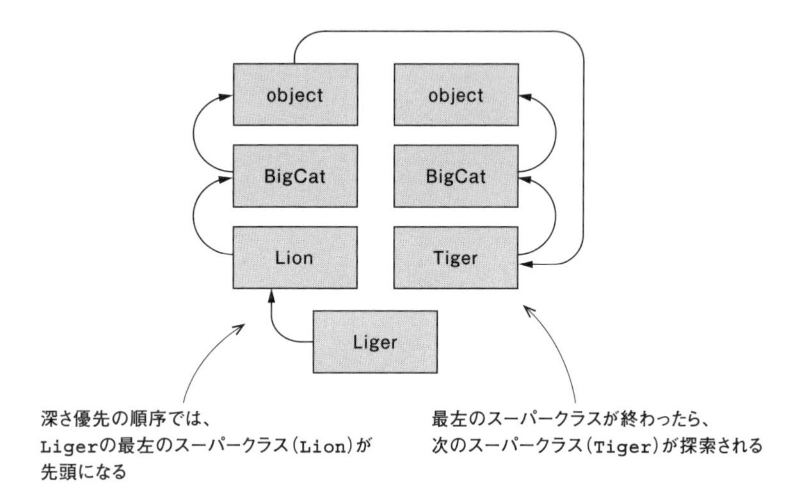

このやり方でLigerはどのように検索されるのでしょうか。詳細を図8.7に示します。

図8.7 メソッド解決順序の決定

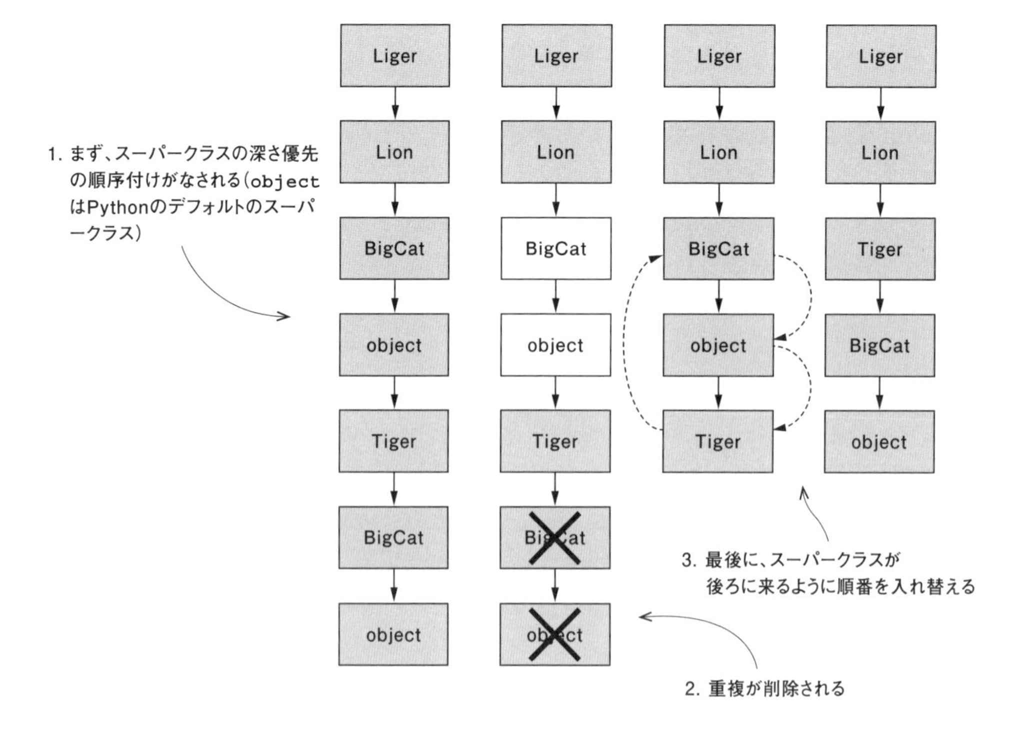

super().eats()に出会うと、メソッドeats()を見つけるまで、メソッド解決順序に従ってクラスを順に見ていきます。この場合Lionが最初に見つかるので、['ヌー']が返されます。Ligerはこれに自分が餌とする動物を加えますから、['ヌー', '兎', '牛', '豚', '鶏']が出力されます。

メソッド解決順序の検査

属性__mro__（method resolution orderの略）を見ることで、メソッド解決順序がわかります。

>>> Liger.__mro__

(<class '__main__.Liger'>, <class '__main__.Lion'>, <class '__main__.Tiger'>, <class '__main__.BigCat'>, <class 'object'>)

多重継承は「協調的」なものにすることを推奨します。つまり、各クラスのメソッドについて同じシグニチャをもつこと（置換可能性）、そして自分のsome_method()というメソッドからsuper().some_method()を呼び出すようにします。各メソッドでsuper()を呼び出すことで、メソッドを見つけたあとでも、メソッド解決順序に従ってメソッドを探し続けることを意味します。これにより、実行をブロックするクラスがないこと、予期しないインターフェイスによって想定外のことが起こらないことが保証されます。クラスが協調して動作するわけです。

クラスLionおよびクラスTigerを、super().eats()を呼び出すようにアップデートしてみてください。このとき、メソッドLiger.eats()が呼び出すのと同じように呼び出します。できあがったら、次の結果になることを確認してください。

```
ライガーが食べるもの： ['齧歯動物', '水牛', 'ヌー', '兎', '牛', '豚', '鶏']
```

多重継承はあまり頻繁に使われるものではありませんが、必要になったときに使える準備をしておいてください。大きなソフトウェアを開発するときには、いろいろな機能を利用する必要が出てきます。そのための準備をしておきましょう。

8.3.4 抽象基底クラス

ここまで、Pythonでは「インターフェイス」が使えないと書いてきました。まずは、継承や合成をいつ、どのように効果的に使えばよいのかを知る必要があるのです。実はインターフェイスと同じような仕組みが用意されています。

Pythonの「抽象基底クラス」は継承を使って実質的なインターフェイスを実現するためのものです。Pythonの抽象基底クラスは、ほかの言語のインターフェイスと同様に、そのクラスのサブクラスが実装するべきメソッドと属性を規定します。抽象基底クラスのインスタンスを直接生成することはできません。ほかのクラスがどのように機能するべきかを示すテンプレートの役割をするのです。

Pythonにはabcというモジュールがあり、抽象基底クラス（abstract base class）の生成が簡単に行えるようになっています。

- クラスABCを継承することで抽象基底クラスであることを示せる
- デコレータ@abstractmethodを使うことで、定義しようとしている抽象基底クラスで定義されたメソッドが抽象的なものであることを示す（これによって、各メソッドが抽象クラスのサブクラスで定義されなければならないことになる）

食物連鎖をモデル化しているとしましょう。捕食者(predator)のクラスすべてで、獲物を食べるためのメソッドeatを含むインターフェイスを実装することにします。この場合、Predatorという抽象基底クラスを作成し、eatとそのシグニチャを定義します。それからPredatorのサブクラスを作ると、eatを定義していないサブクラスでは例外が発生することになります。

次のリストに例を示します。

リスト8.4 インターフェイスを強制するために抽象基底クラスを使う

```
# ch08/08predators/predators.py
from abc import ABC, abstractmethod


class Predator(ABC):  ➡①
    @abstractmethod  ➡②
    def eat(self, prey):  ➡③
        pass ➡④


class Bear(Predator):  ➡⑤
```

```
    def eat(self, prey):  ➡⑥
        print(f'熊が{prey}を一撃！')


class Owl(Predator):
    def eat(self, prey):
        print(f'フクロウが{prey}めがけて急降下！')


class Chameleon(Predator):
    def eat(self, prey):
        print(f'カメレオンが舌を伸ばして{prey}をペロリ！')


if __name__ == '__main__':
    bear = Bear()
    bear.eat('シカ')
    owl = Owl()
    owl.eat('ネズミ')
    chameleon = Chameleon()
    chameleon.eat('ハエ')
```

①ABCから継承することでこのクラスを抽象基底クラスとする
②すべてのサブクラスでこのメソッドが定義されなければならないことを示す
③サブクラスにおいて、IDE（統合開発環境）でこのメソッドのシグニチャがチェック可能になる
④抽象メソッドではデフォルトの実装をもたない
⑤抽象基底クラスのサブクラスとすることで、インターフェイスを実装する
⑥このメソッドは必ず定義する必要がある。定義しないと例外が発生する

> IDEを使う場合、メソッドのシグニチャが違っていれば警告を発してくれるでしょう。Pythonは実行時にチェックは行いませんが、引数が多すぎたり少なすぎたりといった通常のミスに対してはエラーを発します。

新しい`Predator`を作成してメソッド`eat`を実装せずに、モジュールのいちばん最後でインスタンスを生成させてみてください。抽象メソッド`eat`のない抽象クラスのインスタンスを生成できない旨のメッセージとともに`TypeError`が発生するはずです（`ch08/09predators2/predators.py`）。

では今度はクラスBearにメソッドroar（ほえる）を加えましょう（ch08/10predators3/predators.py）。どうなると思いますか。コードを書く前に予想してみてください。

1. インスタンスが生成されるときにTypeErrorが発生する。Predatorに抽象メソッドとしてroarが定義されていないため
2. roarが呼び出されるときにRuntimeErrorが発生する。Predatorに抽象メソッドとしてroarが定義されていないため
3. 普通のクラスのメソッドと同じように動作する

正解は3.です。サブクラスにメソッドの定義を追加してもかまいません。抽象基底クラスは最低限実装すべきメソッドを規定しているだけで、メソッドの追加に関する制限はありません。実は抽象基底クラス自身にメソッドを定義して、それを普通に継承することもできなくはありません（ch08/11predators4/predators.py）。ただし、このように「抽象」基底クラスでありながら実際の定義を書くというのは混乱の元なので、避けたほうがよいでしょう。

実のところ筆者自身は抽象基底クラスをあまり利用することはありません。「制御の反転」を使った合成で十分な場合が多いのです。自分で両方の手法を使ってみて、開発中のコードにしっくりくる手法を利用するとよいでしょう。

継承に関してだいぶ知識が増えたので、Barkに関して継承が使えないか検討してみましょう。

8.4 Barkにおける継承の利用

Barkではここまでのところ継承は利用してきませんでした。このように継承を使わなくてもできることはたくさんあるのですが、うまく継承を利用するとコードが書きやすくなることもまた事実です。この節では継承を利用してBarkを少し書き換えてみましょう。

8.4.1 抽象基底クラスの利用

多くのプログラミング言語では、インターフェイスを使って、あるクラスが特定のメソッドや属性を実装することを宣言できますが、先ほど見たようにPythonにおいては抽象基底クラスを使うことで、インターフェイスと同じような機能を実現できます。さて、Barkにおいては次のどれがインターフェイスと関連しそうでしょうか。

1. モジュールcommandsのコマンド
2. モジュールdatabaseのデータベースの文の実行
3. モジュールbarkのオプション

3.のモジュール`bark`のオプションはみな同じように動作しますが、各オプションごとに別のクラスは用意されていません。したがってインターフェイスとはあまり関係がなさそうです。2.のデータベースの文の実行も1つのクラスに含まれています。これに対して、1.のコマンドについて見ると、各コマンドのクラスがメソッド`execute()`を実装しており、対応するメニュー項目が選択されることで呼び出されます。したがって、これがインターフェイスに適しています。将来新しく作るコマンドもすべて`execute()`を実装するのを忘れないようにするために、抽象基底クラスを使ってモジュール`commands`を書き換えてみましょう。

`Command`という名前の基底クラスを作り、抽象メソッドとして`execute()`を定義することになります。デフォルトでは`NotImplementedError`を生成します。既存のコマンド関連のクラスは`Command`を継承します。

すでにコマンド関連のどのメソッドも`execute()`を実装しているので、この点については合格です。しかし、`execute()`のシグニチャはクラスごとに異なっています。引数として`data`（および`timestamp`）を取るものもありますし、引数のないものもあります。つまり、置換可能性は満たされないことになります。

同じシグニチャにするにはどうしたらよいでしょうか。次のどれがうまくいくでしょうか。

1. 引数dataやtimestampを、メソッドexecute()から削除する
2. 引数dataとtimestampをオプションのキーワード引数とする
3. すべてのexecute()が、可変長引数*argsを受理するようにする

1.を採用すると、dataやtimestampを処理することができなくなってしまうので、Barkから機能を取り去ってしまうことになります。3.を採用することも可能ではありますが、引数はできるだけ明確にしておくほうがよいのです。不定個数の引数が本当に必要になったときに、このような実装を検討しましょう。2.がいちばんよいと思われますが、メソッドによっては2つの引数を無駄に追加することになってしまいます。

考えてみれば、コマンドによって必要な情報が違うので、引数の数が違うのもある意味やむを得ないと言えるでしょう。ここでは、少し中途半端ですが、timestampを引数とするものは1つしかないので、引数dataだけを追加することにしてみましょう（dataにtimestampの内容を追加すれば、timestampをなくすこともできるでしょう）。

抽象基底クラスCommandを作成して、これを継承するようにほかのコマンドを変えてみます（execute()を変更する際に、IDEがどのような反応をするか見てみましょう）。

リスト8.5 Commandパターン用の抽象基底クラス

```
# ch08/12bark4/commands.py
from abc import ABC, abstractmethod  ➡①

class Command(ABC):  ➡②
    @abstractmethod
    def execute(self, data):  ➡③


class CreateBookmarksTableCommand(Command):  ➡④
    def execute(self, data=None):  ➡⑤
        ...


class AddBookmarkCommand(Command):  ➡⑥
   ...
```

①abcから必要なツールをインポート
②基底クラスCommandを定義
③抽象メソッドとしてexecuteを定義。引数dataを取る
④Commandを継承する

⑤引数dataを追加する（デフォルトはNoneなので呼び出し側は省略できる）
⑥すでに引数dataがあるので、Commandを継承すればよい

```
class Option:
    ...

    def choose(self):
        ...

        message = self.command.execute(data)  ➡①
```

①executeには常にdataを渡す

Barkの動作はまったく変わらないはずです。抽象データクラスを追加したため、将来新しいコマンドを追加するときにより安全になったと言えます。メソッドを追加するときには、Commandを継承します。IDEによってはどこを更新する必要があるか場所を示してくれる場合もあるでしょう。

継承を使ってCommandを実装してみましたが、Sandi Metzの「継承のルール」に従っているか確認してみましょう。

1. コマンドは浅く、そして狭い階層をもっている——コマンドのクラス7つが並列で、階層の深さは1になっています
2. サブクラスはオブジェクトグラフの葉にある——この条件も満たされています
3. サブクラスはスーパークラスのすべてのビヘイビアを利用（あるいは特化）する——スーパークラスのメソッドexecuteを実装しています

この章では、継承を使うのはそれが意味があるとき、不必要な構造を強制せずに、価値を生み出すときであることを説明しました。次の章では、クラスの保守性を高めるためにコンパクトに保つ方法を説明します。

8.5 まとめ

- 継承を利用するのは、「真のis-a（〜である）関係」を表現するときだけにする（ビヘイビアの特化に使う）
- 合成はhas-a関係があるときに用いる（コードの再利用に有効）
- 多重継承の際のメソッド参照は、メソッド解決順序によって決まる
- Pythonにおいては抽象基底クラスを使うことで、ほかのプログラミング言語の「インターフェイス」のような機能を利用できる

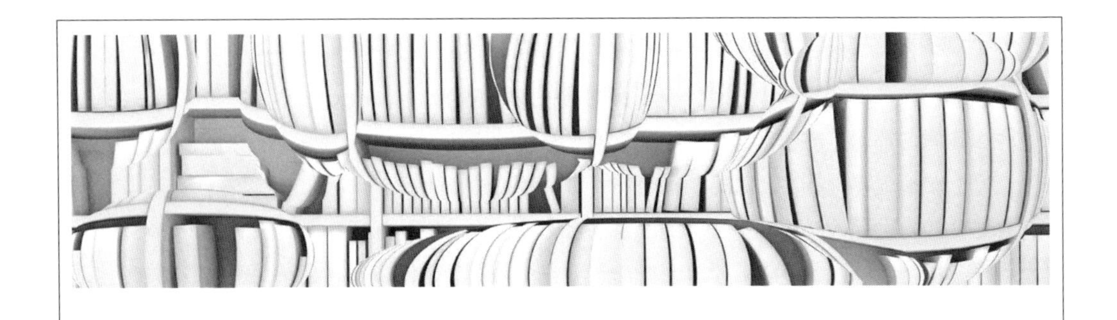

第9章

Keeping things lightweight
クラスや関数の軽量化

■この章の内容

循環的複雑度とリファクタリング対象のコードの特定

コードの分割に使えるPythonの機能

後方互換性の確保

ソフトウェア開発において関心（コンサーン）の分離には常に気を配る必要があります。しかし、ある程度構造ができあがるまでは、全体の構造をきっちりと決めてしまうことは避けるべきです。早急な抽象化は、誤った抽象化につながってしまう危険があります。このことを別の角度から見ると、クラスは少しずつ膨らむ傾向があり、何の対策もしないと最終的には手に負えないものになってしまうということになります。

このあたりの事情は、盆栽に似ていると言えるかもしれません。盆栽を育てる際にも、まず、木がどのように成長するか様子を見る必要があります。盆栽を刈り込むと木にストレスを与えますし、不自然な形を強制すると成長する力を削いでしまいます。

この章では、「刈り込み」によって、コードを健康かつ勢いのある姿に保つための方法を学んでいきます。

9.1 関数・クラス・モジュールの適切な大きさは?

ソフトウェアの保守に関するオンラインフォーラムを覗くと、クラスや関数、モジュールの大きさに関する質問が多数寄せられています。しかし、さまざまな意見があり、この種の質問に「合意」が形成されることはありません。

ただし、この疑問の「正解」を見つけようとする努力は無意味ではありません。何らかのガイドラインがあれば、どの段階でコードを整理する時間を確保するべきかが決まります。この節で、ガイドラインとなりうるいくつかの指標を紹介するとともに、こうした指標を用いることの長所と短所も説明します。

9.1.1 物理的サイズ

開発チームによっては、関数、メソッド、クラスなどを「○行以下に抑えること」などといった制約を課しています。コードの行数は簡単に計測ができ手軽ですが筆者はこの種のアプローチに対しては賛成しかねます。というのは、まったく問題なく理解できる関数の強制的な分割につながり、その場合、かえって認知的な負荷が増してしまうからです。

たとえば、5行までと決めてしまうと、長さ6行の関数は許されなくなってしまい、同じロジックをできるだけ行数の少ないコードで書こうとするようになります。実は、Pythonではこのような目的に使える機能がいくつか用意されています。たとえば、次のコードを見てください。

```
def valuable_customers(customers):
    return [customer for customer in customers if customer.active and sum(account.value for
account in customer.accounts) > 1_000_000]
```

このコードの意味がすぐにわかりますか。「メチャクチャ」ではないかもしれませんが、1行に書く必然性はないでしょう。

次は上のコードを書き直したものです。

```
def valuable_customers(customers):
    return [
        customer
        for customer in customers
        if customer.active
        and sum(account.value for account in customer.accounts) > 1_000_000
    ]
```

論理的に行を分けることにより、1行ごとに理解していけばよくなります。各行で何が起こっているのか、「メンタルモデル」を構築しながら読めるのです。

行数でコードを制限するものとしては「クラスは1画面に収まるように書くべき」といったルールも見たことがあります。これにも上のルールと類似の問題がありますが、画面の大きさは解像度やモニタのサイズに依存するので、明確な基準とはなりえないという問題もあります。

こうした指標の意図は「単純さを保て（keep it simple)」ということで、これ自体には筆者も賛同しますが、単純さの定義としては別のものを考えたほうがよいでしょう。

9.1.2　提供する機能の数

クラス、メソッド、関数の大きさの（やや曖昧な）指標としては、「いくつのことをするか」「いくつの機能をもっているか」というものがあります。「関心の分離」で学んだように、理想的な数値は1です。関数やメソッドについては、1つの計算あるいはタスクを実行することを意味しますし、クラスに関しては、解決しようとする問題の、1つの側面だけに焦点をあてているということになります。

ある関数が実行しているタスクが2つ以上見つかったり、あるクラスが焦点を当てている事柄が2つ以上見つかったとすれば、それは分割を示唆する強いシグナルになります。しかし、焦点があたっているタスクが1つしかなくても、十分複雑で、さらに分割したいと感じさせるケースもあります。

9.1.3　コードの複雑さ

認知的な負荷および保守作業の負荷を見積もるための、より堅牢な基準として「コードの複雑さ」があります。コードの複雑さ（複雑度）はコードの特徴を定量的に測定した値で、この点では第4章で見た時間計算量や空間計算量と似ています。「コードがどのくらい読みにくいか」といった主観的な基準ではありません。

複雑度を計測してくれるプログラムがあり、筆者の経験でも、多くの場合、読みにくかったり理解しにくかったりするコードを的確に指摘してくれます。

9.1.4　コードの複雑さの計測

コードの複雑さの基準としてもっともよく使われているのが、「循環的複雑度（cyclomatic complexity)」です。難しそうな名前ですが、関数などの実行のパス（経路）の数を計算するもので、条件分岐とループの数によって決まります。

循環的複雑度が高ければ高いほど、その関数には多くの条件文やループが含まれることになります。このスコアは絶対的な判断基準になるわけではありません。コード変更時の変化を見ることで、より保守しやすいコードを書くための一助となるのです。このスコアを下げるよう努力すれば、コードの複雑さも下がる方向に向かうでしょうし、このスコアがリファクタリングの対象とする部分を決定する際の参考にもなります。高い複雑度をもつ部分は、リファクタリングの候補となるでしょう。

関数の循環的複雑度は、制御フローのグラフを作成してノードやエッジ（枝）の数を数えることで計算できます。次の項目が、制御フローグラフのノードとなります。

- 関数の開始地点（実行が開始される地点）
- if/elif/elseの条件分岐（それぞれが独自のノードになる）
- forループ
- whileループ
- ループの終わり（ループの始まりに実行が戻る地点）
- return文

また、エッジはコード上でたどれる異なる実行パスを表します。

次の関数について考えてみましょう。文字列あるいは単語のリストとして文を受け取り、文の中に長い単語があるかを判定するものです。このコードには1個のループと2個の条件分岐が含まれています。

リスト9.1 条件分岐とループを含む関数

```
def has_long_words(sentence):
    if isinstance(sentence, str):  ➡①
        sentence = sentence.split(' ')

    for word in sentence:  ➡②
        if len(word) > 10:  ➡③
            return True

    return False  ➡④
```

①文字列ならば文を単語ごとに区切る（条件分岐）
②各単語について行う（ループ）
③長い単語が見つかった場合Trueを返す（条件分岐）
④長い単語がない場合Falseを返す

関数やメソッドの循環的複雑度Mは次の式で求められます。

M＝エッジの個数 − ノードの個数＋2

関数has_long_wordsには入力が文字列かどうかをチェックする条件分岐、文内の各単語に対するループ、そして単語が長いかどうかをチェックするループ内の条件分岐があります。図9.1にダイアグラムを示します。制御フローをダイアグラム化しグラフをノードとエッジに単純化し、ノードとエッジの個数を計算し、式に代入します。この場合、has_long_wordsは8個のノード（N）と10個のエッジ（E）があるので、循環的複雑度を次のように計算できます。

M＝E − N＋2＝10 − 8＋2＝4

図9.1　循環的複雑度を計算するための制御フローの図示

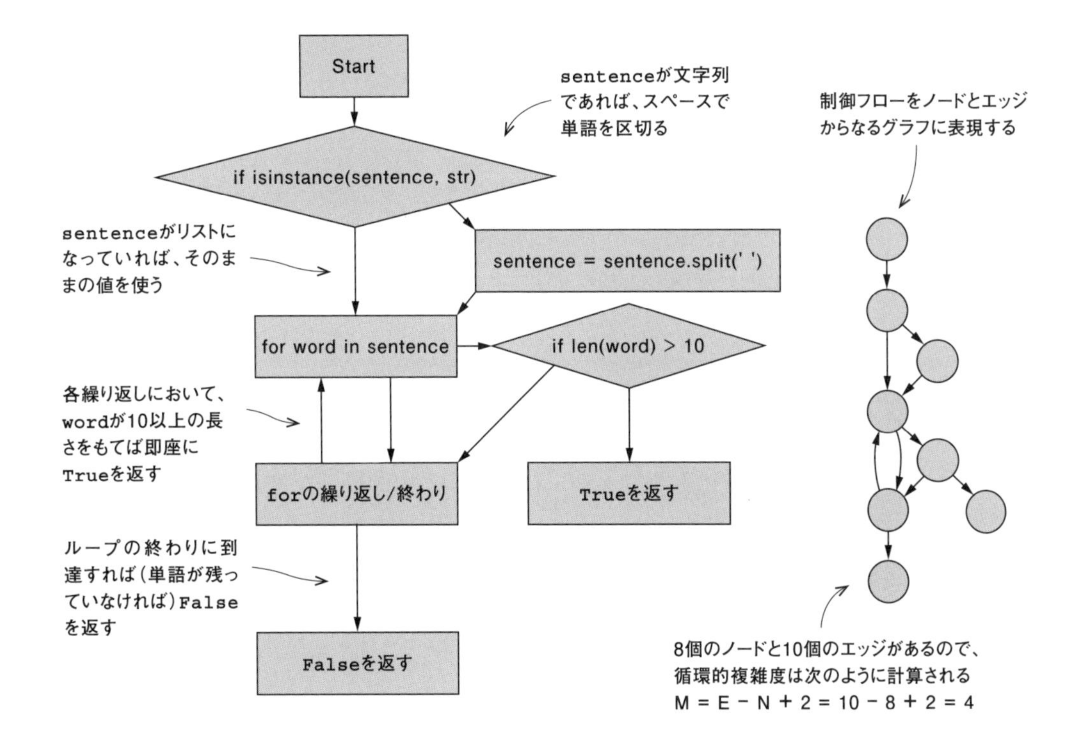

多くの人が1つの関数やメソッドについて10以下の値を推奨しています。この数値は開発者が一度に理解できるコードの量を大まかに表していると言えるでしょう。

循環的複雑度はコードの「健全度」の尺度として使えるほか、テストの際にも利用できます。上で見たように循環的複雑度は実行パスの数を表します。したがって、各実行パスをカバーするのに必要な最小のテストケースの数も表すことになります。

テストのカバレッジ（網羅率）が完全だとしてもコードがうまく動くことの保証にはなりません。テストが各パスを通ったということを意味するだけです。そうは言っても、実行パスを確実にカバーするのは好ましいことではあります。Ned Batchelder作のCoverage.py（https://coverage.readthedocs.io）はテスト時に分岐のカバレッジの状況を表示してくれる優れたパッケージです。

ハルステッド複雑性

アプリケーションによっては、保守性だけでなく、欠陥のあるソフトウェアをリリースするリスクを下げることが重要になります。分岐数を削減すると読みやすく理解しやすいコードにつながりますが、これがバグの数を減らすという証明はなされていません。循環的複雑度はコードの行数と同じ程度にしか、欠陥の数の予測としては使えないのです。しかし、次に示すような欠陥率を数値で表現しようとする指標もあります。

ハルステッド複雑性は、ソフトウェアの抽象度、保守性および欠陥率を定量的に計測しようとするもので、プログラミング言語の演算子の使用頻度、使われている変数や式の数から計算されます。この本ではこれ以上は触れませんが、より詳しくはWikipediaの記事（https://en.wikipedia.org/wiki/Halstead_complexity_measures）などを参照してください。なお、Radon（https://radon.readthedocs.io）を使うとPythonプログラムのハルステッド複雑性を計測できます。

ここで、BarkでGitHubのスターをインポートするコードをもう一度見てみましょう。このコードについて循環的複雑度を計算してみてください。

リスト9.2 BarkのGitHubのスターをインポートするコード

```
# ch08/12bark4/commands.py list1
    def execute(self, data):
        bookmarks_imported = 0

        github_username = data['github_username']
        next_page_of_results = f'https://api.github.com/users/{github_username}/starred'

        while next_page_of_results: ➡①
            stars_response = requests.get(
```

```
                next_page_of_results,
                headers={'Accept': 'application/vnd.github.v3.star+json'},
            )
            next_page_of_results = stars_response.links.get('next', {}).get('url')

            for repo_info in stars_response.json(): ➡②
                repo = repo_info['repo']

                if data['preserve_timestamps']: ➡③
                    timestamp = datetime.strptime(
                        repo_info['starred_at'],
                        '%Y-%m-%dT%H:%M:%SZ'
                    )
                else: ➡④
                    timestamp = None

                bookmarks_imported += 1
                AddBookmarkCommand().execute(
                    self._extract_bookmark_info(repo),
                    timestamp=timestamp,
                ) ➡⑤

        return f'{bookmarks_imported}個のブックマークをインポートしました。'
```

①ずっと下の`return`の直前までがこのループの範囲
②このループも、`return`の直前までが範囲
③分岐1
④分岐2
⑤`for`、`if`、`while`の終わり

計算が終わったら、図9.2を見てください。

図9.2 Barkの1つの関数の循環的複雑度の計算

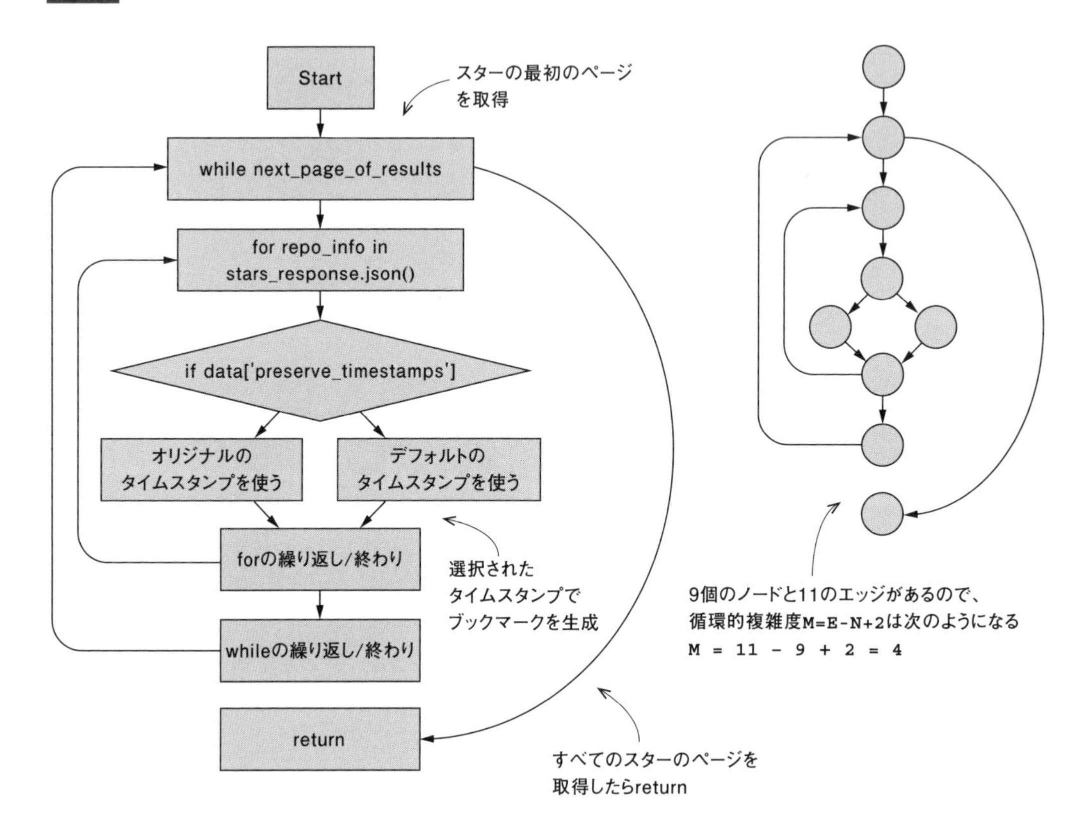

関数やメソッドを書くたびにダイアグラムを作る必要はありません。SonarQube（https://www.sonarqube.org）やRadon（https://radon.readthedocs.io）などのツールを使うことができます。しかもエディタに機能を組み込めるので、開発中に値を見ながら必要に応じてリファクタリングを実施できます。

ここまででコードの複雑度の計測方法を見たので、今度は複雑度を下げるためにコードを分割する方法を検討しましょう。

9.2 複雑度の低減

少し「悪いニュース」があります。コードが複雑かどうかの判断はそれほど難しくはありませんが、複雑なコードを「どう変更すれば複雑でなくなるか」は簡単にはわかりません。そこで、この章の残りの部分で筆者がこれまでPythonで遭遇した一般的なパターンについて、どのような対応をしてきたかを紹介します。

9.2.1 コンフィギュレーションの抽出

ソフトウェアの成長に伴って、新しい要求が追加されますが、そのたびにコードが複雑になっていくのは避けなければなりません。まずは、すでに第7章で紹介した方法をもう一度振り返ってみましょう。

例として、ランチで何を食べたらよいかサジェストしてくれるWebサービスを考え、次のようなコードを書いたとします。`request`は利用者から受け取るリクエストを表します。

```
# ch09/02configuration1/configuration.py list1
import random

FOODS = [  ➡①
    'ピザ',
    'ハンバーガー',
    'サラダ',
    'スープ',
]


def random_food(request):  ➡②
    return random.choice(FOODS)  ➡③
```

①食べ物のリスト（将来的にはデータベースに記憶される）
②この関数はHTTPリクエストを受理する（現段階では使われていない）
③リストからランダムに選ばれた食べ物が文字列として返される

このサービスに人気が出てくると、これを使ってアプリを作りたくなる人が出てくるかもしれません。JSON形式なら簡単なので、その形式でレスポンスを返してくれという要望が来ます。デフォルトのビヘイビアは変えずにそのままにしたいので、リクエストのヘッダで「`Accept: application/json`」を送ってきたときだけJSON形式で返してやるという約束をします（ここでは、HTTPヘッダの詳細については知らなくても大丈夫です。`request.headers`が辞書になっていて、「ヘッダ名」が「その値」に対応しています)。
そこで、次のようにコードをアップデートします。

```
# ch09/03configuration2/configuration.py list1
import json
import random
...
def random_food(request):
    food = random.choice(FOODS)  ➡①

    if request.headers.get('Accept') == 'application/json':  ➡②
        return json.dumps({'food': food})
    else:
        return food  ➡③
```

①食べ物をランダムに選び、記憶する
②ヘッダがAccept: application/jsonならば、{"food": "pizza"}のような形式で返す
③"pizza"のような文字列で返す(デフォルト)

循環的複雑度の観点からはこの変更はどのような意味があるでしょうか。変更前と変更後の循環的複雑度の値は次のどれでしょうか。

1. 変更前が1で変更後が2
2. 変更前が2で変更後が2
3. 変更前が1で変更後が3
4. 変更前が2で変更後が1

変更前の関数は条件分岐もループも1つもありませんから循環的複雑度は1です。変更後のコードには1つの条件が加わっているので循環的複雑度は2になります。したがって、正解は1.です。
新しい機能を追加するのに循環的複雑度が1だけ増えるのは悪い出だしではありません。しかし機能を追加するたびに同じように複雑になっていくようだと問題です。

```
# ch09/04configuration3/configuration.py list1
...
def random_food(request):
    food = random.choice(FOODS)

    if request.headers.get('Accept') == 'application/json':
        return json.dumps({'food': food})
    elif request.headers.get('Accept') == 'application/xml':  ➡①
        return f'<response><food>{food}</food></response>'
    else:
        return food
```

①機能を追加するたびに新しい条件を追加していくと、複雑度も増加する

この問題を解決するにはどうしたらよいか覚えていますか。ヒントを差し上げます。条件がある値（Acceptヘッダ）を別の値（戻されるレスポンス）に対応付ける関係になっている点に注目してください。次のどのデータ構造がよいでしょうか。

1. リスト（list）
2. タプル（tuple）
3. 辞書（dict）
4. 集合（set）

正解は3.です。辞書は値をほかの値に対応付けます（マップします）。したがってこの場合も辞書が使えます。ヘッダの値とレスポンスの形式を対応させて実行フローを整えます。利用者のリクエストに応じて形式を選べばよいのです。

ヘッダの値とレスポンスの形式を対応付ける辞書を作成します。利用者が形式を指定しなかった場合（あるいは未知の形式の場合）デフォルトの形式で返します。コードは次のようになります。

リスト9.3 コンフィギュレーションを抽出

```
# ch09/05configuration4/configuration.py list1
...
def random_food(request):
    food = random.choice(FOODS)

    formats = {  ➡①
        'application/json': json.dumps({'food': food}),
        'application/xml': f'<response><food>{food}</food></response>',
    }

    return formats.get(request.headers.get('Accept'), food)  ➡②
```

①前のif/elifの条件から抽出
②リクエストされてレスポンスの形式があればそれを、なければ単純な文字列を返す

新しい解で循環的複雑度を計算してみると、また1に戻っています。そして、別の形式を辞書に追加してもこの値は1のまま変わりません。第4章で説明した、線形オーダーの計算を定数オーダーの計算に変えてしまう例です。

筆者の経験では、コンフィギュレーションを抽出して辞書でマップすることで、コードの読みやすさも向上します。if/elifの連続を追っていくのは、たとえ単純なものであっても疲れます。辞書のキーにしてしまえば明解です。キーを見つけるのも簡単になります。

さて、もっと改良することはできるでしょうか。

9.2.2 関数の抽出

循環的複雑度は増加しなくなりましたが、関数random_foodの中で、次の2種類のコードが成長し続けています。

- レスポンスをJSON、XMLなどにフォーマットするコード
- Acceptヘッダの値に基づいて、何をするかを決めるコード

関心(コンサーン)を分離するときです。関数の抽出がここで役に立つでしょう。辞書formatsの各項目を見ると、変数foodに従って値が決まっていることがわかります。それぞれの値が引数foodを受理して、利用者にフォーマットされたレスポンスを返す関数にすればよいのです（図9.3）。

図9.3 インラインの式を関数として抽出

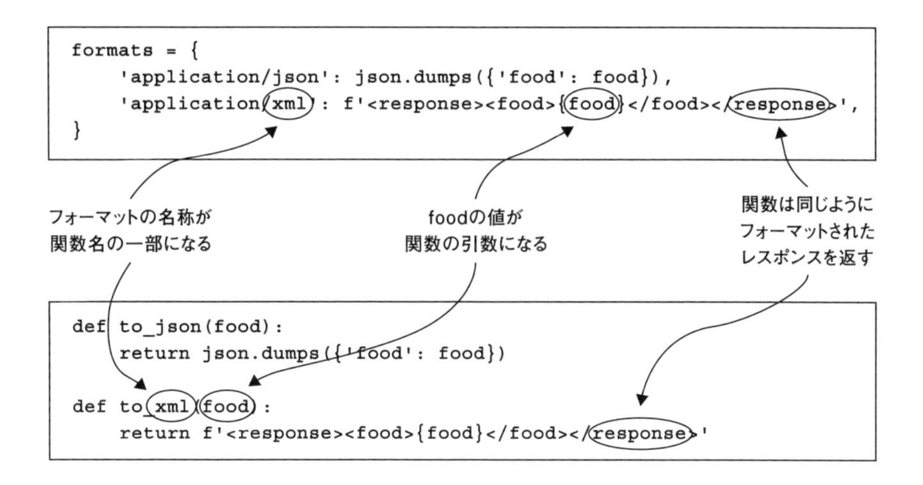

関数random_foodを変更して、別個の関数にしてみてください。今度の辞書は、フォーマットを関数（そのフォーマット用のレスポンスを返せる関数）にマップします。そして、random_foodはその関数をfoodの値とともに呼び出します。

formats.get(...)の呼び出しのあとで関数がなければ、foodの値を変更なしで返す関数になります。lambdaを使います。できあがったら、次のコードと比較してみましょう。

リスト9.4 レスポンスをフォーマットする関数

```
# ch09/06configuration5/configuration.py list1
def to_json(food):  ➡①
    return json.dumps({'food': food})


def to_xml(food):
    return f'<response><food>{food}</food></response>'


def random_food(request):
    food = random.choice(FOODS)

    formats = {  ➡②
        'application/json': to_json,
        'application/xml': to_xml,
    }
```

```
    format_function = formats.get(  ➡③
        request.headers.get('Accept'),
        lambda val: val  ➡④
    )
    return format_function(food)  ➡⑤
```

①抽出されたフォーマット用関数
②データフォーマットを対応するフォーマット関数にマップする
③フォーマット用の関数を取得（適切なものがある場合）
④lambdaを「最後の砦（とりで）」にして、foodの値が変わらない場合の処理をする
⑤フォーマット用の関数を呼び出しそのレスポンスを返す

さらに、関心（コンサーン）の分離をフルに行うため、フォーマットを抽出し、そこから正しい関数を得る処理をget_format_functionという独自の関数にしてもよいでしょう。この関数はAcceptヘッダの値を見て、該当するフォーマット用の関数を戻します。コードを変更してみて、できたら次のリストと比較してみてください。

リスト9.5 2つの関数に分ける

```
# ch09/07configuration6/configuration.py list1
def get_format_function(accept=None):  ➡①
    formats = {
        'application/json': to_json,
        'application/xml': to_xml,
    }

    return formats.get(accept, lambda val: val)


def random_food(request):  ➡②
    food = random.choice(FOODS)
    format_function = get_format_function(request.headers.get('Accept'))  ➡③
    return format_function(food)
```

①どのフォーマット用関数を使うかを決定する
②random_foodは3つのステップになった
③関心（コンサーン）は関数に抽出された

コードがかえって複雑になったと思っているかもしれません。最初は1つしかなかった関数が4つになっています。しかしそれぞれの関数の循環的複雑度はどれも1になっています。どれも理解しやすいですし、関心（コンサーン）は分離されています。

さらに拡張するのも簡単です。新しいレスポンスのフォーマットを処理する場合は次の手順で拡張できます。

1. レスポンスをフォーマットするための新しい関数を追加する
2. Acceptヘッダの値を新しいフォーマット用の関数にマップする

関数を1つ書いてコンフィギュレーションを更新するだけで機能が拡張できるのです。これは理想的な展開です。

ここまで関数（メソッド）について見たので、今度はクラスについて検討しましょう。

9.3 クラスの分割

関数と同様に、クラスも無秩序に大きくなりがちです。その程度は関数よりも激しいかもしれません。そして、感覚的には関数を分割するよりも、クラスを分割するほうが大変です。関数は何かを作る「部品」のようなものですが、クラスはそれ自体で独自の「製品」のような感じがします。クラスを分割するには、このような心理的な壁とも戦わなければなりません。

関数と同じくらい頻繁にクラスも分割する必要があります。クラスが複雑になってきたと思ったら、複数の関心（コンサーン）が1つのクラスで扱われている兆候かもしれません。「これは独自のオブジェクトだ」と感じられるような関心（コンサーン）を特定できたら、それを分離するべきときでしょう。

9.3.1 初期化

初期化のコードが複雑になっているクラスをよく見かけます。複雑なデータ構造を扱う場合は、やむを得ないかもしれませんが、避けるに越したことはありません。たとえば、次のようなクラスを見たことがあるのではないでしょうか。

リスト9.6 複雑な初期化が必要なメソッド

```
# ch09/08book1/book.py
class Book:
    def __init__(self, data):
        self.title = data['title']   ➡①
        self.subtitle = data['subtitle']
```

```
        # 表示用タイトル（display_title）の決定
        if self.title and self.subtitle:  ➡②
            # サブタイトルが指定されているときは、メインのタイトルの後ろに付加する
            self.display_title = f'{self.title}: {self.subtitle}'
        elif self.title:
            # タイトルのみが指定されているときはそれを表示用タイトルにする
            self.display_title = self.title
        else:
            # どちらも指定されていない場合はUntitled（無題）とする
            self.display_title = 'Untitled'
```

①渡されたデータからフィールドを抽出
②この課題に固有の処理のためにコードが複雑になる

扱っている課題に固有の複雑さがある場合、コードにもそれが反映されてしまいがちです。こういった場合、わかりやすくするために抽象化が特に大切になります。

コードを分割する方法として関数やメソッドを抽出することの大切さを説明してきました。たとえばこのコードの場合、`set_display_title`といった名前で、表示用のタイトルを決定するメソッドを抽出する方法が考えられます。次のリストのように、これを`__init__`メソッドから呼び出します。モジュール`book`を作成して、クラス`Book`をそれに追加し、`display_title`を設定するメソッド（セッターメソッド）を抽出します。

リスト9.7 セッターを用いて初期化を単純にする

```
# ch09/09book2/book.py
class Book:
    def __init__(self, data):
        self.title = data['title']
        self.subtitle = data['subtitle']
        self.set_display_title()  ➡①

    def set_display_title(self):  ➡②
        if self.title and self.subtitle:
            self.display_title = f'{self.title}: {self.subtitle}'
        elif self.title:
            self.display_title = self.title
        else:
            self.display_title = 'Untitled'
```

①抽出された関数を呼び出す
②display_title（表示用タイトル）を設定する関数

__init__メソッドはスッキリとしましたが、また別の問題が生じます。

- Pythonでは、クラス定義をわかりにくくするので、ゲッターやセッターは推奨されていない
- 属性の初期化は直接__init__内で行うのが望ましいプラクティスだが、display_titleは別のメソッドで設定されている

2番目の点についてはdisplay_titleをデフォルトで'Untitled'とすることで対応できますが、これも少しわかりにくくなります。注意深く読まないと、「通常は（あるいはいつも）'Untitled'になるのだ」と思われてしまいそうです。

こうした欠点なしで、しかも読みやすくする方法があります。display_titleの値を戻す関数を作るのです。

しかし、残念ながら、これにも問題があります。次のような使い方をされてしまうかもしれません。

```
...

book = Book(data)
return book.display_title
```

display_title決定のロジックを関数にしつつ、上のコードを変更せずに済ませる方法はあるでしょうか。実は、Pythonにはこのようなときのためのツールが用意されています。@propertyというデコレータを使うことで、メソッドに属性としてアクセスできるのです。

> メソッドをプロパティとして利用できるのは、selfが唯一の引数である場合です。属性にアクセスするときに引数は渡せません。

リスト9.8 @propertyの利用

```
# ch09/10book3/book.py
class Book:
    def __init__(self, data):
        self.title = data['title']
        self.subtitle = data['subtitle']

    @property
    def display_title(self):  ➡①
```

```
        if self.title and self.subtitle:
            return f'{self.title}: {self.subtitle}'
        elif self.title:
            return self.title
        else:
            return 'Untitled'
```

①属性として参照できる関数である「プロパティ」を利用する

@propertyを使うことで、book.display_titleを属性として参照でき、詳細は関数の中に閉じ込めておくことができます。__init__メソッドの複雑さが減り、読みやすくなります（筆者自身も@propertyを頻繁に使います）。

> @propertyを使うと実体はメソッドになるので、何度もアクセスするとそのたびにメソッドが呼び出されることになります。時間がかかるような処理をする場合はパフォーマンスに影響があるかもしれません。

9.3.2 クラスの抽出とフォワーディング

「9.2.2 関数の抽出」でget_format_functionをrandom_foodから抽出した際に、抽出した関数をオリジナルの場所から呼び出していました。「後方互換性」を保ちたい場合、クラスについても同じようなことが起こります。機能を新しくした際に後方互換性が確保されていると、従来の利用者が修正せずにそのままのコードを使えます。関数の引数やクラス名などを変えてしまうと、利用していた人はコードを書き換えなければなりません。この問題を避けるために、郵便の転送システムのような仕組みを使うことができます。

引っ越しをすると郵便局に郵便物の転送を依頼できます（図9.4）。皆さんに手紙や葉書を送る人が、引っ越しを知らずに旧住所に送ってしまっても、届けを出してあれば移転先の住所に転送してもらえます。

1つのクラスから別のクラスを抽出する際には、利用者がコードを変更しなくても済むよう、しばらくの間は以前の機能をそのまま使えるようにしておきたいところです。郵便物と同様に、「フォワーディング（転送）」をすればよいのです。

図9.4 郵便物の転送

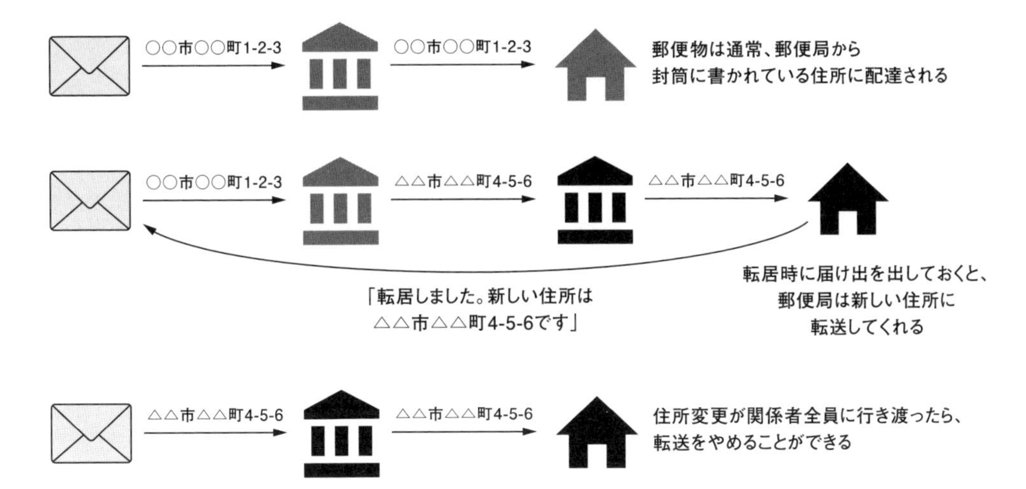

クラスBookで著者の情報を扱うためのコードを例に考えてみましょう。

最初は、単純に著者だけを記憶していました。そのうち、次のリストのように、著者名のWebサイト用表示のメソッドと、研究論文の参考文献用表示のメソッドを加えたとしましょう。

リスト9.9 著者名の処理が多くなってしまったBookクラス

```
# ch09/11book4/book.py list1
class Book:
    def __init__(self, data):
        self.title = data['title']
        self.subtitle = data['subtitle']
        self.author_data = data['author']   ➡①

    @property
    def author_for_display(self):   ➡②
        return f'{self.author_data["first_name"]} {self.author_data["last_name"]}'

    @property
    def author_for_citation(self):   ➡③
        return f'{self.author_data["last_name"]}, {self.author_data["first_name"][0]}.'
```

①著者をデータからの辞書として記憶
②表示用の著者名を表示。「名前＋姓」の順に表示する（たとえば「Dane Hillard」）
③参考文献（citation）用の著者名。「姓, イニシャル」の順に表示する（たとえば「Hillard, D」）

クラスBookを次のように利用するとします。

```
# ch09/11book4/book.py list2
book = Book({
    'title': 'Brillo-iant',
    'subtitle': 'The pad that changed everything',
    'author': {
        'first_name': 'Rusty',
        'last_name': 'Potts',
    }
})


print(book.author_for_display) # Web表示用
print(book.author_for_citation) # 論文参考文献用
```

book.author_for_displayとbook.author_for_citationといったようにアクセスできるのはよいのですが、Bookに関するクラスであるにも関わらず著者に関する処理が多すぎるように感じられます。そして、これ以外にも著者関連の処理がありそうです。このクラスの機能のコードが膨らむ様子を見ていると、著者に関する処理は別の関心（コンサーン）のように思えてきます。

次のどちらの道を進むべきでしょうか。

1. AuthorFormatterというクラスを抽出し、著者名のフォーマット方法を処理する
2. Authorというクラスを抽出し、著者に関するビヘイビアと情報を処理する

1.の著者名をフォーマットするクラスも価値はあるかもしれませんが、2.のAuthorというクラスを抽出するほうが関心（コンサーン）の分離がうまくできるでしょう。クラス内のいくつかのメソッドが共通の接頭辞や接尾辞をもつ場合、特にそれがクラス名とマッチしない場合は、新しいクラスを抽出するときが来たと考えるとよいかもしれません。ここではauthor_がクラスAuthorを作るときであることを示唆していると考えられます。

それでは、クラスAuthorを作成しましょう（同じモジュールあるいは新しいモジュールからインポート）します。Authorは以前と同じ情報をすべて含みますが、構造が入り、次の要件を満たすものとします。

- __init__でauthor_dataを辞書として受理し、辞書から姓、名などを属性として記憶する
- 2つのプロパティ（for_displayとfor_citation）をもつ。それぞれ表示用の著者名と参考文献用の著者名に正しくフォーマットされている

コードの利用者のためにはBookは前と同じように動く必要があります。このため既存のauthor_data、author_for_display、author_for_citationもBookで当面利用できるようにします。author_dataでAuthorのインスタンスを初期化することで、たとえばBook.author_for_displayをAuthor.for_displayにフォワーディングできます。このようにすることで、BookはAuthorにほとんどの仕事をさせ、すべての呼び出しが（少なくともしばらくの間は）そのまま利用できるようにします。

リスト9.10 クラスBookからクラスAuthorを抽出

```
# ch09/12book5/book.py list1
class Author:
    def __init__(self, author_data):  ➡①
        self.first_name = author_data['first_name']
        self.last_name = author_data['last_name']

    @property
    def for_display(self):  ➡②
        return f'{self.first_name} {self.last_name}'

    @property
    def for_citation(self):
        return f'{self.last_name}, {self.first_name[0]}.'


class Book:
    def __init__(self, data):
        self.title = data['title']
        self.subtitle = data['subtitle']
        self.author_data = data['author']  ➡③
        self.author = Author(self.author_data)  ➡④

    @property
    def author_for_display(self):  ➡⑤
        return self.author.for_display
```

9

```
    @property
    def author_for_citation(self):
        return self.author.for_citation
```

①以前は辞書として記憶されていたが、構造化された
②Authorレベルの属性は以前より単純になった
③author_dataはこのクラスの利用者がこれを使わなくなるまで残しておく
④Authorのインスタンスを記憶。フォワーディングのため
⑤Authorのインスタンスのフォワーディングで以前のロジックを置き換える

行数は増えてしまいましたが、それぞれの各行は単純になったと思いませんか。クラスを見るとそれぞれがどんな情報をもっているかを明確に記述できるようになりました。将来的にはBookにまだあるコードの多くは削除されます。その時点ではBookが著者に関する情報を提供するためにクラスAuthorを合成して使うことになるでしょう。

Bookの利用者のbook.author_for_displayからbook.author.for_displayへの移行を促して、フォワーディングをやめるようにしたいのならば、Pythonにはwarningsというこの目的に使えるモジュールが用意されています。

1つのタイプの警告はDeprecationWarningで、今後は使わないことを推奨するものです。次のようなコードで警告を出すことができます。

```
import warnings

warnings.warn('このメソッドは将来サポートされなくなる予定です。', DeprecationWarning)
```

利用者がスムーズにコードをアップデートできるように、将来的には削除したいメソッドにDeprecationWarningを追加します[※1]。クラスBookの中の著者関連のプロパティに追加してみてください。'book.author.for_displayを利用してください。'といったメッセージを出すとよいでしょう（example/ch09/13book6/book.py）。コードを追加すると次のような警告が表示されるはずです。

```
/path/to/book.py:24: DeprecationWarning: book.author.for_displayを利用してください。
```

※1　より詳しくは、Brett Slatkin著 “Refactoring Python: Why and how to restructure your code,” PyCon 2016, https://www.youtube.com/watch?v=D_6ybDcU5gcを参照してください。

　ここまでで、新しいクラスを抽出し、クラスの複雑性を分解しました。しかも後方互換性を保ったままこれを行い、利用者に警告を発し、コードをアップデートするヒントを与えました。これでより構造化された、読みやすいコードになり、関心（コンサーン）が分離され、凝集度が上がりました。

9.4　まとめ

- コードを分割する際には、物理的なサイズに注目するのではなく、コードの複雑さと関心（コンサーン）の分離に注目するべきである
- 循環的複雑度は、コード中の実行パスの数を示す
- コンフィギュレーション、関数、メソッド、クラスをうまく抽出して複雑さを分解することが重要である
- フォワーディングと非推奨の警告を使って、新機能と旧機能の両方をサポートする

Memo

第10章 疎結合の実現

Achieving loose coupling

■この章の内容

密結合の兆候

密結合を削減する戦略

メッセージ指向プログラミング

これまでの章で、コードを疎結合の状態に保つこと（「結合度」が低い状態を保つこと）の重要性を強調してきました。疎結合になっていると、他の部分に悪影響を与える心配を（ほとんど）せずにコードの変更が行えます。したがって、複数の開発者が同時に複数の機能の改良に着手しても問題が起こらなくなります。また、拡張性という観点から見ても疎結合は好ましい状態です。コードが密結合している状態では、コードの保守が徐々に困難になってしまいます。

この章では、結合が強くなりすぎた場合にどのような問題が起こるかを確認するとともに、そういった状態を解消する方法について見ていきましょう。

10.1 結合度

結合度（coupling）という考え方は、ソフトウェア開発において重要な役割を果たすので、その意味をしっかり理解しておきましょう。

10.1.1 結合の状態

結合度は簡単に計測できるものではないため、その意味をなかなか実感できないかもしれません。たとえて言えば筋肉や臓器などの間にあって、これらをつないでいる筋膜（ファシア）などの結合組織のように、コードのコンポーネント（クラス、関数など）を網の目のようにつないでいるものと考えるとよいでしょう（図10.1）。コードの2つの部分が相互に高い依存性をもつ場合、網の目が細かく、ピンと張り詰めた状態になります。いずれかの部分を移動すると、ほかの部分も動いてしまいます。相互依存性が（ほとんど）ないコードの場合、柔軟性をもち、ゴムのように伸縮します。大規模な移動をしない限り、周囲の部分に致命的な影響を与えることはありません。

図10.1 結合度はソフトウェアの個々のパートがどの程度密に相互に接続されているかを表す

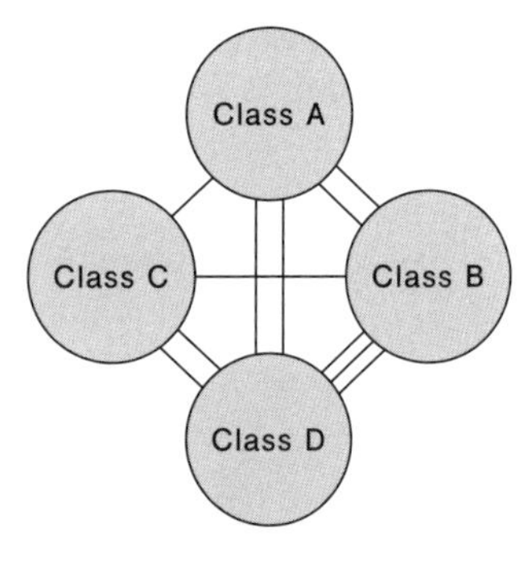

クラスの相互接続性が高いと1つのクラスを変更すると、他のクラスの変更も必要になる

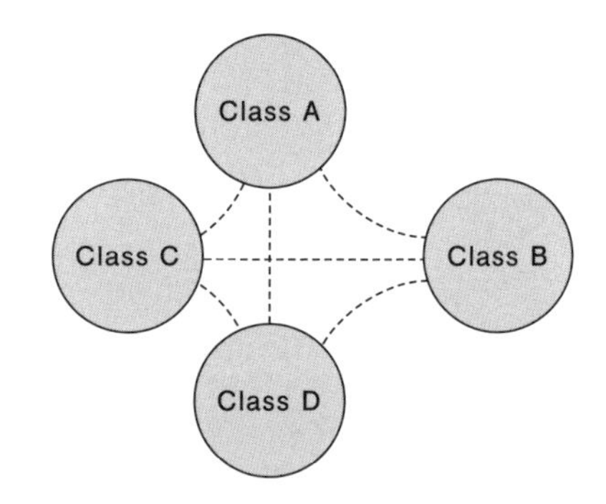

疎で柔軟な接続の場合は、ゆとりが生じるため、周囲のコードへの影響が少ない

密結合がすべてのケースで本質的に悪いというわけではありません。ここでの注目点は、密な結合と疎な結合の違いです。結合状態を見ることで、コード全体の質に関する判断材料が得られ、ひいてはプロジェクト全体の判断材料にもなるのです。また、結合度は真か偽か、0か1かといった二者択一のものではなく、人体の結合組織の状態と同様、連続的なものです。

結合度は連続的なものですが、その状態を示してくれる指標もあります。こうした指標を見ることで、開発中のソフトウェアの結合度を下げる努力ができます。

10.1.2 密結合

コードの2つの部分（具体的にはモジュール、クラス、関数など）は、相互に接続されているとき密結合であるとみなされます。「相互に接続されている」とはどのような状態を指すのでしょうか。具体的には、次のようなものが相互接続を作り出します。

- あるクラスが、属性として別のオブジェクトをもつ
- あるクラスのメソッドが、別のモジュールの関数を呼び出す
- 関数あるいはメソッドが、別のオブジェクトのメソッドを使って多くの仕事をする

クラス、メソッドあるいは関数が、他のモジュールあるいはクラスに関する知識を多く必要とするならば、それは密結合です。次のリストを見てください。関数display_book_infoは、Bookのインスタンスがもつさまざまな情報を知っている必要があります。

リスト10.1 オブジェクトに密に結合された関数

```
# ch10/01book1/book.py list1
class Book:
    def __init__(self, title, subtitle, author):  ➡①
        self.title = title
        self.subtitle = subtitle
        self.author = author


def display_book_info(book):
    print(f'{book.author}著『{book.title} —— {book.subtitle}』')  ➡②
```

①Bookではいくつかの情報を属性に記憶する
②この関数はBookの属性についてすべて知らなければならない

クラスBookと関数display_book_infoが同じモジュールにあるのならば、このコードも許容できるかもしれません。関連する情報を操作するものですし、場所も離れてはいません。しかし、コードのサイズが大きくなってくるにつれて、関数display_book_infoとクラスBookが別のモジュールに入れられてしまうかもしれません。

密結合は本質的に悪いわけではありません。何かを語ってくれる場合もあります。display_book_infoはBookの情報だけを操作し、Bookに関係しています。つまり、関数display_book_infoとクラスBookは高い凝集度をもっています。関数display_book_infoはクラスBookと密結合になっているので、クラスBook内に移動してメソッドとするのが自然だということになります。次のリストを見てください。

リスト10.2 凝集度を上げることで結合度を下げる

```
# ch10/02book2/book.py list1
class Book:
    def __init__(self, title, subtitle, author):
        self.title = title
        self.subtitle = subtitle
        self.author = author

    def display_info(self):  ➡①
        print(f'{self.author}著『{self.title} —— {self.subtitle}』')  ➡②
```

①関数がBookのメソッドになり、引数はselfだけになった
②Bookに対する参照はすべてselfになった

一般的には、密結合は2つの個別の関心（コンサーン）の間に存在するときに問題になります。このほか、密結合が「高い凝集度をもつにも関わらず構造化がうまくなされていないコード」を示すサインとなる場合もあります。

次のリスト10.3と似たようなコードを書いたり見たことがあるでしょうか。検索ページなどの裏側で働く、クエリ文字列の正規化（標準化）を行うプログラムです。ユーザーから文字列（クエリ）を受け取り、それを正規化（normalize）し、その結果の文字列を表示します。

リスト10.3 文字列の正規化処理

```
# ch10/03search1/search.py
import re


def remove_spaces(query):  ➡①
    query = query.strip()
    query = re.sub(r'\s+', ' ', query)
    return query


def normalize(query):  ➡②
    query = query.casefold()
    return query


if __name__ == '__main__':
    search_query = input('検索文字列を入れてください：')  ➡③
    search_query = remove_spaces(search_query)  ➡④
    search_query = normalize(search_query)
    print(f'次の文字列を検索します："{search_query}"')  ➡⑤
```

①余分なスペースを削除。たとえば' George Washington 'を'George Washington'にする（両端のスペースを削除）
②大文字・小文字変換。たとえば、'Universitätsstraße' ("University Street"の意)を'universitätsstrasse'にする
③ユーザーからクエリを得る
④スペースの削除と大文字・小文字変換を行い正規化する
⑤正規化されたクエリを出力

リストの最後にあるメインの処理と、上の検索関連の関数との結合度はどうなっているでしょうか。モジュールに対する変更が、それを利用するコードに変更を強いるかどうかが、結合度を判断するポイントになります。

ここでは様子を見るために、時間を少し先に進めてみましょう。利用者からクエリを少し変更するだけで、結果が変わってしまうというクレームが届きました。調査したところ、何人かのユーザーはクエリの前後に引用符をつけていました。引用符の有無で結果が違ってしまうのです。そこで、クエリを実行する前に引用符を削除する処理を加えることにします。

上のコードの書き方に従うと、検索モジュールに新しい関数を追加し、文字列の正規化をするすべての場所で新しい関数も呼び出すことになります（リスト10.4）。正規化の処理を呼び出す部分と、検索関連の関数とが密に結合することになります。

リスト10.4 引用符の処理を追加

```
# ch10/04search2/search.py list1
...
def remove_quotes(query):  ➡①
    query = re.sub(r'"', '', query)
    return query


if __name__ == '__main__':
    search_query = input('検索文字列を入れてください：')
    search_query = remove_spaces(search_query)
    search_query = remove_quotes(search_query)  ➡②
    search_query = normalize(search_query)
    print(f'次の文字列を検索します："{search_query}"')
```

①引用符を削除するために新しく定義された関数
②検索文字列を正規化したいすべての箇所で新しい関数を呼ぶ必要がある

10.1.3 疎結合

疎結合とは「コードの2つの部分が互いに他方の詳細に強く依存せずにタスクを完了するためのやり取りができる状態」を言います。こうした状態は、多くの場合、抽象化を「共有」することで実現されます。つまり、お互いの了解のもとで共通の「インターフェイス」を介してやり取りすればよいのです（この点については、第3章などでも触れ、また、Barkの実装でもCommandパターンを導入した場面で利用しました）。

疎結合されたコードは共通のインターフェイスを利用します。極端な場合、相互のやり取りにインターフェイスしか利用しません（Pythonにはダイナミックな型付けがあるため、少し緩やかになりますが、ここで強調したいのはその考え方です）。

結合度を考えるとき、オブジェクト自身というよりは、オブジェクトが互いにやり取りする「メッセージ」という観点から考えてみるとわかりやすいでしょう（図10.2）。

図10.2 クラス間でのメッセージやり取り

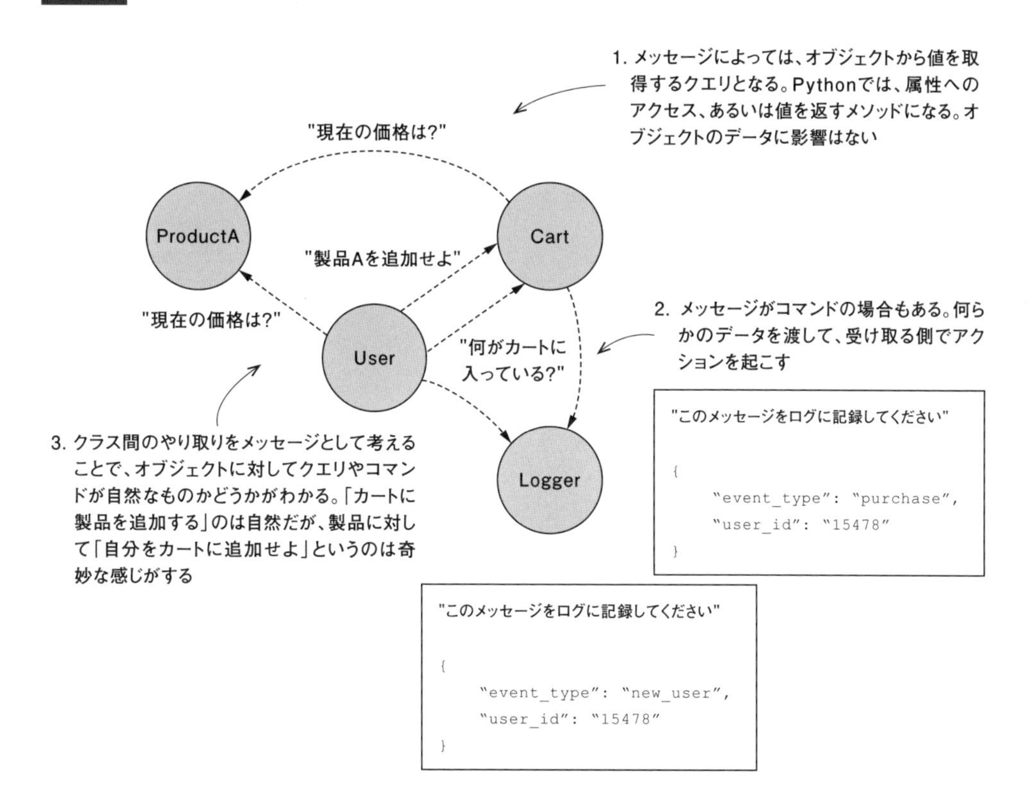

文字列正規化の処理をもう一度見てみましょう。クエリを引数にして関数を呼び出すことで、クエリに対する変換を行っています。各クエリが、メッセージとなっているわけです。

リスト10.5 モジュールから関数を呼び出す

```
if __name__ == '__main__':
    search_query = input('Enter your search query: ')
    search_query = remove_spaces(search_query) ➡①
    search_query = remove_quotes(search_query) ➡②
    search_query = normalize(search_query) ➡③
    print(f'次の文字列を検索します："{search_query}"')
```

①モジュールsearchにスペースを削除するように伝える
②モジュールsearchに引用符を削除するように伝える
③モジュールsearchにすべてを小文字にするように伝える

上のコードを見ると、繰り返しメッセージを送って、結局、文字列正規化という1つの仕事をしています。こうした方法よりも、一度だけメッセージを送って、正規化処理がすべて終わったものを返してもらうほうがよいでしょう。

これを実現するには次のどのアプローチがよいでしょうか。

1. 文字列の正規化処理（スペースと引用符の除去、大文字小文字の処理）を単独の関数に合体する
2. 複数の関数呼び出しを他の関数の呼び出しでラップして、どこからでも一度で呼べるようにする
3. 新しいクラスを作ってクエリ正規化をカプセル化する

どの方法を採用しても処理はできます。関心（コンサーン）の分離は一般にはよいアイデアですが、上の1.は最高の選択肢ではありません。複数の関心（コンサーン）を1つの関数にまとめてしまうことになります。2.の既存の関数をラップする方法は関心（コンサーン）は分離し、エントリポイントを一箇所にしてくれます。3.のクラスを使ったカプセル化は、各正規化処理の間で情報のやり取りが必要になるのであれば、意味をもつことになるでしょう。

ここでは2.を採用することにしましょう。モジュールsearchをリファクタリングして、各変換関数をプライベートにしてみてください。関数`clean_query(query)`を作って、正規化された文字列を返します。

リスト10.6 共有インターフェイスの単純化

```
# ch10/06search4/search.py
import re



def _remove_spaces(query):  ➡①
    query = query.strip()
    query = re.sub(r'\s+', ' ', query)
    return query



def _normalize(query):
    query = query.casefold()
    return query


```

```
def _remove_quotes(query):
    query = re.sub(r'"', '', query)
    return query


def clean_query(query):  ➡②
    query = _remove_spaces(query)
    query = _remove_quotes(query)
    query = _normalize(query)
    return query


if __name__ == '__main__':
    search_query = input('検索文字列を入れてください：')
    search_query = clean_query(search_query)  ➡③
    print(f'次の文字列を検索します："{search_query}"')
```

①変換を行う関数はプライベートにする。正規化の詳細なので表に出す必要はない
②エントリポイントは1箇所で、オリジナルのクエリを受け取り、それを正規化して返す
③関数を1つ呼ぶだけで処理ができる。結合度が下がった

これで、文字列を正規化するために追加の処理が必要になったら、次を実行するだけでよいことになります（図10.3）。

1. 新しい文字列変換を行う関数を作る
2. clean_queryの中でその新しい関数を呼び出す

図10.3 カプセル化と関心(コンサーン)の分離によって疎結合を保つ

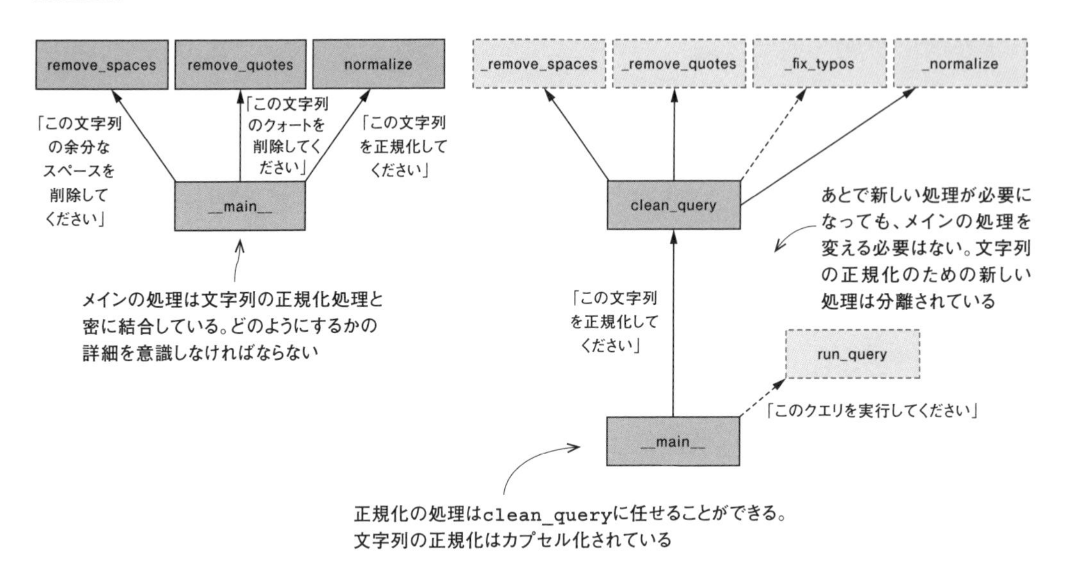

疎結合、関心(コンサーン)の分離、カプセル化の3つが一緒に機能していることがわかると思います。ビヘイビアの分離とカプセル化が、注意深く考えられたインターフェイスと一緒になることで、疎結合の実現を手助けしているのです。

10.2 結合度の認識

密結合と疎結合の例を見ましたが、実践では結合が特定の形態をとることがあります。こうした形態に名前をつけ、どういった場合にそうした形態をとるのかを認識しておくと、密結合を早い段階で検知できるようになります。

10.2.1 機能羨望

文字列正規化の初期バージョンでは、利用者側がモジュールsearchの複数の関数を呼び出す必要がありました。このように、あるコードが、主に他のパートの機能を使って複数のタスクを実行する場合、そのコードは「機能羨望(せんぼう)(feature envy)」をもつといいます。メインのコードは、モジュールsearch内にある機能を「羨望」している状態にあるわけです。図10.4のように、クラスとクラスの間の「機能羨望」もあります。

図10.4 1つのクラスから別のクラスへの機能羨望

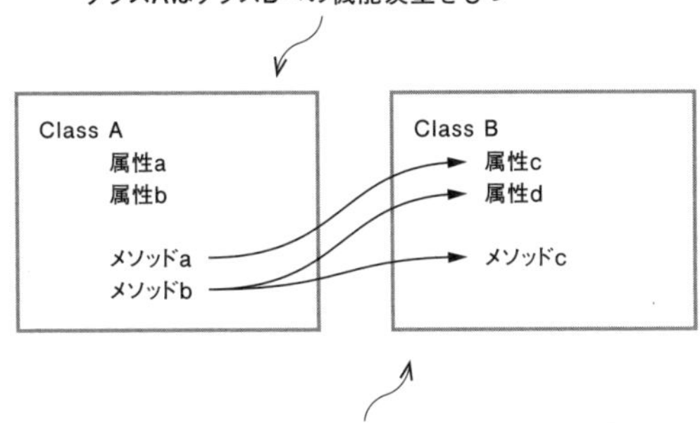

機能羨望は文字列の正規化の問題を直したときと同じように解消できます。1つのエントリポイントをもつようにまとめればよいのです。前の例では、モジュールsearchに関数clean_queryを作ることで解決しました。文字列の正規化を行うのはモジュールsearchですから、関数clean_queryはこのモジュールに置くのが適切です。他のコードからもclean_queryを使い続けることができます。下位レベルで何が起こっているかは気にせずに、正規化された文字列が返されることを仮定できます。このコードには機能羨望はありません。モジュールsearchに検索に関連するコードが含まれることに問題はありません。

機能羨望の排除を目的にリファクタリングすると、リファクタリングの前にはコードで見えていた情報の流れが抽象されたレイヤーの下に隠されることになります。したがって、きちんとしたテストスイートを用意して、問題なく機能するか確認する必要があります。

10.2.2　散弾銃手術

第7章で「散弾銃手術」について説明しましたが、密結合があると、この「散弾銃手術」が必要になりがちです。クラスやモジュールに対して1つの変更を行うと、離れた箇所で不具合が起こり、そこでも修正が必要になります。アップデートのたびにコード内のあちこちで修正が必要になるという事態は避けたいところです。

機能羨望への対応、関心（コンサーン）の分離、効果的なカプセル化と抽象化によって、「散弾銃手術」の必要性をできるだけ小さくしましょう。変更のたびにいろいろな関数、メソッド、モジュールの変更をしているのなら、変更箇所が密結合になっていないか確認しましょう。メソッドをより適切なクラスへ、関数をより適切なモジュールへといった具合に移動できないか考えましょう。すべてをそれがあるべき位置に収めましょう。

10.2.3 抽象化の漏れ(リーク)

抽象化の目的は、すでに見たように、利用者から特定のタスクの詳細を隠すことです。利用者がビヘイビアのトリガー（きっかけ）となり、その結果を受理します。このとき、裏側で何が起こっているかに関心をもつことは通常はありません。しかし、機能羨望があるようならば、中途半端な抽象化、つまり「漏れ(リーク)のある抽象化」が原因になっているのかもしれません。

漏れのある抽象化とは、詳細を十分に隠しきれていない抽象化のことを言います。抽象化は何かを行うのに単純な方法を提供するはずのものですが、その機能を使う際に裏側にあるものに関する知識を必要としてしまうのです。ただ、次の例のように微妙なケースもあります。

HTTPリクエストをするPythonのパッケージについて考えてみましょう。純粋にURLに対してGETリクエストを行い、レスポンスを返してもらうのが目的だとします。GETのビヘイビアを抽象化したリクエスト、たとえば`requests.get('https://www.google.com')`がこの目的を果たしてくれます。

この抽象化はほとんどの場合うまくいきますが、インターネットの接続が途切れた場合どうなるでしょうか。Googleが利用できない場合どうなるでしょうか。このような場合、リクエストは通常、例外を発生させ、何らかの問題が起こったことを知らせます（図10.5）。これはエラー処理には有用です。しかし、起きるかもしれないエラーについての知識が必要になります。何が起きやすいのか、そしてそれをどう処理すればよいのかの知識が必要です。さまざまな箇所で行われるリクエストによるエラーの処理を始めると、それらと「結合」されてしまうことになります。いくつかの可能性のある結果を予期することになり、このパッケージの詳細に依存してしまいます。

漏れは抽象化の際のトレードオフのために起こります。一般的に言って、コード内の概念の抽象化を進めると、カスタマイズできる度合いが下がります。というのは抽象化とは本来、詳細へのアクセスを排除することだからです。アクセスできる詳細が減れば減るほど、詳細を変更する方法も減ってしまいます。一方、開発者としては要求に合うようできるだけ細かな調整をしたくなるものです。このため、場合によっては隠そうとしている詳細への低レベルのアクセス手段を提供することになります。

抽象度の高いレベルのレイヤーから低レベルの詳細へのアクセスを提供しているとき、結合を招いている可能性が高いでしょう。疎結合は、インターフェイス（共有された抽象化）によって実現されます（低レベルの詳細は疎結合に必要なものではありません）。

図10.5 抽象化は隠そうとしている詳細を漏らしてしまう場合がある

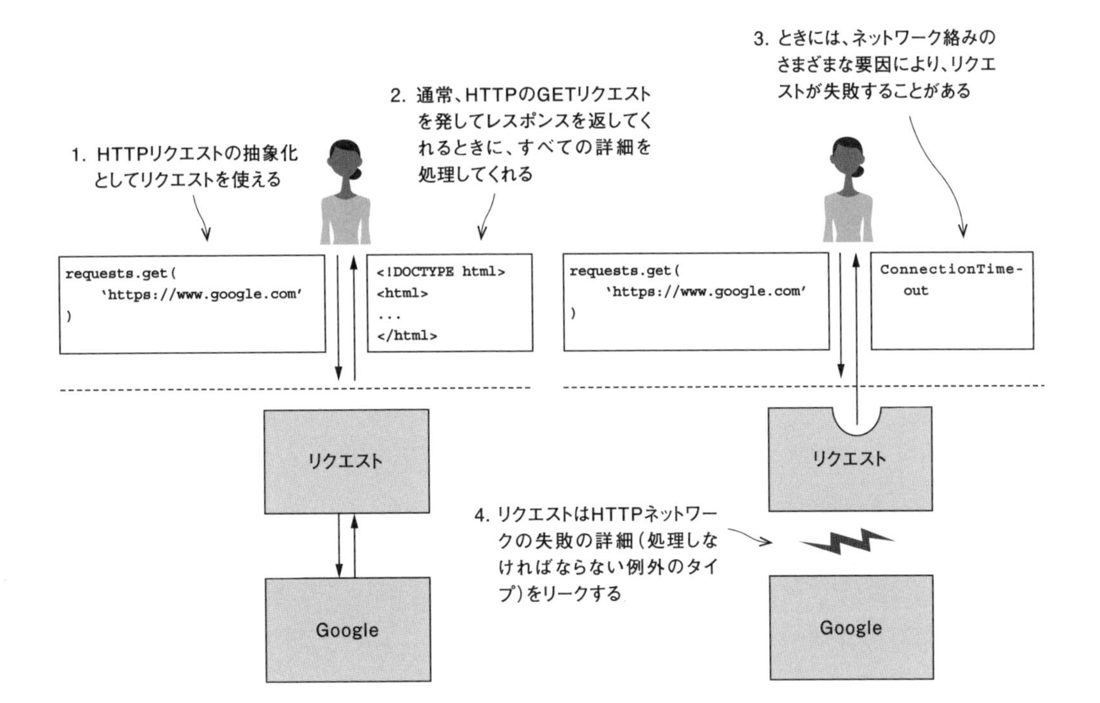

10.3 Barkの結合状態

関心（コンサーン）を分離しビヘイビアをカプセル化しても、関心（コンサーン）の間で互いに情報のやり取りをする必要があります。何らかの「結合」はソフトウェア開発において必要欠くべからざるものです。しかし、密結合である必然性はありません。

ここまででいくつか密結合の兆候を紹介してきたので、前の章まで改良を続けてきたBarkのコードを検討して、密を削減するテクニックを見てみましょう。Barkで使われた多層構成のアーキテクチャを図10.6に再掲します。

図10.6 多層構造のアーキテクチャに関心(コンサーン)を分離

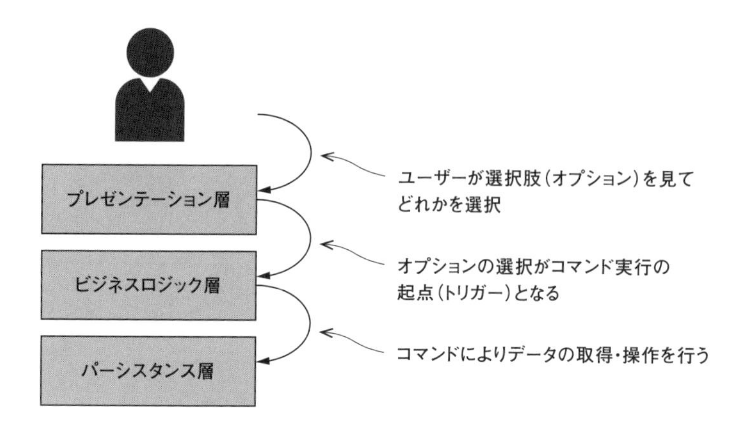

各層は個別の関心(コンサーン)をもっています。

- **プレゼンテーション層**――ユーザーに情報を提示、またユーザーから情報を得る
- **ビジネスロジック層**――行われるタスクのロジック（メインの処理の詳細）
- **パーシスタンス層**――（あとで利用される）データの記憶

プレゼンテーション層をビジネスロジック層につなぐためにCommandパターンを使います。メニューの各選択肢がビジネスロジック層の対応するコマンドを起動(トリガー)します。この際に、各コマンドのメソッド`execute`を実行しますが、各コマンドと各`execute`メソッドは、抽象化によって疎結合されています。

プレゼンテーション層の各項目は結び付けられたコマンドについてはほとんど知りません。そして、コマンドのほうでもなぜコマンドがトリガーされたかは気にしません。想定されたデータが送られてきさえすればよいのです。このような構造になっているため、新しい機能が加わったときに、各層を独立に変更できるのです。

さてここで、ビジネスロジック層がパーシスタンス層とどのようにやり取りをするか考えてみましょう。リスト10.7に再掲した`AddBookmarkCommand`を思い出してください。このコマンドは以下を行います。

1. ブックマークのためのデータを受理する。タイムスタンプをオプションで受け取る
2. 必要ならばタイムスタンプ（追加日時）を生成する
3. パーシスタンス層にブックマークを記憶するよう依頼する

4. 追加が成功したことを示すメッセージを返す

リスト10.7 新しいブックマークを追加するためのコマンド

```
# ch10/07bark5/commands.py list1
class AddBookmarkCommand(Command):
    def execute(self, data, timestamp=None):  ➡①
        data['追加日時'] = timestamp or datetime.utcnow().isoformat()  ➡②
        db.add('bookmarks', data)  ➡③
        return 'ブックマークを追加しました。'  ➡④
```

①ブックマークのデータを受け取る
②タイムスタンプを生成（必要に応じて）
③ブックマークのデータを記憶する
④成功のメッセージを戻す

実はここに密結合が存在しています。全体の長さは5行しかありません。「たった5行でどう密結合が作れるんだ！」と思うかもしれませんが、最後の2行は密結合の兆候を示しています。

db.addを呼び出している行は単にパーシスタンス層と密結合になっているというだけではなく、データベース自身とも密結合になっていることを示しています。データベース以外のどこか（たとえばJSONファイル）にブックマークを保存しようとすると、db.addは使えません。このコードには機能羨望もあります。ほとんどのコマンドがDatabaseManagerの操作を直接行っているのです。

次の問題はreturnの行です。この行の目的は何でしょうか。追加が成功したことを示すメッセージを戻します。誰のためのメッセージでしょうか。そうです。利用者です。ビジネスロジック層でプレゼンテーション層の情報を使っているのです。抽象化の漏れ（リーク）の例です。利用者に提示するものはプレゼンテーション層が管理するべきです。ほかのコマンドにも同じような構造が見られます。

もう1つのコマンドCreateBookmarksTableCommandには、もっと密な結合があります。名前にTableが入っていることからもわかるように（データベースの）テーブルについてのものです。データベースはパーシスタンス層の機能です。アプリケーションが起動されるときにこのコマンドがプレゼンテーション層において参照されています。このコマンドは抽象化されたすべての層に関係してしまっているのです。

それでは問題を解決していきましょう。

10.4 密結合への対処法

Barkのモバイル版を作成することになったとしましょう（モバイル環境で動作するPythonも登場したと仮定します）。Barkのコードをできるだけ再利用しつつモバイル環境でも使えるようにします（図10.7）。

仕様の追加は密結合の部分を浮き上がらせることがあります。新しいユースケースがコードの移動につながり、柔軟性のない部分を表面化させることになります。さて、Barkでも何か見つかるでしょうか。

図10.7 コアなビジネスロジックがさまざまなユースケースをサポートする様子

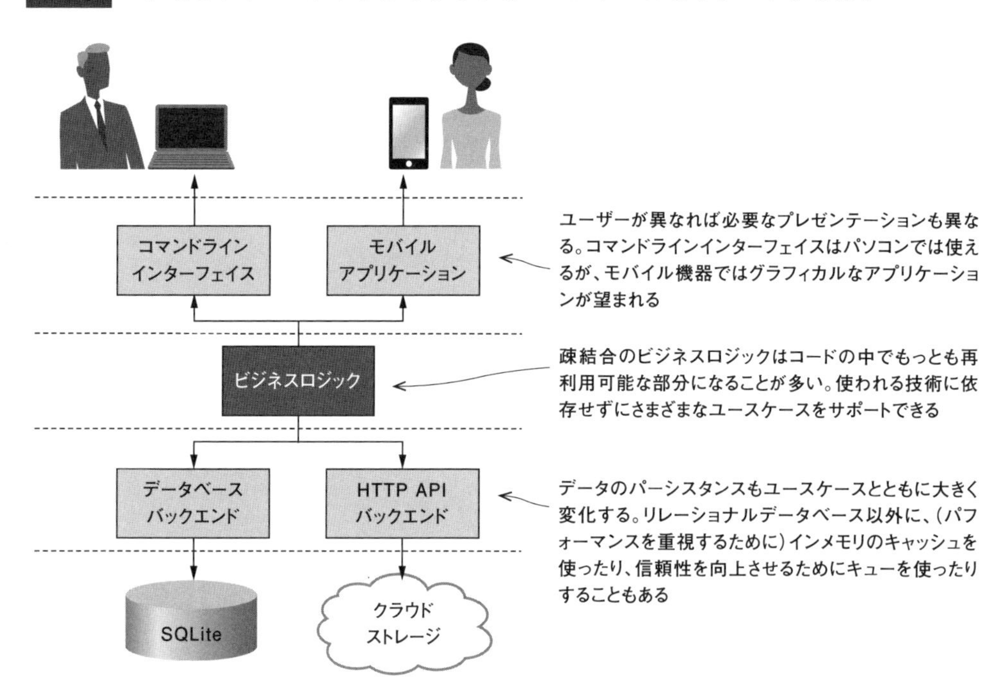

10.4.1　ユーザーメッセージング

モバイルアプリは視覚および触覚に訴える傾向が強いので、メッセージだけでなくアイコンを使うようにしたほうがよいでしょう。先ほどBarkにおけるメッセージがビジネスロジック層に結合されていることを見ました。これを修正するために、メッセージ関連の制御をパーシスタンス層から完全に分離する必要があります。各コマンドが表示されるメッセージに関する明示的な知識をもたずに、コマンドとプレゼンテーション層がやり取りできるでしょうか。

コマンドの出力として単に成功のメッセージを出すものと、ブックマークのリストなどを表示するものもあります。これには、プレゼンテーション層で、「ステータス（成功か失敗かの状態）」と「結果」の2つに分けることで対応しましょう。この2つをあわせてタプルを返せばよいのです。

ここまで作成したコマンドはすべての実行は成功するはずですから、今のところステータスとしてはTrue（成功）を返すことになります。将来的には、失敗した場合はFalseを返すようにします。これまで結果を返していたコマンドはそのままその結果を返し、それ以外のコマンドは`None`を返します。

ステータスを含むタプルを返すように各コマンドを変更してみてください。プレゼンテーション層のクラス`Option`も変更が必要です。ここまでのところ作ったプレゼンテーション層のうちどのアプローチがフィットするでしょうか。

1. `Option`で実行されるコマンドによって成功のメッセージを変える
2. `Option`のインスタンスにメッセージを追加して、成功したときにそのメッセージを出す
3. 表示したいメッセージに対応した`Option`のサブクラスを作る

1.でもよいかもしれませんが、新しいコマンドにどのメッセージを表示するかを決定する条件分岐を追加することになります。3.でも実装は可能ですが、この継承が使われることは稀（まれ）でしょう。こうしたサブクラスを生成する必要性を感じるような特殊なビヘイビアが必要かどうかは不明です。2.を採用すると適切なレベルのカスタマイズがそれほどの労力なしで可能になります。メッセージ関連の処理をリファクタリングしても、Barkは同じように動作しなければなりません（リファクタリングの目的は開発を容易にすることであって、動かなくなっては意味がありません）。

自分で更新してみてから、次のリストと比べてみてください。

リスト10.8 ステータスと結果のタプルを返す

```
# ch07/08bark6/commands.py list1
class AddBookmarkCommand(Command):  ➡①
    def execute(self, data, timestamp=None):
        data['追加日時'] = timestamp or datetime.utcnow().isoformat()
        db.add('bookmarks', data)
        return True, None  ➡②


class ListBookmarksCommand(Command):  ➡③
    def __init__(self, order_by='追加日時'):
        self.order_by = order_by

    def execute(self, data=None):
        return True, db.select('bookmarks', order_by=self.order_by).fetchall()  ➡④
```

①AddBookmarkCommandは成功するが結果を戻さない
②ステータスとしてTrueを、結果としてNoneを戻す
③ListBookmarksCommandは成功しブックマークのリストを戻す
④ステータスとしてTrueを、結果としてブックマークのリストを戻す

リスト10.9 プレゼンテーション層でステータスと結果を利用する

```
# ch10/08bark6/bark.py list1
def format_bookmark(bookmark):
    return '\t'.join(
        str(field) if field else ''
        for field in bookmark
    )



class Option:
    def __init__(self, name, command, prep_call=None, success_message='{result}'):  ➡①
        self.name = name
        self.command = command
        self.prep_call = prep_call
        self.success_message = success_message  ➡②

    def _handle_message(self, message):
        if isinstance(message, list):
            print_bookmarks(message)
        else:
```

```
            print(message)

    def choose(self):
        data = self.prep_call() if self.prep_call else None
        success, result = self.command.execute(data)  ➡③

        formatted_result = ''

        if isinstance(result, list):  ➡④
            for bookmark in result:
                formatted_result += '\n' + format_bookmark(bookmark)
        else:
            formatted_result = result

        if success:
            print(self.success_message.format(result=formatted_result))  ➡⑤

    def __str__(self):
        return self.name
...
def loop():
    clear_screen()

# ch10/08bark6/bark.py list2
    options = OrderedDict({
        'A': Option(
            '追加',
            commands.AddBookmarkCommand(),
            prep_call=get_new_bookmark_data,
            success_message='ブックマークを追加しました。',  ➡⑥
        ),
        'B': Option(
            '登録順にリスト',
            commands.ListBookmarksCommand(),  ➡⑦
        ),
        'T': Option(
            'タイトル順にリスト',
            commands.ListBookmarksCommand(order_by='タイトル'),
        ),
        'E': Option(
            '編集',
            commands.EditBookmarkCommand(),
            prep_call=get_new_bookmark_info,
```

```
            success_message='ブックマークを更新しました。'
        ),
        'D': Option(
            '削除',
            commands.DeleteBookmarkCommand(),
            prep_call=get_bookmark_id_for_deletion,
            success_message='ブックマークを削除しました。',
        ),
        'G': Option(
            'GitHubのスターをインポート',
            commands.ImportGitHubStarsCommand(),
            prep_call=get_github_import_options,
            success_message='{result}個のブックマークをインポートしました。',  ➡⑧
        ),
        'Q': Option(
            '終了',
            commands.QuitCommand()
        ),
    })
```

①resultを戻すコマンドのデフォルトメッセージはresultそのもの
②success_messageにこのオプションの成功時のメッセージを保存しておく
③ステータス（status）と結果（result）を実行されたコマンドから受け取る
④結果をフォーマット（必要な場合）
⑤成功時のメッセージを出力。必要に応じてフォーマットされた結果を挿入
⑥結果（result）のない選択肢については、成功時のメッセージを指定
⑦結果（result）のみを出力する選択肢については、メッセージを指定する必要はない
⑧結果（result）とカスタマイズされたメッセージがある選択肢については、両方を使う

おめでとうございます。ビジネスロジック層とプレゼンテーション層の分離に成功しました。これまでのハードコードされたメッセージの代わりに、ステータスと結果を使ってやり取りするようになりました。Barkのモバイル版のフロントエンドを作る場合には、ステータスと結果を使って、モバイル機器に表示するアイコンやメッセージを決めることができます。

10.4.2　ブックマークの永続性

モバイルユーザーは外でもBarkを利用しますからデータベースはクラウドに置かなくてはなりません。

これまでのコードではローカルのデータベースに保存することになっていました。したがって、データベースモジュールを、APIを経由して動かす新しいパーシスタンス層と置き換える必要が生じます。大変な作業になると思うかもしれませんが、ここまでで、共有された抽象化が結合度を下げる効果があることを学びました。ローカルのデータベースとAPIとの類似点と相違点を考えてみれば、両者を扱えるような抽象化も難しくはないでしょう（図10.8）。

詳細には違いがあるものの、データベースを用いる場合もAPIを用いる場合もパーシスタンス層は同じような関心（コンサーン）を扱う必要があります。このような場合は抽象化が有用です。先ほど、プレゼンテーション層から分離するために、各コマンドを、ステータスと結果を返すメソッド`execute`に変えたように、パーシスタンス層をより一般的なCRUD操作に変えることでコマンドから分離できます。こうすることで、新たに作りたいパーシスタンス層は同じように抽象化できます。

図10.8　データベースとAPIの比較

データベース	API
データはオブジェクトとして表現される	データはオブジェクトとして表現される
SQLを使ったCRUD操作（INSERT, SELECT, UPDATE, DELETE）	HTTPを使ったCRUD操作（POST, GET, PUT, DELETE）
データベースのファイルとテーブルのコンフィギュレーションが必要	APIのドメインとURLのための設定・構成が必要

10.4.3　実践課題

皆さんは`DatabaseManager`からコマンドを分離するのに必要なツールと知識はすでにもっています。

インターフェイスを定義するための抽象基底クラス`PersistenceLayer`を使って、コマンドとクラス`DatabaseManager`の間に置かれるパーシスタンス層`BookmarkDatabase`を作成してください（図10.9）。

図10.9 インターフェイスと具体的な実装により、コマンドをデータベースの詳細から切り離す

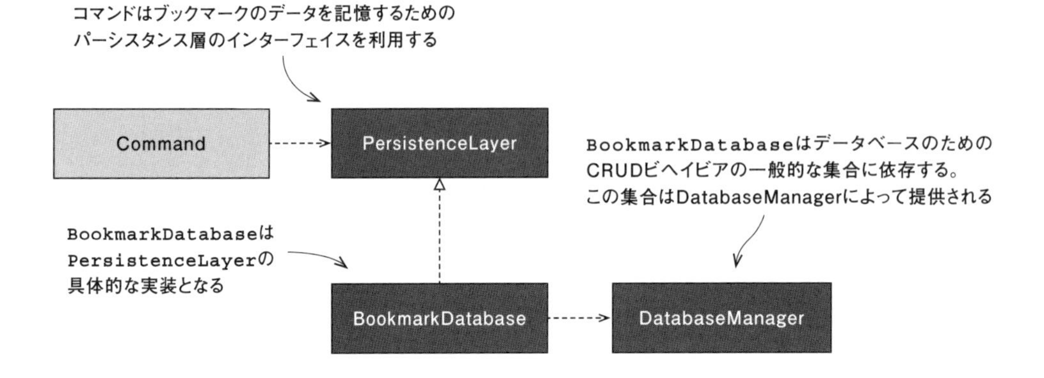

新しくモジュール`persistence`を作って、これらのクラスを作成してください。`DatabaseManager`を直接使う代わりに、コマンドをリファクタリングして新しいクラスを利用するようにしてください。データベースやAPIに結び付けられたメソッド名は使わずに、（ほとんどの）パーシスタンス層で使えるメソッドを提供するインターフェイスにしてください。

- `__init__`——初期化
- `create(data)`——新しいブックマークの生成
- `list(order_by)`——ブックマークのリスト（`order_by`は並べ方の指定）
- `edit(bookmark_id, data)`——ブックマークの更新
- `delete(bookmark_id)`——ブックマークの削除

`CreateBookmarksTableCommand`のロジックは、実際のところブックマークデータベースのパーシスタンス層の初期の構成なので、`BookmarksDatabase.__init__`の中に移動できます。`DatabaseManager`のインスタンス生成もそこに移動するのがよいでしょう。続いて、`BookmarkDatabase`では、`PersistenceLayer`で抽象化された各メソッドのための実装を書きます。`db.add`など、各データベース関連メソッドの呼び出しは適切なメソッドに移動します。次のリストを参照してください。

リスト10.10 パーシスタンスのインターフェイスと実装

```
# ch10/09bark7/persistence.py
from abc import ABC, abstractmethod

from database import DatabaseManager


class PersistenceLayer(ABC):  ➡①
    @abstractmethod
    def create(self, data):  ➡②
        raise NotImplementedError('パーシスタンス層では必ずメソッドcreateを実装してください')

    @abstractmethod
    def list(self, order_by=None):
        raise NotImplementedError('パーシスタンス層では必ずメソッドlistを実装してください')

    @abstractmethod
    def edit(self, bookmark_id, bookmark_data):
        raise NotImplementedError('パーシスタンス層では必ずメソッドeditを実装してください')

    @abstractmethod
    def delete(self, bookmark_id):
        raise NotImplementedError('パーシスタンス層では必ずメソッドdeleteを実装してください')


class BookmarkDatabase(PersistenceLayer):  ➡③
    def __init__(self):
        self.table_name = 'bookmarks'  ➡④
        self.db = DatabaseManager('bookmarks.db')

        self.db.create_table(self.table_name, {
            'id': 'integer primary key autoincrement',
            'タイトル': 'text not null',
            'URL': 'text not null',
            'メモ': 'text',
            '追加日時': 'text not null',
        })

    def create(self, bookmark_data):  ➡⑤
        self.db.add(self.table_name, bookmark_data)

    def list(self, order_by=None):
```

```
        return self.db.select(self.table_name, order_by=order_by).fetchall()

    def edit(self, bookmark_id, bookmark_data):
        self.db.update(self.table_name, {'id': bookmark_id}, bookmark_data)

    def delete(self, bookmark_id):
        self.db.delete(self.table_name, {'id': bookmark_id})
```

①パーシスタンス層のインターフェイスを定義する抽象基底クラス
②パーシスタンス層のCRUD操作に対応するメソッド
③データベースを使用する場合のパーシスタンス層の実装
④DatabaseManagerによってデータベースの作成を処理
⑤インターフェイスの各ビヘイビアに対するデータベース特有の実装

パーシスタンス層のインターフェイスとそのインターフェイスの具体的な実装（ブックマークを記憶するDatabaseManagerの使い方）ができたので、DatabaseManagerの代わりにインターフェイスPersistenceLayerに依存するコマンドをアップデートする準備が整いました。モジュールcommandsで、DatabaseManagerのdbのインスタンスをBookmarkDatabaseのインスタンスであるpersistenceに置き換えます。残りのモジュールについても、（db.selectなど）DatabaseManagerのメソッドの呼び出しを、（persistence.listなどの）PersistenceLayerの呼び出しで置き換えます。自分で更新してみたあとで、次のリストと比較してみてください。

リスト10.11 ビジネスロジックの抽象化

```
# ch10/09bark7/commands.py
import sys
from abc import ABC, abstractmethod
from datetime import datetime

import requests

from persistence import BookmarkDatabase  ➡①

persistence = BookmarkDatabase()  ➡②



class Command(ABC):
    @abstractmethod
    def execute(self, data):
```

```
        raise NotImplementedError('コマンドは必ずメソッドexecuteを実装してください')


class AddBookmarkCommand(Command):
    def execute(self, data, timestamp=None):
        data['追加日時'] = timestamp or datetime.utcnow().isoformat()
        persistence.create(data)  ➡③
        return True, None



class ListBookmarksCommand(Command):
    def __init__(self, order_by='追加日時'):
        self.order_by = order_by

    def execute(self, data=None):
        return True, persistence.list(order_by=self.order_by)  ➡④


class DeleteBookmarkCommand(Command):
    def execute(self, data):
        persistence.delete(data)  ➡⑤
        return True, None


class QuitCommand(Command):
    def execute(self, data=None):
        sys.exit()


class ImportGitHubStarsCommand(Command):
    def _extract_bookmark_info(self, repo):
        return {
            'タイトル': repo['name'],
            'URL': repo['html_url'],
            'メモ': repo['description'],
        }

    def execute(self, data):
        bookmarks_imported = 0

        github_username = data['github_username']
        next_page_of_results = f'https://api.github.com/users/{github_username}/starred'
```

```
        while next_page_of_results:
            stars_response = requests.get(
                next_page_of_results,
                headers={'Accept': 'application/vnd.github.v3.star+json'},
            )
            next_page_of_results = stars_response.links.get('next', {}).get('url')

            for repo_info in stars_response.json():
                repo = repo_info['repo']

                if data['preserve_timestamps']:
                    timestamp = datetime.strptime(
                        repo_info['starred_at'],
                        '%Y-%m-%dT%H:%M:%SZ'
                    )
                else:
                    timestamp = None

                bookmarks_imported += 1
                AddBookmarkCommand().execute(
                    self._extract_bookmark_info(repo),
                    timestamp=timestamp,
                )

        return True, bookmarks_imported


class EditBookmarkCommand(Command):
    def execute(self, data):
        persistence.edit(data['id'], data['update'])  ➡⑥
        return True, None
```

①BookmarkDatabaseをDatabaseManagerの代わりにインポート
②パーシスタンス層のセットアップ（必要に応じて別のものに交換可能）
③db.addの代わりにpersistence.create
④db.selectの代わりにpersistence.list
⑤db.deleteの代わりにpersistence.delete
⑥db.updateの代わりにpersistence.edit

ここまで、Barkをモバイル環境などの新しいユースケースに対応するよう拡張しました。関心(コンサーン)は分離されており、プレゼンテーション層、ビジネスロジック層、パーシスタンス層は分離されています。各層をユースケースによって交換することも可能になりました。

BookmarkDatabaseを、たとえばHTTP APIを経由してストレージサービスを使うBookmarksStorageServiceに交換することもできます。テストのためにメモリ内に記憶するダミーのデータベースDummyBookmarksDatabaseを使うこともできます。疎結合はさまざまな機会を与えてくれます。いろいろ試してみてください。

Barkに適用した原則は、実世界のプロジェクトにも適用可能です。これまで学んだことを自分のプロジェクトに活かせば、保守性や可読性を高めてくれるはずです。

最後の第4部では、これまでの学びを振り返るとともに、皆さんを次の段階に導く「おすすめ」を紹介しましょう。

10.5 まとめ

- 関心(コンサーン)を分離し、データとビヘイビアをカプセル化し、結合度を下げるために共有された抽象化を行うことが重要である
- あるクラスAがほかのクラスBについてその詳細を知っていたり、利用したりしている場合は、クラスAをクラスBに含めることを検討するべきである
- 密結合は、再カプセル化によって、高い凝集度を実現することでも対処できるが、新たな抽象化を共有することでうまく対処できることが多い(たとえば、この章ではBarkのメニューとコマンドにあった密結合を、コマンドごとに個別のメッセージを返すのではなく、ステータスと結果を戻すようにすることで解消した)

第4部

What's next?

これからどう学ぶか

皆さんと素晴らしい時を過ごしてきましたが、お別れの時が近づいています。

第4部では、まず第11章で、これまでの章で紹介しきれなかったいくつかのトピックを紹介します。最高のソフトウェアを書けるようになるために、もっといろいろな概念やテクニックを学びたいと思っている方も多いでしょう。その手始めの題材を提供するのが第11章の目的です。各トピックについて順番に学んでいってもよいですし、1つの事柄をより深く学んでも結構です。

そして、最後の第12章で、皆さんがこれからどう学ぶのがよいのか、筆者の考えをお伝えします。

第11章

Subjects of further learning

さらなる学びの題材

■この章の内容

デザインパターン

分散システム

Pythonをより深く知る

ソフトウェアデザインに関してたくさんの事柄を学んできました。しかし、まだまだ学んでないことがたくさんあります。次の何を学べばよいのかと思案している人は、この章と次の章を読んでみてください。

この章では、これまで触れてこなかったソフトウェア開発における重要な概念である「デザインパターン」と「分散システム」についてその概要を説明し、最後にPythonに関するその他のトピックをいくつか紹介します。

11.1 デザインパターン

ソフトウェア開発が本格的に始まって以来、開発者は同じような問題を繰り返し解決してきました。その結果、「デザインパターン」と呼ばれる、いくつかの典型的なパターンがあることが確認されました。いくつかのパターンは疎結合や拡張性を提供してくれます（一方、そういったものとは無縁のパターンもあります）。

こうした「デザインパターン」は何度も試されてその有効性が証明されたソリューションです。パターンに付けられた名前を参照することで、チーム内で共通の理解が得られ、それだけ生産性が上がることになります。

Barkのコマンドを作成した際にデザインパターンの1つである「Commandパターン」を利用しました。このパターンはBarkのようなアプリケーションで頻繁に使われ、「アクションをリクエストするコード」と「行われるアクション」とを分離する役目をします。このパターンには次の4つが関わっています。

1. レシーバー――アクションを行うもの。たとえばデータベースの保存や、API呼び出しを行うもの
2. コマンド――レシーバーがそのアクションを行うために必要な情報を含むもの
3. インボーカー――レシーバーに情報を送りコマンド実行のきっかけ（トリガー）となるもの
4. クライアント――インボーカー、コマンド、レシーバーをまとめ、タスクを実行するもの

Barkにおいては、次のような対応関係になります。

1. レシーバー――クラス`PersistenceLayer`。データを記憶したり取り出したりするのに十分な情報を受け取る（`BookmarkDatabase`の場合はデータベースから）
2. コマンド――クラス`Command`。パーシスタンス層とやり取りするために必要な情報を保持している
3. インボーカー――クラス`Option`のインスタンス。ユーザーがメニューのオプションを選択したときコマンドを起動する
4. クライアント――クライアントのモジュール（`bark.py`）。オプションにコマンドを対応付けて、ユーザーがメニュー項目を選ぶと対応するアクションが行われる

統一モデリング言語（UML）を使って登場するクラスをダイアグラムにしたものを図11.1に示します※1。

UMLダイアグラムはプログラムのエンティティ間の関係を図示するのによく使われます。この本ではUMLについては説明しませんが、デザインパターンについて学ぶと、このダイアグラムを目にする機会が多くなるでしょう（デザインパターンを学ぶのが目的ですから、UMLダイアグラムによる表現がピンとこなければ、ほかの文献などを参照してください）。

図11.1 BarkアプリケーションでCommandパターンのUMLダイアグラムによる表現

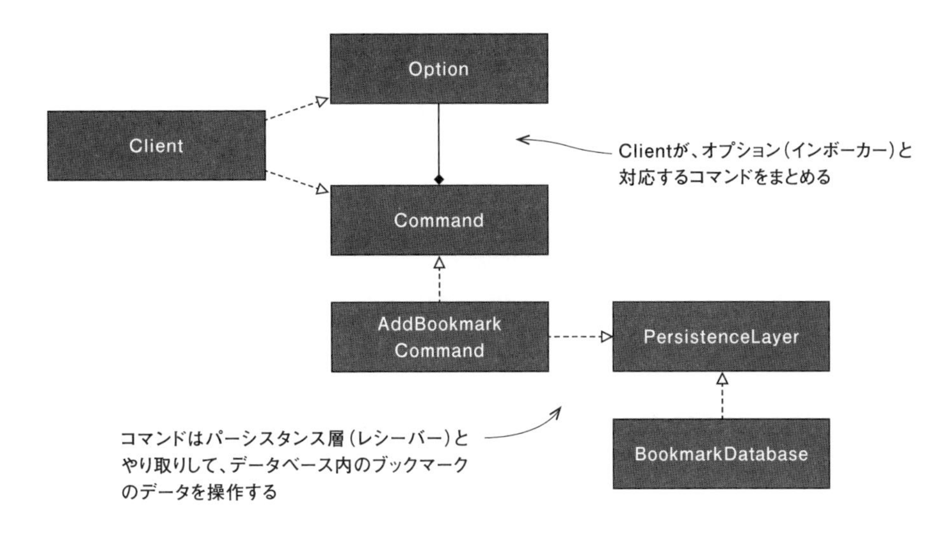

11.1.1 Pythonにおけるデザインパターンの適用

Barkでは、Commandパターンがシステムをパーシスタンス層、ビジネスロジック層、プレゼンテーション層の3つに分離する助けとなりました。これから、皆さんが学ぶ他のパターンも同じように役に立つ場面があることでしょう。しかし、Pythonで用いるのには向いていないパターンがあるのも事実です。

Pythonを使った開発において、どのようなデザインパターンを利用するべきかを判断するには、デザインパターンが開発・使用されてきた文脈に対する理解が欠かせません。いくつかのデザインパターンは特定のプログラミング言語と深く結びついています。そして、少なくない数のデザインパターンが静的な型付けをもつ言語であるJavaに由来しているのです。Javaなどの静的な型付けをもつ言語では、クラスのインスタンス生成などに（意図的に）制限がかけられて

※1 統一モデリング言語について詳しくはウィキペディアを参照してください。

います。この結果、数多くのデザインパターンが生成に関係するものになっています。Pythonは動的型付けをもつ言語ですから、こうした制限はあまりなく、Javaのように生成に関係するパターンはほとんど使う必要がありません。

結局のところ、この本で説明してきた多くの概念やアイデアと同様、デザインパターンも仕事を片付けるためのツールなのです。問題解決のためにデザインパターンを使おうとしてみたが、うまくフィットしないように感じたのならば、そのパターンをあえて使う必要はないでしょう。そうこうしているうちに、フィーリングの合うパターンに出会うことになるかもしれません。

デザインパターンについて学ぶための標準的な書籍としては、『オブジェクト指向における再利用のためのデザインパターン※2』があります。また、デザインパターンについては、オンラインのソフトウェア開発コミュニティでも盛んに議論が行われています。特定のパターンを、(いつ)使うべきかの判断材料になるケーススタディが示されている場合も多いでしょう。

11.1.2 デザインパターン関連の用語

デザインパターンに関する学びは次に挙げる用語から始めるとよいでしょう(第12章で紹介する「マインドマップ」を書くことから始めるのもおすすめです)。

- デザインパターン
  - Creationalパターン
  - ファクトリ
  - Behavioralパターン
  - Commandパターン
  - Structuralパターン
  - Adapterパターン

※2 エリック・ガンマ他著 本位田真一他訳『オブジェクト指向における再利用のためのデザインパターン』(ソフトバンククリエイティブ、1999年)

11.2 分散システム

Webアプリケーションの開発においてはHTTPトラフィックを処理するサーバ、データを記憶するデータベース、頻繁にアクセスされるデータを記憶するキャッシュなどのサブシステムが合体して、システム全体を構成しています。サブシステムはそれぞれ異なるコンピュータ、ときには別の大陸にあるコンピュータで動作する場合もあります（図11.2）。こうした「分散型」のシステムには固有の難しさがあります。

図11.2 分散型のシステム

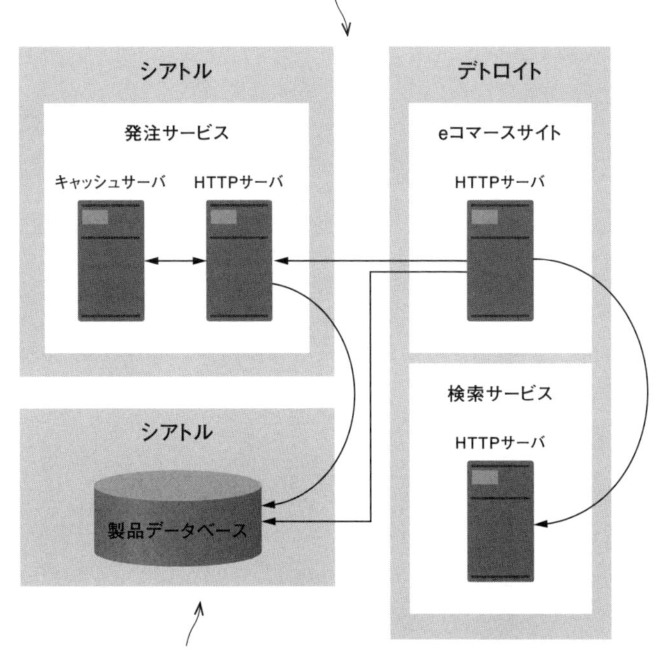

11.2.1 分散システムにおける障害の原因

1台のコンピュータにおいてさえ、プログラムの予期せぬクラッシュが起こります。クラッシュしたプログラムに依存している別のプログラムも、そうした事態を予想し、対策を講じてなければ、連鎖的にクラッシュしてしまうでしょう。

分散システムではさらに事情は複雑になります。すべてのプログラムが正常に動作していてもネットワークが切断されるかもしれません。1つのサブシステムだけがデータベースにアクセスできなくなるかもしれません。分散システムにおいては、こうした障害が起こっても、リカバーできるようになっていなければなりません。

筆者は、分散システムの障害への対応を考えることは、機能テストについて考えることと似ていると考えています。第5章で自動テストは手動テストに比べて手間がかからないため、脆弱性を見つけるのに、より創造的で探索的なテストが可能になることを説明しましたが、分散型システムにおいても同じような姿勢で臨むことが重要になります。ただし、より大規模になります。

11.2.2 アプリケーションの状態の確認

分散システムにおける課題としてシステムが部分的にクラッシュした場合の処理があります。システムの一部が動作しなくてもなんとかなるかもしれません。しばらくの間はそのサブシステムが動作しなくても、必要なデータの保存を一時的に遅らせ、復活したときに保存できるようにしておけばよいのです。これに対して、運用に欠かせない「単一障害点」をもつシステムもあるでしょう。

分散型のシステムは単一障害点をできるだけ少なくするように設計されます。特定のアクションが実行できなかったり一部の情報が不足していたりしても実行が続けられるように、つまり「グレースフル・デグラデーション」が可能なようになっています。Kubernetes（https://kubernetes.io/）などのシステムでは、「結果整合性（eventual consistency）」を介して障害に対処しています。これによりシステムに要求する状態を定義することができ、システムはいずれ定義された状態に到達できるという保証を提供できます。グレースフル・デグラデーションと結果整合性の両方を確保することで、致命的な障害が起こりにくいシステムにつながります。

分散型システムは決して新しいものではありませんが、近年、ツールや概念に大きな進展がありました。特にKubernetesとこれを取り巻くエコシステムが有望でしょう。この技術は小さなシステムにも適用できますが、より大きく複雑なシステムでその力を発揮します。原則やテクニックから始めて、2、3個の分散型システムを構築することで練習し、自分の目的に合うツールを探し出して活用するとよいでしょう。

11.2.3 分散システム関連の用語

まずは次のような用語から学びを始めましょう。

■ 分散システム
- ・耐障害性
- ・結果整合性
- ・desired state（望ましい状態）
- ・並行性
- ・メッセージキュー

11.3 Pythonをより深く知る

これは明らかなことと思われるかもしれませんが、Pythonに関する学びも忘れてはなりません。この本ではPythonを用いてソフトウェアデザインに関する概念などの例を紹介していますが、Pythonの機能や構文、パワーについてもまだ学ぶことはたくさん残っていることでしょう。

11.3.1 Pythonのコードスタイル

Pythonで仕事をしていくにつれて、徐々に自分の好きな「スタイル」を身につけていくことになるでしょう。自分がコードを読み直すときに理解しやすいスタイルです。しかし他の人（これまでその人なりのスタイルでコードを書いてきた人）があなたのコードを読むと、理解するのが難しいかもしれません。PEP 8というPythonの「コーディング規約」があり、Pythonのコードの書き方に関する標準を提案しています。これに従っておけば自分のスタイルを改めて検討しなおす必要がありません[※3]。Black（https://github.com/psf/black）などのツールでは、この推奨をさらに進め、厳格なスタイルを強制してくれます。こういったツールに従えば、スタイルについて悩む必要はなくなり、自分がプログラミングを介してやるべきことに集中できます。

※3 PEP 8はPythonのWebサイトで確認できます——https://www.python.org/dev/peps/pep-0008/

11.3.2 プログラミング言語の機能とパターン

従来、デザインパターンはオブジェクトとそのインタラクションという観点から議論されてきました。一方ではPythonには、アイデアが表現される共通のパターンもあります。Pythonを使う際には「多くの場合このように処理される」という感じのものです。エレガントで、簡潔、クリア、そして読みやすいので、そうした表現のことをPython的（Pythonic）であると言います。こうしたパターンも、あなたのコードを理解しようとしている人にとっては、デザインパターンに勝るとも劣らず重要です。

Pythonにおけるいくつかのパターンは状況にふさわしいデータ型の選択に関係するものです。たとえば、「キーを値にマップするために辞書を使う」といったものです。いくつかのパターンはリスト内包表記や三項演算子に関係します。複数の文を使わなくても短く簡潔に書くために何が利用できて、いつ各パターンを使うか、いつ使うべきでないかを把握することが重要です。

「Zen of Python」がPythonのコードを書くための基本原則を示してくれています（プロンプトで「`import this`」と入力してみてください）。

```
>>> import this
The Zen of Python, by Tim Peters

Beautiful is better than ugly.
（醜いより美しいほうがよい）
Explicit is better than implicit.
（明示のほうが暗示よりもよい）
Simple is better than complex.
（単純なほうが複雑であるよりもよい）
Complex is better than complicated.
（複雑であることは、難解であるよりはよい）
Flat is better than nested.
（フラットなほうが、ネストするよりもよい）
Sparse is better than dense.
（疎なほうが、密よりもよい）
Readability counts.
（可読性は重要である）
Special cases aren't special enough to break the rules.
（特殊ケースは、ルールを破るのに十分なほど特殊ではない）
Although practicality beats purity.
（ただし、実用性は純粋さに優先する）
Errors should never pass silently.
（エラーは決して隠すな）
Unless explicitly silenced.
```

```
（ただし、明示的に隠されているケースを除く）
In the face of ambiguity, refuse the temptation to guess.
（曖昧さに出会ったら、適当に推測してはならない）
There should be one--and preferably only one--obvious way to do it.
（何かよい方法があるはずだ。たった1つかもしれないが、誰が見ても明らかな方法が）
Although that way may not be obvious at first unless you're Dutch.
（その方法は最初は簡単にわからないかもしれない。オランダ人なら別かもしれないが）
Now is better than never.
（「今」のほうが、「ずっとやらない」よりもよい）
Although never is often better than *right* now.
（ただし、すぐにやるよりはやらないほうがマシなことが多い）
If the implementation is hard to explain, it's a bad idea.
（説明が難しいのなら、悪い実装である）
If the implementation is easy to explain, it may be a good idea.
（簡単に説明できるのなら、おそらくよい実装である）
Namespaces are one honking great idea--let's do more of those!
（名前空間はすばらしいアイデアである。積極的に利用しよう）
```

このガイドラインを簡単な判定基準として見れば、「変だ」と感じるようなコードを見つけ出すことができるでしょう。美しくないと思える書き方を見たら、何をしようとしているか理解して、「Pythonで○○をする方法」をWeb検索すれば別の方法を見つけ出すことができるでしょう。筆者が用いてきたもう1つの戦略は、TwitterでPythonのベテランプログラマーをフォローすることです。すると、それまで必要だとは知らなかった情報を見つけられることも多いでしょう。

Pythonに関する書籍としては、『The Quick Python Book』（Daryl Harmsほか著、Manning、1999年）、『The Hitchhiker's Guide to Python: Best Practices for Development』（Kenneth Reitzほか著、O'Reilly Media、2016年。https://docs.python-guide.org/）『Python クックブック 第2版』（Alex Martelliほか著、鴨澤眞夫ほか訳、オライリー・ジャパン、2007年）などがおすすめです。

11.3.3 Python関連の用語

次のような用語の検索から始めて、Python的なコードの例やパターン、ガイドラインについて学ぶとよいでしょう。

- Python的なコード（Pythonic code）
- XをするためのPython的な方法（Pythonic way to do X）
- イディオム的なPython（Idiomatic Python）
- Pythonのアンチパターン（Python anti-patterns）
- Pythonのリンター（Python linters）

11.4 まとめ

- デザインパターンを覚えることで、典型的な処理を簡単に行える。ただしPythonには向いていないパターンもある
- 分散システムには固有の難しさがあるので、注意が必要である
- Pythonの「コーディング規約」に従って書くようにするとよい

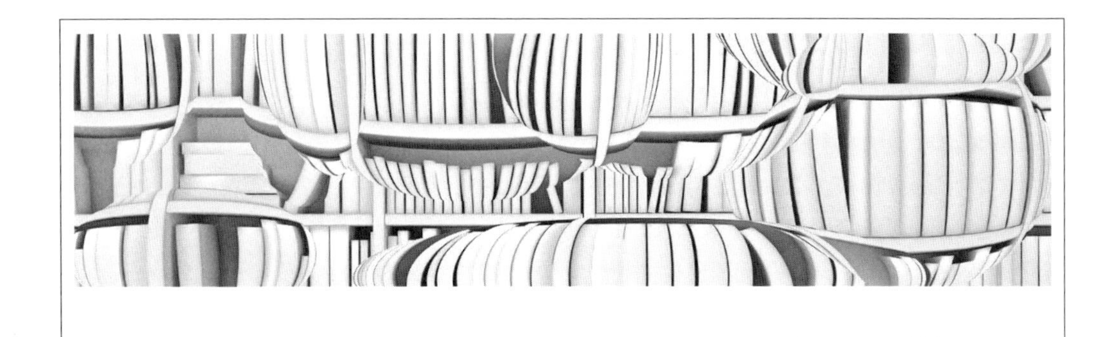

第12章

Onward and upward

学習トピックの探索と記録

■この章の内容

ソフトウェア開発のキャリアにおいて次に進むべき道

連続的な学びのためのアクション計画

信じられないことに、最後の章に到達してしまいました。ここまで楽しんでいただけたでしょうか。この章では皆さんがこれから進むべき道に関するヒントをお伝えします。

12.1 これからを考える

経験を積み重ねることで、学びが続きます。さらに学びたいことに出会うでしょうが、時間がなかったり、まだそれを学ぶための経験が不足しているという場合もあるでしょう。そして、まだまだ無限といってもよいほどの知らないことが存在しています。皆さんがまだ出会っていない概念や、表現する言葉を知らない概念もあるはずです。

同じような状況を、米国の元国務長官ドナルド・ラムズフェルドは次のように（ユーモラスに）表現しています。

> 世の中には知られていると知られている物事がある。つまり、我々が知っていると知っている物事がある。
> 我々はまた知っている。世の中には、知られている、知られていない物事があることを。つまり、我々は知っているのだ、世の中には我々が知らない物事があることを。
> しかし、世の中には、知られていない、知られていない物事もある。つまり、我々が知らないということを知らない物事だ。
>
> ―― ドナルド・ラムズフェルド

優秀なエンジニアであることと、特定の物事について非常に詳しいということは（ほとんど）関係がありません。多くの場合、何を見ればよいか、どのようなリソース（ツール、資料、人脈、...）があるかを知っているほうが仕事は捗(はかど)るのです。つまり、自分がアクセスできるリソースの豊富さのほうが経験よりも価値が高いのです。

開発者としての興味から、ブログの記事や各種のツール、Webページなどを集めたりもするでしょう。ソフトウェアを開発する際には、必要が生じて新しい物事を学ぶことになるでしょう。将来、特定のトピックをさらに詳しく学ぼうとするとき、学びの計画を立てておくことで成功の可能性を高めることができるのです。

12.1.1 計画立案

ウィキペディアで何かを調べようとして、気がついたら午前2時37分になっていて、ブラウザには37個のタブが開いていた、といった経験はありませんか。よくわからない概念が登場するたびにリンクをたどって、深く深く底なし沼に潜(もぐ)り込んでいきます。気がついたときには、「時間を無駄にしてしまった」と思うかもしれませんが、実のところこれは必要な情報を得るのに効果的な戦略なのかもしれません。

philosophyゲーム

Wikipediaで逆の方向（上）にたどることもできます。ある記事からはじめて、本文の最初のほうのリンクを何回かクリックすることで、「Philosophy（哲学）」のページにたどりつけます。

最初のほうにあるリンクは、より広い事柄、一般的な事柄へのリンクであることが多いのです。たとえば、次のようにリンクがたどれます（2021年10月時点）。

* Beige→BeigeのFrench→French language→Vulgar Latin→Roman Republicのclassical Roman civilization→Ancient Rome→Historiography→Historyのumbrella term→Hyponymy and hypernymy→Linguistics→language→Philosophy of language→Analytic philosophy→Philosophy

* ベージュ→フランス語→インド・ヨーロッパ語族→語族→言語→思想→直感→概念→哲学

* Python (programming language)→General-purpose programming language→Programming language→Formal language→Mathematics→quantity→multitude→Counting→Number→Mathematical objectのabstract concept→Conceptのideas→Idea→Philosophy

* Python→インタプリタ→プログラミング言語→形式言語→言語→思想→直感→概念→哲学

ここで「マインドマップ」を紹介しましょう。マインドマップを使うと、情報の関係を視覚的に表現できます。中央に学びたいと思っている中心的な概念を表すノードを書くことから始めて、枝を伸ばしていきます。枝の先に書くノードは下位の概念や関連する概念を表します。マインドマップを使って学びたいと思っている事柄を列挙していくことで、カバーしたい領域の概要を把握できるようになります。

自然言語処理について学びたいのならば、たとえば図12.1のようなマインドマップができあがるでしょう。上位レベルのカテゴリーがいくつかあって、原形変換やマルコフチェーンなどといった、より特殊なトピックに枝分かれしていきます。詳しくは知らないが、ノードとして加える必要は絶対にあるというものもあるでしょう。あるトピックがどの枝につながるかはわからなくても、学びを続けることでそこに至る道筋が明らかになるものもあるはずです。

図12.1 自然言語処理関連の学びのマインドマップ

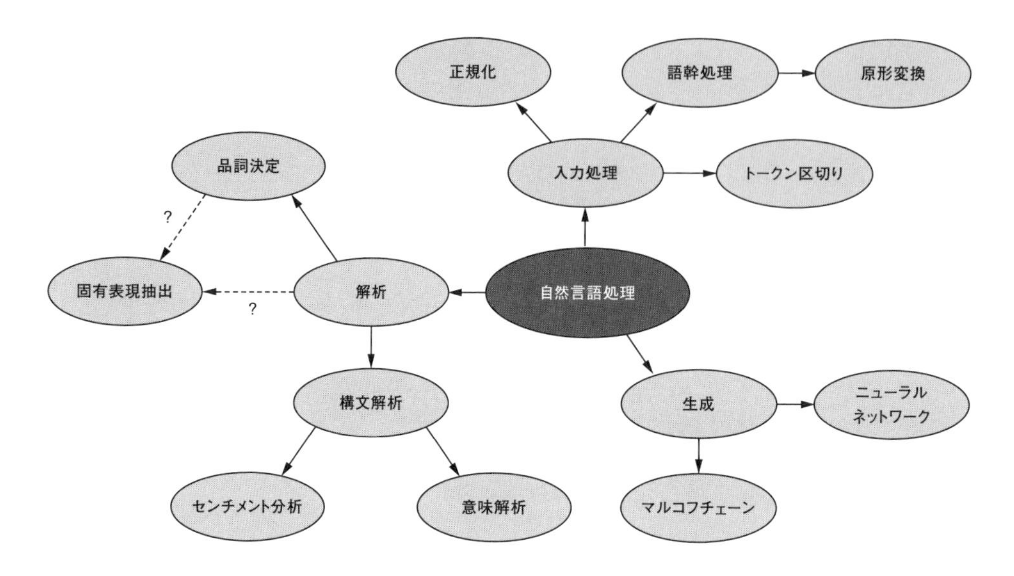

このような視覚的な表現をすると、トピック間の関係が強調され学んだ情報を整理・記憶する助けになってくれます。また、「地図」の役目もしてくれます。概念が集まって領域を形成します。これにより、どういった領域が詳細に描かれ、どの領域の探求が進んでいないかがわかります。学びを進める上でのガイド役となってくれることでしょう。

経験が十分でないため全体の地図を描けなくても心配はいりません。短いリストを書き出すだけでも効果はあります。何か参照できるものをもつことが重要です。それを見て、何を成し遂げたか、何がまだ残っているかを確認できることが大切なのです。

マインドマップ上で次に学ぶべき事柄を見つけたら、学びの準備ができたことになります。

12.1.2 計画の実行

学びのトピックをマインドマップ上に描いたら（あるいはリストを作ったら）、書籍、オンラインコース、この分野に詳しい友人や同僚など、自分がアクセスできるリソースの探索を始めましょう。自分の学びのスタイルも見つけ出しましょう。読むことで学び人もいますし、実際にコードを書いて、動かしてみることで学ぶ人もいます。

マインドマップは、直線的ではない学びをサポートしてくれます。用語や概念を学んでいるときには、まず少し中心から外れたところから探索を始めてもよいでしょう（図12.2）。こうすることで、周囲の状況を把握し、次に学ぶものに対する基盤を築いていけるはずです。

図12.2 中心から少し離れたところから探索を始めてもよい

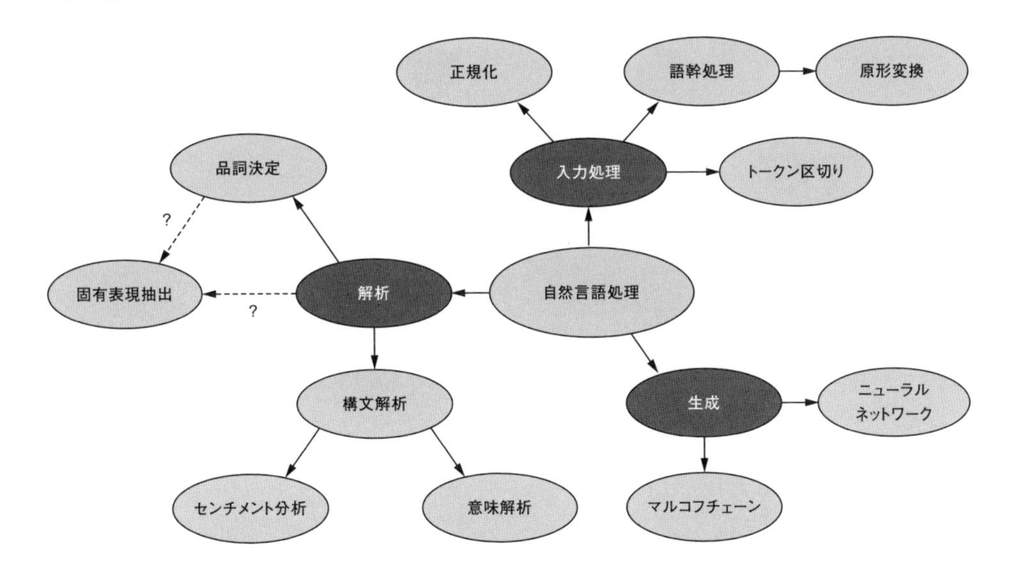

自分の立ち位置を理解したところで、より深く探索するために、集中するのにふさわしいトピックを選びます（図12.3）。新しい事柄を学ぶことでさらに学びを続ける刺激となるでしょう。

> 全体像を把握せずに、1つのトピックに深く入り込みすぎるのは避けたほうがよいでしょう。バランスを保つことも重要です。あまり早く一箇所に集中しすぎると将来の学びにマイナスの影響を及ぼす、誤った、あるいは不完全な理解に固執してしまうかもしれません。

図12.3 1つのトピックを深く探索

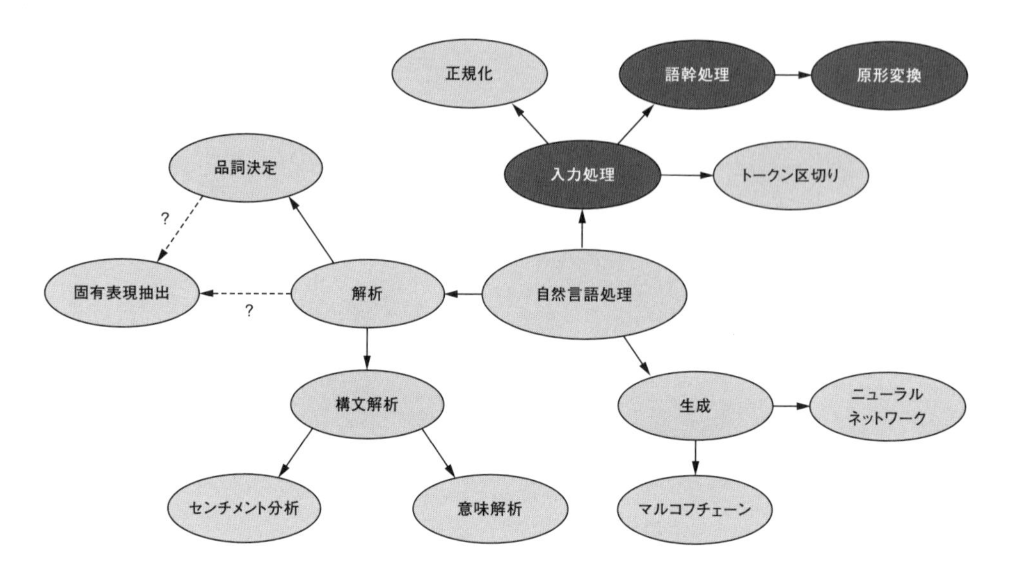

学びには反復も必要です。あるトピックに関して経験を積むにつれて、マインドマップ（あるいはリスト）への追加項目を自然に見つけることになるでしょう。こうした学びの途中の追加はまったく問題がありません。しかし、新しいトピックに手を出す前に、すでに学んでいるトピックにすっかりなじんだことを確認してください。広いのはよいとしても、浅くなりすぎるのは考えものです。

自分の進歩の様子を確認しながら前に進みましょう。

12.1.3　進歩の確認

学びは主観的なものです。「もう完璧だ」と思えるときが簡単に来ることはないと覚悟してください。学びには次のような段階があります。

- 学びたい、あるいは学ぶ必要があると思っている段階——検討中のトピックだが、まだ学び始めていない
- 学びの真っ最中の段階——いくつかのリソースを探索してみた。もっと詳しく見てみようと思っている
- なじみになった段階——基本的には理解した。どのように適用すればよいかだいたい分かる
- 心地よい段階——概念を数度は適用し、十分理解している
- 完全に体得——概念を何度も適用して、細かなことまで把握している。新しい問題に出会った際には、どのリソースを参考にすればよいかがわかっている

専門家によっては、段階をさらに細かく分けている人もいますが、いずれにしろ、レベルが上がると開発者側で取り組む姿勢も変わります。自分自身がどのレベルにあるかを認識して、どのトピックに自分の時間を投資するべきか考えましょう。まれにしか出会わないトピックや、業務などで必要性のない（少ない）トピックについて、「完全に体得」のレベルにまで到達したいとは思わないでしょう。図12.4のように、トピックの横に現在の段階を書いておくと、今後何をするべきか計画を立てるのに役立つでしょう。

学びの各レベルでトピックについていくつかの重要事項をつかんでいくことになるでしょう。場合によっては、マインドマップに新たなノードを追加したくなるかもしれません。マインドマップ用のアプリを使えばこれは簡単にできますが、手書きでメモを加えるだけでも効果があるでしょう。メモによって、このトピックに関してどのレベルに達しているのか、さらにどのような事柄に時間をかける必要があるかを把握できるのです。

マインドマップ用アプリケーション

マインドマップ用のアプリケーションを使うことで、概念とその関係を視覚的に表現できます。もっとも単純なものは、テキストが書かれたノードが、線でつながれたものです。

商用のアプリケーションも複数あります。たとえば、Lucidchart（https://www.lucidchart.com/）やMindMup（https://www.mindmup.com/）などはかなり高機能ですが、試してみるならdraw.io（https://draw.io）などのダイアグラム作成アプリケーションでも大丈夫でしょう。まず単純な無料のものを試してみて、マインドマップに慣れてきたら、より高機能なものを検討するとよいでしょう。

図12.4 各トピックに対して学びの段階を記録

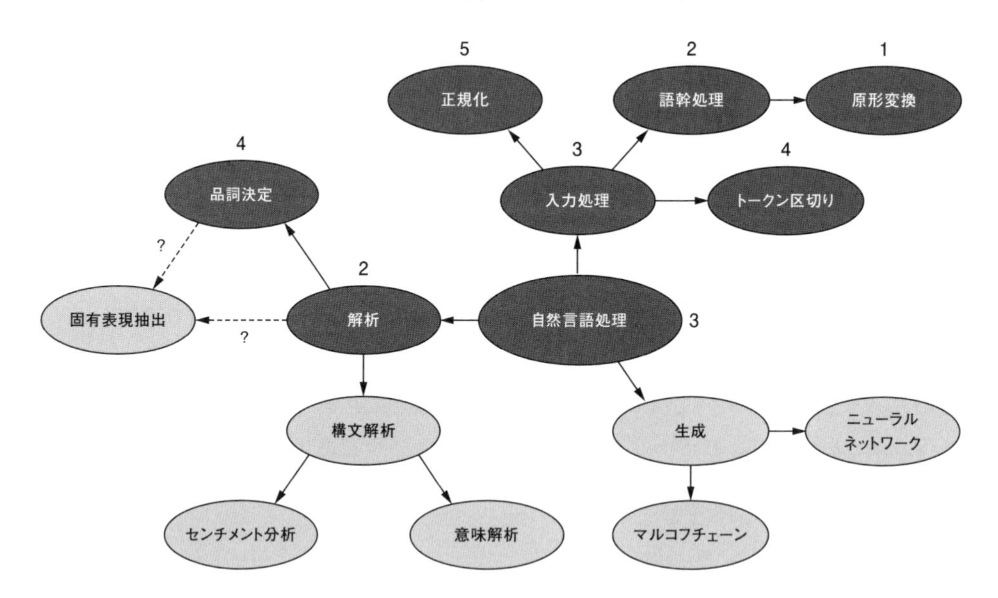

筆者の学校や職場における経験では、時間をかけて何度も繰り返し練習しないと、いろいろな技術を完全には身につけられませんでした。マインドマップを作って自分の進み具合を記録するのは、数多くの概念について理解したり、必要な技術を身につける上でとても効果的だったように感じています。まだ試してみたことがない人には、強くおすすめします。

12.1.4　ここまでの道を振り返る

この本も終わりに近づきました。最後にここまでの道のりを振り返ってみましょう。

第1章ではソフトウェアデザインとは何かについて議論をはじめました。ソフトウェアは意図的でよく考えられたプロセスであることを理解することが、それ以降のすべての章の基礎となります。締め切りなどのために、デザインに時間をかけられない場合もありますが、中核となる事柄を見つけ、自分が作成するソフトウェアを用意周到な準備ができるようにします。アウトカム（結果や成果）がもっとも重要な目標です。しかし、デザインはアウトカムをできるだけスムーズに達成するための助けとなってくれます。

第2章では関心（コンサーン）の分離の基本プラクティスを紹介しました。最近のプログラミング言語では関数、メソッド、クラス、モジュールの利用が推奨されており、それには十分な理由があります。ソフトウェアをいくつかの部分に分けることで、認知的負荷を軽減し、コードの保守性を高められます。コードの最下層のレベルから、ソフトウェアの全体のアーキテクチャに至るまで関心（コンサーン）を分離しましょう。

第3章では関心（コンサーン）の分離のために利用できるPythonの機能を紹介しながら、抽象化とカプセル化をどう行うかを説明しました。抽象化とカプセル化によって、その詳細を知る必要が生じない限り、細かなことにはとらわれずに簡単に利用できるようになります。

第4章では、より具体的な話に入り、パフォーマンスを考慮したデザインについて学びました。Pythonが提供するデータ構造のいくつかを見るとともに、どのような状況のときに有用であるかを見ました。ソフトウェアのパフォーマンスを計測するためのツールについても学びました。

第4章でプログラムが効率的かどうかをテストする方法を見ましたが、第5章ではプログラムが正しく動くかのテストに焦点を合わせました。機能テストは、自分が意図したものができているかを確認するための手助けをしてくれます。機能テストの構築法やPythonのツールを使ってテストを書く方法を学びました。機能テストのパターンは、言語やフレームワークの枠を超えて類似のものが多いので、ここで学んだことは他の言語でも役に立つはずです。

第1部でソフトウェアデザインに関する基本を学びましたが、第2部ではBarkというアプリケーションを作りながら、実践的な問題に取り組みました。この取り組みの中で次のような事柄を学びました。

- プレゼンテーション層、ビジネスロジック層、パーシスタンス層の3つに分けた多層構成のアーキテクチャの構築
- 新機能を簡単に追加できるような構造への変換(Barkを改良し、実際にGitHubのスターをブックマークにインポートする機能を追加)
- 機能の追加や変更に必要な労力をさらに削減するための、インターフェイスとCommandパターン
- 疎結合の実現による、モバイルアプリやWebアプリ作成の準備

ブックマークアプリBarkは(まだ)「素晴らしい」といえるものではありませんが、それを作るために素晴らしいテクニックの数々を学びました。将来のプロジェクトで、これまでに学んだ知識を適用することで、同じように効果的な結果が得られるでしょう。皆さんが身につけた新しい概念やテクニックをBarkに応用してみるのもよい練習になるでしょう。機能を追加してもよいですし、既存のコードを改良するのも、テストを書くのもよいでしょう。

12.1.5 終わりに

皆さんとともに学ぶのはとても楽しい体験でした。これから皆さんはより大きなプロジェクトに参加するようになると思いますが、そうした経験を聞かせていただけたらと思います。うまくいったらお祝いをしましょう。困難から学びましょう。心を込めて開発しましょう。

楽しいプログラミングを!

12.2　まとめ

- 学びは受け身のプロセスではありません。計画を立てそれを書き留め（あるいはマインドマップを作り）、自分の進歩を記録していきましょう。こうすることでより多くのアイデアが生まれ、士気が高まり、好奇心が刺激されます
- 問題解決における共通のパターンやアプローチを見つけ出すようにしましょう。同じような問題に出会ったら、どの方法がもっともスムーズに進行するか確認するために、初期の段階で複数のアプローチを試してみましょう。パターンも一種のツールであり、皆さんの仕事を（邪魔するのではなく）前進させる役目をしてくれるはずです
- 自分の使う言語で心地よくコーディングできるようにしましょう。一度にすべてを身につける必要はありません。しかし、いつも好奇心をもって、アイデアをコードで表現する、よりイディオム的な（ベテランプログラマーがよく使いそうな）方法がないか、検討を重ねましょう
- 長い間お疲れさまでした。自分を振り返る時間とともに、休息の時間を取ることもお忘れなく

図12.5 この本のマインドマップ

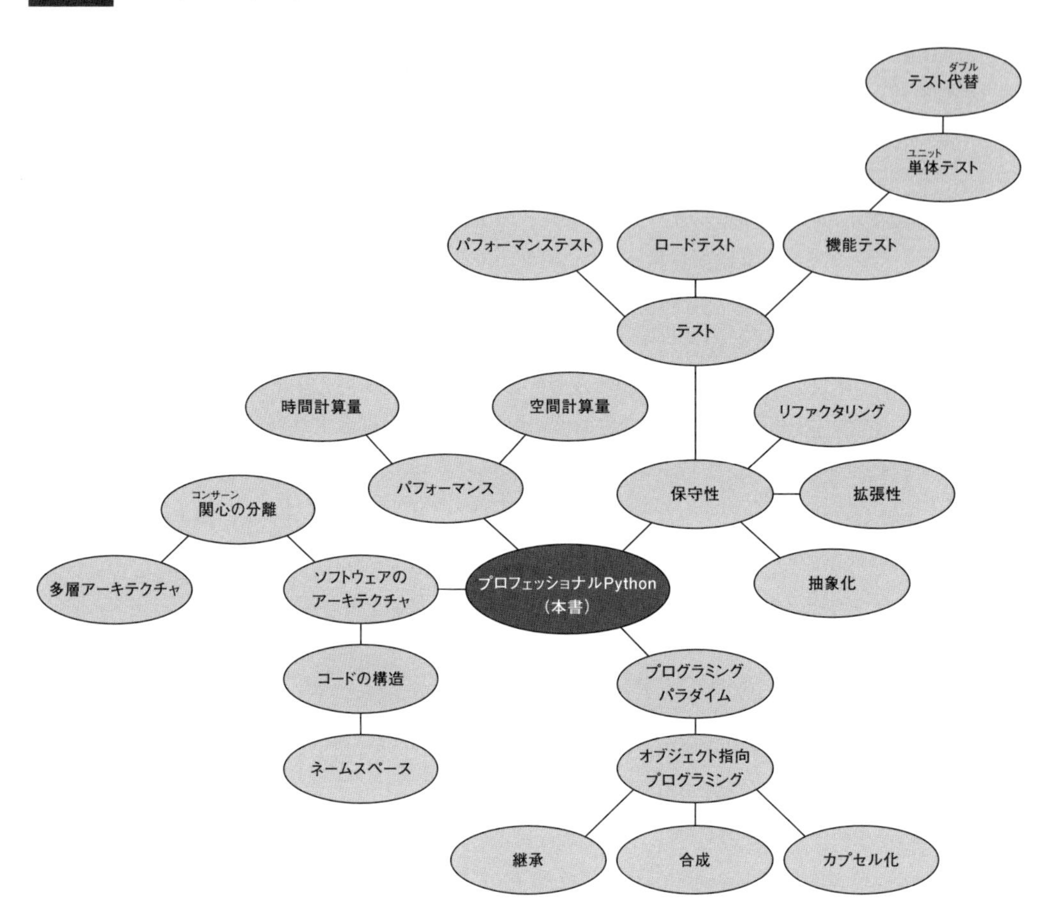

付　録 A

Installing Python
Pythonのインストール

■付録Aの内容

Pythonは数多くのシステムで利用できるポータブルなソフトウェアで、ほとんどのシステムでソースからコンパイルできますが、多くのシステムではあらかじめビルドされたものを使うほうが簡単です。この付録でPythonのセットアップの仕方を紹介します。

> すでにPython 3がインストールされているのならば、そのまま利用することができます。これから後の説明はスキップして、本文に進んでください。

> Python 3をインストールした場合、それを実行するためのコマンドは`python3`になるのが普通です。`python`は、多くの場合、Pythonのバージョン2などを起動するのに使われます（詳しくは「A.2 システムPython」を参照してください）。

A.1 Pythonのバージョン

この本ではPythonのバージョン3（略して「Python 3」）について説明します。

もし「Python 2」を使ったことがあって、Python 3へ移行できるか心配しているのならば、安心してください。ほとんどのコードは修正せずにPython 3でも動作します。したがって、新しいプロジェクトを始めるときにはPython 3を使うことをおすすめします。そのほうが将来にわたって安心して利用できます。

> Python 2からPython 3への移行を助けるツールも用意されています。そのようなツールとしてPythonにはモジュール`__future__`があり、Python 3の新機能をPython 2で使えるようになっています。これを利用すればPython 3にアップグレードしても、このモジュールのインポートを削除すればよいだけです。Six（https://six.readthedocs.io/）も同じ目的に使えます（名前の由来は2 x 3=6）。

A.2 システムPython

システムによっては、システムタスクにPythonが利用されているため、あらかじめインストールされています。このPythonのことを「システムPython」と呼ぶ場合があります。

パッケージをインストールする場合、システムPythonとの関係でうまくいかなくなる場合があります。システムPythonの下にインストールされてしまう場合があるのです。OSが必要なパッケージを上書きしてしまったり、異なるバージョンのパッケージが必要な複数のプロジェクトがある場合、ややこしいことになる場合があります。このためシステムPythonを使うことはおすすめしません。

A.3　他のバージョンのインストール

まだ自分でPythonをインストールしていない場合は、次に示す2つの方法があります。特定のバージョンが必要な場合は、それをインストールすることもできますが、基本的には最新のバージョンのインストールを推奨します。

A.3.1　公式Pythonのダウンロード

Pythonのオフィシャルサイト（https://www.python.org/downloads）からダウンロードできます。このURLに移動すると、自動的に使用中のOS用のダウンロードページに移動してくれるはずです（図A.1）。もし、自動的に移動しなかった場合は、リストされているOSから選んでリンクをたどってください。

ダウンロードとインストールは他のアプリケーションと同じように進行するはずです。macOSでは図A.2、Windows※1では図A.3のようなインストーラのウィンドウが表示されるはずです。デフォルトの設定のままでインストールしてかまわないはずですが、必要に応じて好みのオプションを指定してください。

図A.1　大きく表示されているDownloadボタンを選択すると、利用中のOS用の最新版がダウンロードされるが、下に他のバージョンもリストされている

A

図A.2 macOSのインストーラ。通常［続ける］あるいは［インストール］をクリックすればインストールできる

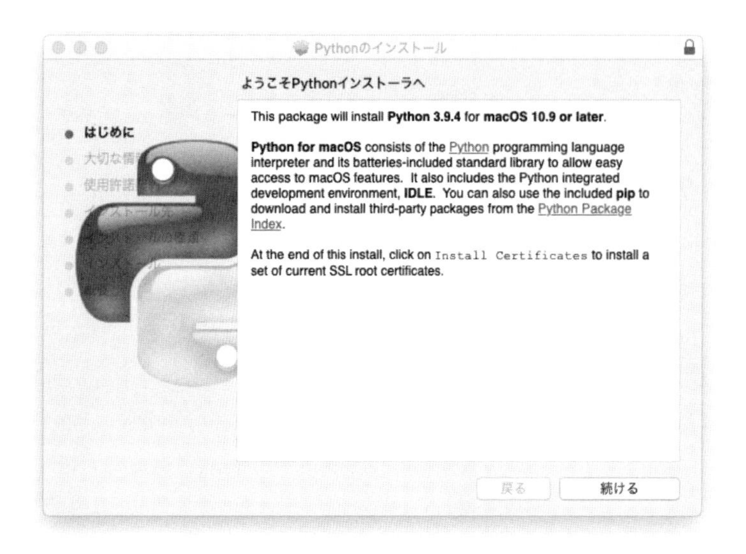

図A.3 Windowsのインストーラ。［Install Now］をクリックして［Continue］をクリックする

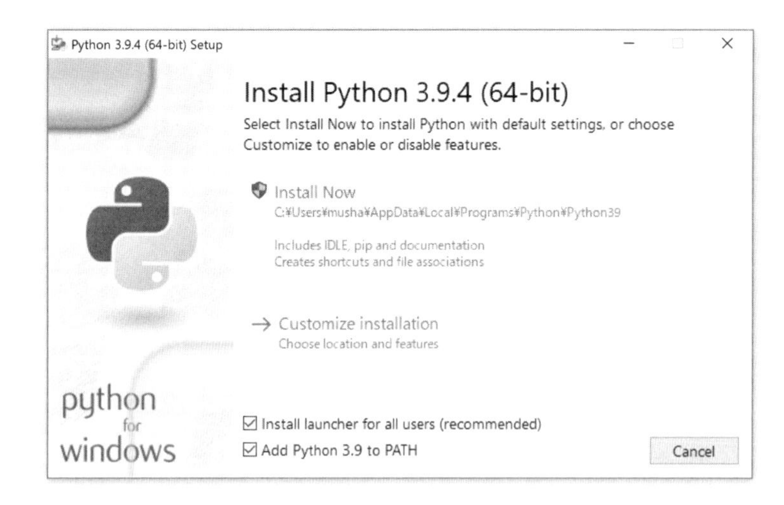

A.3.2　Anacondaを使ったダウンロード

科学技術計算関連の処理をすることが多い場合はAnaconda（https://www.anaconda.com/）を使っていることでしょう。AnacondaにはPythonも含まれています。執筆時点ではAnacondaにはPython 2もPython 3もインストールできます。どちらがインストールされているか確認して、Python 2がインストールされているのであればPython 3をインストールしてください。

Anacondaのcondaコマンドを使って、たとえば次のコマンドを実行するとインストールできるはずです（必要に応じてサイトの説明を参照してください）。

```
conda install python=3.9.4
```

A.4　インストールの確認

インストールが終わったら、ターミナルあるいはコマンドプロンプトを開いてPythonを実行するコマンド（python3あるいはpython）を実行してみてください。うまくインストールされていれば次のように表示されるはずです。バージョン番号などは変わっている可能性がありますが、バージョン3（たとえば3.9.4）がインストールされていることを確認してください。

```
$ python3
Python 3.9.4 (v3.9.4:1f2e3088f3, Apr  4 2021, 12:32:44)
[Clang 6.0 (clang-600.0.57)] on darwin
Type "help", "copyright", "credits" or "license" for more information.
>>>
```

たとえば次のようなコードを実行してみてください。

```
>>> print('Hello, world!')
Hello, world!
```

これで準備完了です。

A

Index

記号

A

B

C

D

E

F

G／H

I

K／L

M

O

P

R

S

T

U

V／W

Y／Z

あ

索引

か

さ

た

な

は

ま

や

ら

STAFF LIST

カバーデザイン	岡田章志
本文デザイン	オガワヒロシ (VAriant Design)
DTP	株式会社ウイリング
編集	石橋克隆

■商品に関する問い合わせ先
このたびは弊社商品をご購入いただきありがとうございます。
本書の内容などに関するお問い合わせは、下記のURLまたは
QRコードにある問い合わせフォームからお送りください。
https://book.impress.co.jp/info/
上記フォームがご利用頂けない場合のメールでの問い合わせ先
info@impress.co.jp
※お問い合わせの際は、書名、ISBN、お名前、お電話番号、メールアドレスに加えて、「該当するページ」と「具体的なご質問内容」「お使いの動作環境」を必ずご明記ください。なお、本書の範囲を超えるご質問にはお答えできないのでご了承ください。

●電話やFAXでのご質問には対応しておりません。また、封書でのお問い合わせは回答までに日数をいただく場合があります。あらかじめご了承ください。
●インプレスブックスの本書情報ページ https://book.impress.co.jp/books/1120101043 では、本書のサポート情報や正誤表・訂正情報などを提供しています。あわせてご確認ください。
●本書の奥付に記載されている初版発行日から3年が経過した場合、もしくは本書で紹介している製品やサービスについて提供会社によるサポートが終了した場合はご質問にお答えできない場合があります。

■落丁・乱丁本などの問い合わせ先
TEL　03-6837-5016　FAX　03-6837-5023
service@impress.co.jp
（受付時間／ 10:00-12:00、13:00-17:30 土日、祝祭日を除く）
●古書店で購入されたものについてはお取り替えできません。

■書店／販売店の窓口
株式会社インプレス 受注センター
TEL　048-449-8040
FAX　048-449-8041

プロフェッショナルPython（パイソン）ソフトウェアデザインの原則（げんそく）と実践（じっせん）

2021年11月21日　初版第1刷発行

著　者　Dane Hillard（デイン ヒラード）
訳　者　武舎 広幸（むしゃ ひろゆき）
発行人　小川亨
編集人　高橋隆志
発行所　株式会社インプレス
〒101-0051　東京都千代田区神田神保町一丁目 105 番地
ホームページ　https://book.impress.co.jp/

印刷所　大日本印刷株式会社

ISBN978-4-295-01263-4　　C3055

Printed in Japan